化妆品科学与技术丛书

皮肤养生与护肤品开发

孟宏　董银卯　刘月恒　编著

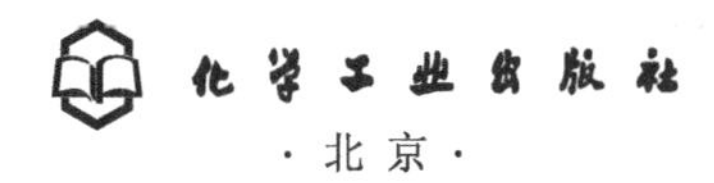

化学工业出版社
·北京·

本书是“化妆品科学与技术丛书”的分册之一，以中医理论为基础，将中医整体观念、辨证论治、治未病、标本治则、三因制宜和精气血理论与现代皮肤养生科学、化妆品科学、食品科学等多学科相结合，系统阐述了三种生长节律阶段人群、五种气血分型人群、九种体质分型人群以及敏感、痤疮和轻医美后的问题皮肤人群的皮肤养生方案，在方案中给出了有针对性的护肤品设计思路、案例和配方示例。最后从内服饮食的角度阐述了食养助力皮肤养生的原理和产品开发思路。

本书既可为中医皮肤美容养生领域的研究人员提供参考，又可指导读者进行皮肤护理，满足人们对健康美丽的追求。

图书在版编目（CIP）数据

皮肤养生与护肤品开发 / 孟宏，董银卯，刘月恒编著. —北京：化学工业出版社，2020.8（2023.4 重印）

（化妆品科学与技术丛书）

ISBN 978-7-122-36728-0

Ⅰ.①皮… Ⅱ.①孟…②董…③刘… Ⅲ.①皮肤-护理②皮肤用化妆品-开发 Ⅳ.①TS974.1②TQ658.2

中国版本图书馆 CIP 数据核字（2020）第 079557 号

责任编辑：傅聪智　　装帧设计：王晓宇
责任校对：李雨晴

出版发行：化学工业出版社（北京市东城区青年湖南街 13 号　邮政编码 100011）
印　　装：北京科印技术咨询服务有限公司数码印刷分部
710mm×1000mm　1/16　印张 14　彩插 3　字数 274 千字　2023 年 4 月北京第 1 版第 2 次印刷

购书咨询：010-64518888　　售后服务：010-64518899
网　　址：http://www.cip.com.cn
凡购买本书，如有缺损质量问题，本社销售中心负责调换。

定　　价：68.00 元

《化妆品科学与技术丛书》
编委会

丛书序

健康是人类永恒的追求，中国的大健康产业刚刚兴起。化妆品是最具有代表性的皮肤健康美丽相关产品，中国化妆品产业的发展速度始终超过GDP增长，中国化妆品市场已经排名世界第二。中国的人口红利、消费人群结构、消费习惯的形成、人民生活水平提高、民族企业的振兴以及中国经济、政策向好等因素，决定了中国的皮肤健康美丽产业一定会蒸蒸日上、轰轰烈烈。改革开放40年，中国的化妆品产业完成了初级阶段的任务：消费者基本理性、市场基本成熟、产品极大丰富、产品质量基本过关、生产环境基本良好、生产流程基本规范、国家政策基本建立、国家监管基本常态化等。但70%左右的化妆品市场价值依然是外资品牌和合资品牌所贡献，中国品牌企业原创产品少，模仿、炒概念现象依然存在。然而，在“创新驱动”国策的引领下，化妆品行业又到了一个历史变革的年代，即“渠道为王的时代即将过去，产品为王的时代马上到来”，有内涵、有品质的原创产品将逐渐成为主流。“创新驱动”国策的号角唤起了化妆品行业人的思考：如何研发原创化妆品？如何研发适合中国人用的化妆品？

在几十年的快速发展过程中，化妆品著作也层出不穷，归纳起来主要涉及化妆品配方工艺、分析检测、原料、功效评价、美容美发、政策法规等方面，满足了行业科技人员基本研发、生产管理等需求，但也存在同质化严重问题。为了更好地给读者以启迪和参考，北京工商大学组织化妆品领域的专家、学者和企业家，精心策划了《化妆品科学与技术丛书》，充分考虑消费者利益，从研究人体皮肤本态以及皮肤表观生理现象开始，充分发挥中国传统文化的优势，以皮肤养生的思想指导研究植物组方功效原料和原创化妆品的设计，结合化妆品配方结构从不同剂型、不同功效总结配方设计原则及注册申报规范，为振兴化妆品行业的快速高质发展提供一些创新思想和科学方法。

北京工商大学于2012年经教育部批准建立了“化妆品科学与技术”二级学科，并先后建立了中国化妆品协同创新中心、中国化妆品研究中心、中国轻工业化妆品重点实验室、北京市植物资源重点实验室等科研平台，专家们通过多学科交叉研究，将“整体观念、辨证论治、三因制宜、治未病、标本兼治、七情配伍、君臣佐使组方原则”等中医思想很好地应用到化妆品原料及配方的研发过程中，凝练出了“症、理、法、方、药、效”的研发流程，创立了“皮肤养生说、体质养颜说、头皮护理说、谷豆萌芽说、四季养生说、五行能量说”等学术思想，形成了“思想引领科学、科学引领技术、技术引领产品”的思维模式，为化妆品品牌企业研发产品提供了理论和技术支撑。

《化妆品科学与技术丛书》就是在总结北京工商大学专家们科研成果的基础上，凝结行业智慧、结合行业创新驱动需求设计的开放性丛书，从三条脉络布局：一是皮肤健康美丽的化妆品解决方案，阐述皮肤科学及其对化妆品开发的指导，强调科学性；二是针对化妆品与中医思想及天然原料的结合，总结创新的研发成果及化妆品新原料、新产品的开发思路，突出引领性；三是针对化妆品配方设计、生产技术、产品评价、注册申报等，介绍实用的方法和经验，注重可操作性。

丛书首批推出五个分册：《皮肤本态研究与应用》、《皮肤表观生理学》、《皮肤养生与护肤品开发》、《化妆品植物原料开发与应用》、《化妆品配方设计与制备工艺》。“皮肤本态”是将不同年龄、不同皮肤类型人群的皮肤本底值（包括皮肤水含量、经皮失水量、弹性、色度、纹理度等）进行测试，并通过大数据处理归纳分析出皮肤本态，以此为依据开发的化妆品才是“以人为本”的化妆品。同时通过对“皮肤表观生理学”的梳理，探索皮肤表观症状（如干燥、敏感、痤疮等）的生理因素，以便“对症下药”，做好有效科学的配方，真正为化妆品科技工作者提供“皮肤科学”的参考书。而“皮肤养生”旨在引导行业创新思维，皮肤是人体最大的器官，要以“治未病”的思想养护皮肤，实现健康美丽的效果，并以“化妆品植物原料开发与应用”总结归纳不同功效、不同类型的单方化妆品植物原料，启发工程师充分运用“中国智慧”——“君臣佐使”组方原则科学配伍。“化妆品配方设计与制备工艺”则是通过对配方剂型和配方体系的诠释，提出配方设计新视角。

总之,《化妆品科学与技术丛书》核心思想是以创新驱动引领行业发展，为化妆品行业提供更多的科技支撑。编委会的专家们将会不断总结自己的科研实践成果，结合学术前沿和市场发展趋势，陆续编纂化妆品领域的技术和科普著作，助力行业发展。希望行业同仁多提宝贵意见，也希望更多的行业专家、企业家能参与其中，将自己的成果、心得分享给行业，为中国健康美丽事业的蓬勃发展贡献力量。

董银卯

2018 年 2 月

前言

健康是人类永恒的追求，美丽是人类不懈的修行，实现皮肤健康美丽是专业工作者和消费者共同努力的方向。皮肤是人体最大的器官，美丽不仅仅是皮肤的表面现象，更是身体健康的表征。要实现皮肤的健康美丽，不仅要使用化妆品，更需要了解系统的皮肤养生方案，科学认知皮肤护理的方式、方法和产品。

《皮肤养生与护肤品开发》是以中医理论为基础，将中医整体观念、辨证论治、治未病、标本治则、三因制宜和精气血理论与现代皮肤养生科学、化妆品科学、食品科学等多学科相结合，系统阐述了不同人群的内服外养皮肤养生方案。

全书从皮肤特有的组织结构、皮肤的生理特性及细胞活性出发，有目的地给予皮肤所需的营养，进行不同层次的养护，提供科学的养生方法，使人体皮肤达到健康美丽的状态。根据皮肤的病理特征、细胞特性，区别对待，有针对性地给予渗透，进行不同层次的“治未病”，使皮肤充满健康的活力。皮肤养生技术的核心就是提供科学合理的方法使肌肤健康，健康成就美丽。

本书第一章主要介绍皮肤养生相关的概念，阐述皮肤养生的中医基础理论。第二章到第四章分别从生长节律、气血、体质三方面对皮肤的养护方案进行分类阐述。第五章和第六章分别针对皮肤敏感和毛囊皮脂腺两大类皮肤问题及养护方案进行了阐述。第七章是从内服饮食角度对皮肤的护理进行阐述。

第一章作为绪论部分，对皮肤养生的概念和重要性进行说明，提出了整体观念、辨证论治、治未病、标本治则、三因治宜和精气血的皮肤养生基础。

第二章从生长节律角度出发，针对少儿、中青年、忘年阶段，描述了不同阶段的皮肤状态和常见皮肤问题，并提出相应的皮肤养生方案。

第三章讲的是气血皮肤养生。首先对气血的概念、气血与皮肤的关系以及气血对皮肤的影响进行阐述，解读气血理论对皮肤养生的指导作用。然后根据气血对人群进行划分，对不同的人群分别给予皮肤养生建议，并提供养生案例予以参考。

第四章通过对九种体质的划分，揭示不同体质人群的皮肤特点，以此从生活起居、皮肤养生和化妆品选用三方面给予整体护肤方案的建议。

第五章是对皮肤敏感问题的养护建议。通过对敏感肌肤的生理现象及常见问题进行分析，给出敏感肌肤的养生思路和护理策略。同时，由于轻医美后肌肤的敏感问题与寻常皮肤敏感存在一定的差异，故将轻医美后的皮肤问题单独进行阐述。

第六章是针对特殊的皮肤结构——毛囊皮脂腺问题的分析。毛囊皮脂腺的问题会导致皮肤痤疮的疾病。对于该常见的损美性皮肤疾病，以及对头皮这样毛囊皮脂腺分布较多的部位，其皮肤护理措施与其他部位有相当大的差异。因此，痤疮皮肤和头皮的养护在此章单独讲述。

第七章饮食皮肤养生是以中医食疗或食养的方式，利用食物（谷、肉、果、菜）性味方面的偏颇特性，有针对性地用于某些皮肤病证的治疗或辅助治疗。本章从助睡眠、卵巢保养的角度，论述了助睡眠以及卵巢保养与皮肤养生的关系，提出了相应的产品设计方案，并进一步对皮肤美白、痤疮、敏感问题的食疗方案进行阐述。

本书由孟宏、董银卯、刘月恒编著，得到中医药、化妆品领域20余位专家学者的支持与指导。感谢曲召辉、任晗堃、赵斯琪、吴迪、刘沙沙、查沛娜、杜一杰、郭雯雯、李佳芮、王诗旖、吕永博、李福芳、郑晓阳、琚瑶、刘盼玉、张卫红、苏牧楠、秦春莉、黄惠、王艳聪、刘晓玲等对本书编写工作的支持和帮助。

感叹于祖国医学的博大精深与现代化妆品科技的飞速发展，惴惴不安于才薄智浅和管见，书中难免有不妥和疏漏之处，敬请广大读者批评指正。

编者

2020年2月

目录

第一章 绪论 001

第二章 生长节律皮肤养生与护肤品开发 014

07 Chapter

第七章 饮食皮肤养生

第一章　绪论

追求身心健康是人之常情，世界卫生组织（WHO）给健康所下的正式定义中，“肌肉丰满，皮肤有弹性”是评价健康的十大重要指标之一。可见皮肤的健康可以反映人的身心健康。皮肤养生是追求肌肤健康的新境界。健康的肌肤什么样子呢？是美丽，抗病能力强，青春常在。

第一节　养生与皮肤养生

一、养生

“养生”的概念大约出现在春秋战国时期。最早见于《庄子·内篇》，所谓“养”，保养、调养、补养、护养之意；所谓“生”，生命、生存、生长之意；“养生”的内涵，一是如何延长生命的时限，二是如何提高生活的质量。

中医养生历史悠久，中医学从《黄帝内经》开始就把养生防病作为主导思想，讲求“上工治未病”。唐代名医孙思邈的《千金方》中提出：“虽常服饵而不知养性之术，亦难以长生也”。可见养生之道的重要性在于掌握其“术”，而不是简单的“服饵”。孙氏把养生称为“养性”，通过养性以求“内外病悉皆不生”，而延年益寿保持青春态。李时珍《本草纲目》在药物分类里，提出耐老、增年、轻身、益寿等概念，有些中药对延年益寿有着独特的功效。英国学者李约瑟曾说：在世界文化当中，唯独中国人的养生学是其他民族所没有的。

人体养生对食品、保健品、化妆品的第一需求是延缓衰老，这也是“皮肤养生”关注的主体。

二、皮肤养生

人要经过“生长壮老已”的生命过程。在这一生命历程中，衰老是自然界的客观规律。反映衰老最明显的是皮肤，面部皮肤尤其能反映衰老的程度。

随着年龄的增长，人体内循环系统和组织器官的新陈代谢、腺体激素分泌、免疫功能等一系列生理功能降低，加上外界生物的、物理的、化学的等一切污染物的侵袭或损害，使皮肤新陈代谢减慢、血液循环减弱、营养物质缺乏、皮肤内弹性纤维蛋白和胶原蛋白减少或萎缩，以及表皮垃圾堆积、自由基对皮肤细胞的损害等，使皮肤出现松弛、皱纹明显、肤色晦暗、无光泽等一系列衰老表现。

虽然人类衰老是不可抗逆的过程，但只要注重皮肤保养且按照自身的皮肤状态有针对性地进行皮肤养生呵护，可以一定程度地延缓皮肤的衰老进程，保持较好的皮肤状态。

要懂得何为护肤之道，不是盲目地做“皮肤护理”工作。不当的护理方法不仅不能很好地改善肌肤状况，反而会让肌肤变坏或者加速衰老的进程，甚至发生皮肤疾病。掌握皮肤养生之道，胜过使用不当的“高档化妆品”。

中国的养生文化博大精深。战国时期成书的《吕氏春秋·尽数》中提到“知生也者，不以害生，养生之谓也”，指出了养生的概念是了解人体生命活动的规律，尽量避免有害于生命活动的事物，以护养生命，在此基础上对皮肤养生内涵进行解读。即顺应人体生命节律，根据不同状态的皮肤特点，制定不同的干预方法，延缓皮肤衰老，防止产生病变。

皮肤养生从皮肤特有的组织结构、皮肤的生理特性及细胞活性出发，有目的性地给予皮肤所需的营养，进行不同层次的养生；根据皮肤的病理特征等区别对待，有针对性地给予渗透，进行不同层次的“治未病”，使皮肤充满健康的活力。皮肤养生的核心就是肌肤健康、健康成就美丽。因此，皮肤养生主要是为了达到以下两个目的：一是延长皮肤的活力、焕发青春、延缓衰老达到美丽；二是使皮肤健康，防止皮肤病的发生。

第二节　皮肤养生的中医基础理论

一、整体观念

中医学非常重视人体本身的统一性、完整性及与自然界的相互关系，它认为人体是一个有机整体，局部的病变可以反映全身的脏腑、阴阳、气血失调的机能状态；构成人体的各个组成部分之间，在结构上是不可分割的，在功能上是相互协调、相互为用的，在病理上是相互影响着的，同时也认识到人体与自然环境有密切关系，人类在能动地适应自然和改进自然的斗争中，维持着机体正常的生理活动。整体观念包括两个方面：一是人体本身的统一性；二是人体与自然界的依存和协调性。

（一）人体本身的统一性

中医认为，人是一个有机的整体，是以五脏（心、肝、脾、肺、肾）为中心，依托遍布全身上下、内外表里的经络系统，把六腑（大肠、小肠、胆、胃、三焦、女子胞）以及四肢、五官、九窍、百骸、爪甲、皮毛联系在一起，通过精气血、津液的作用，在生理上互相联系和协调，以完成人体的整个生命活动，同时在病理上互相影响和关联而造成一系列病变。比如，中医藏象学说认为，心主血脉，其华在面，心气充沛，血液充盈，脉道通利，则面色红润而有光泽；反之，如果心气不足，心血亏虚，脉道不利，则见面色苍白无华，甚至晦暗、青紫。肺主气，输精于皮毛，肺的功能正常则可将卫气、津液及水谷精微敷布于皮肤和毛发，使皮肤滋润、致密，具有抗御外邪的力量，使毛发光亮、润泽，给人增添活力；若肺功能失常日久，则肌肤干燥，面容憔悴而苍白，既易感受邪气的侵袭，又使人显得萎靡不振。脾主运化，主肌肉，其华在唇，脾气健运，则人的营养状况良好，红光满面，肌肉丰满，运动行走矫健，口唇红润。肝主疏泄，其华在爪，肝的疏泄正常，全身气机通畅，气血和调，则人的精神清爽，情感舒畅，肤色正常，指甲光泽红润、坚韧；若肝气不舒或肝郁气滞，可导致烦躁易怒，郁闷不舒，面色发青或青黑色，或见褐色斑片，指甲色枯无华，软薄甚至变形、脆裂。肾藏精，主生长发育，其华在发，人的生长发育、壮大衰老的整个生命进程，都与肾息息相关。肾气旺盛，肾精充沛，则人精力旺盛，朝气蓬勃，须发乌黑，容颜不老，青春常驻；若肾虚精亏，则人精神不足，萎靡不振，须发早白，面老早衰，年少而有老相。总之，颜面、皮肤、五官、爪甲、头发、黏膜等是整体中的一部分，这些部位的变化直接反映着身体的健康状况。皮肤白嫩、面色红润、体格健壮是健康美的标志，也是各脏腑经络功能正常、气血充盛的表现。反之，则是脏腑功能失调、气血阴阳紊乱的病理反映。中医把人体看作是一个有机的整体，以五脏为中心，与六腑相表里，通过经络与体表、五官、四肢密切联系，在生理和病理上也相互影响。

（二）人体与自然界的依存和协调性

祖国医学中的养生观，尤其体现了天人合一、天人相应的思想。《黄帝内经》之《素问·宝命全形论》中记载“人以天地之气生，四时之法成”，强调了人和万物一样，都是天地之气合乎规律的产物。

《灵枢·岁露论》中记载：“人与天地相参也，与日月相应也”。所谓“人与天地相参”强调的正是人与自然界的统一关系，表现在人体的生理过程与自然界的运动变化存在同步关系。

人体与自然万物同受自然法则的制约，并遵循同样的运动变化规律。《素问·阴阳应象大论》里指出："天地者，万物之上下也。""天有四时五行，以生长化收藏，以生寒暑燥湿风。人有五脏化五气，以生喜怒悲忧恐"。体现了"天人和谐，天人统一"。因此，要遵循"合于自然，顺乎自然，应于自然"这一"天人相应"的养生法则。同时，人体是一个统一的整体，中医是以整体观念为指导思想，以辨证施治为诊疗手段的理论体系。整体观念具有统一性和完整性，是主张内外环境的统一性、机体各部的统一性的思想。

二、辨证论治

辨证论治是中医认识疾病和治疗疾病的基本原则和方法，简言之，就是要根据不同的个体进行对证施治，即确定相应的治疗方法。

证，是机体在疾病发展过程中的某一阶段的病理概括，包括了病变的部位、原因、性质以及邪正之间的关系，反映出疾病发展过程中某一阶段的病理变化的本质。

所谓辨证，就是将四诊（望、闻、问、切）所收集的症状和体征，通过分析、综合辨清疾病的原因、性质、部位以及邪正之间的关系，概括判断为某一种性质的证。论治，又称施治，则是根据辨证的结果，确定相应的治疗方法。

临床上只有辨证准确，采取恰当的治疗方法，才能取得理想的效果。中医的辨证有八纲辨证、气血辨证、脏腑辨证、经络辨证等。八纲辨证是各种辨证的总纲；气血辨证、脏腑辨证主要是针对内伤杂病的辨证方法；经络辨证主要是针对经络病证的辨证方法。

它们虽各有特点，各有侧重，但又是互相联系和互相补充的。了解和掌握这些辨证方法的基本内容和特点，并且通过临床实践加以融会贯通，是十分必要的。

辨证是决定治疗的前提和依据，论治是治疗疾病的手段和方法，它们是诊治疾病过程中相互联系不可分割的两个方面，是理论和实践相结合的体现，是理法方药在临床中的具体运用，也是指导皮肤养生美容工作的基本原则。其特点是以症辨证，以病辨病，病证结合，进而确定治则，则异病同治，同病异治。这里的症是病的表象，是证的基础；证是对症的病性概括，是疾病某一阶段的本质反映，疾病的不同发展阶段可表现出不同的症，每种病均有若干个证候。我们根据求美者的症状表现，辨证分析其病因病机，综合判断，决定治疗原则，才能用药恰当，有的放矢，达到最佳效果。

总之，皮肤养生学以整体观念与辨证论治为总则，遵循天人相应等原则，从治未病入手，运用"君臣佐使"等遣方用药原则进行外养内调，达到皮肤养生之目的。

三、治未病

（一）“治未病”的中医思想

1.“治未病”即预防

中医学历来注重预防。《黄帝内经》中提出“治未病”的预防思想。预防，就是采取一定的措施，防止疾病的发生与发展。《素问·四气调神大论》指出：“是故圣人不治已病治未病，不治已乱治未乱，此之谓也。夫病已成而后药之，乱已成而后治之，譬犹渴而穿井，斗而铸锥，不亦晚乎。”古代的圣人认为医学的最高境界不是治疗已发生的疾病，而是防止疾病的发生；政治家的高明不是体现在治理已形成的乱，而是体现在未乱之前即加以预防。如果病已产生再去治疗，乱已形成再去治理，那就好像渴了才去挖井、临战才去铸造兵器，这岂不是太晚了吗？

2.“治未病”的两方面具体内容

所谓治未病，包括未病先防和既病防变两个方面的内容。未病先防就是在疾病未发生之前，做好各种预防工作以防止疾病的发生。病邪是导致疾病发生的重要条件，故未病先防除了增强体质，提高正气抗邪能力外，同时还要注意防止病邪的侵害。因此治未病必须从调养身体，提高正气抗邪能力和防止病邪的侵害这两方面着手。

未病先防是最理想的积极措施。但如果疾病已经发生，则应争取早期诊断、早期治疗以防止疾病的发展与传变即是既病防变。

早期诊治。《素问·阴阳应象大论》说：“故邪风之至，疾如风雨，故善治者治皮毛，其次治肌肤，其次治筋脉，其次治六腑，其次治五脏。治五脏者，半死半生也。”这说明外邪侵袭人体如果不及时诊治，病邪就有可能由表传里，步步深入，以致侵犯内脏，使病情越来越复杂、深重，治疗也就愈加困难。因此，在防治疾病的过程中，一定要掌握疾病发生、发展规律及其传变途径，做到早期诊断，有效地治疗才能防止其传变。

根据疾病传变规律，先安未受邪之地。如《难经·七十七难》说：“经言上工治未病，中工治已病者，何谓也？然：所谓治未病者，见肝之病，则知肝当传之于脾，故先实其脾气，无令得受肝之邪。故曰治未病。中工者，见肝之病，不晓相传，但一心治肝，故曰治已病也。”

肝属木，脾属土，肝木能克脾土，故临床上治疗肝病常配合健脾和胃的方法，这是既病防变法则的具体应用。又如清代医家叶天士，根据温热病伤及胃阴之后，病势进一步发展耗及肾阴的病变规律，主张在甘寒养胃的方药中加入某些咸寒滋肾之品，并提出了“务必先安未受邪之地”的防治原则，也是既病防变法则具体应用的范例。

3．“治未病”的意义

治未病是采取预防或治疗手段，防止疾病发生、发展的方法，是中医治则学说的基本法则。治未病包含两种意义：一是防病于未然，强调摄生，对于健康人来说，可增强体质，预防疾病的发生；二是既病之后防其传变，对于病者而言，强调早期诊断和早期治疗，及时控制疾病的发展演变。

（二）“未病先防”——防范肌肤问题于未然

1．“未病先防”的皮肤养生法则

肌肤“治未病”的重要性在于“防”，这是使用化妆品的初衷，即未病先防。防晒霜——防晒黑、防晒伤，防晒而美白、防光老化而防皱；防皱霜——防止皱纹发生……在肌肤问题没有出现之前就使用相应的护肤品，“防范肌肤问题于未然”。

2．化妆品“未病先防”的应用举例

日常生活中我们经常用到各种各样的护肤品。

如保湿霜，不是因为肌肤缺水才补水，而是应根据自己的肌肤状态，在缺水的年龄段、不同的环境和气候条件下，事先为防止肌肤干燥缺水而选择一款适合自己的保湿化妆品。

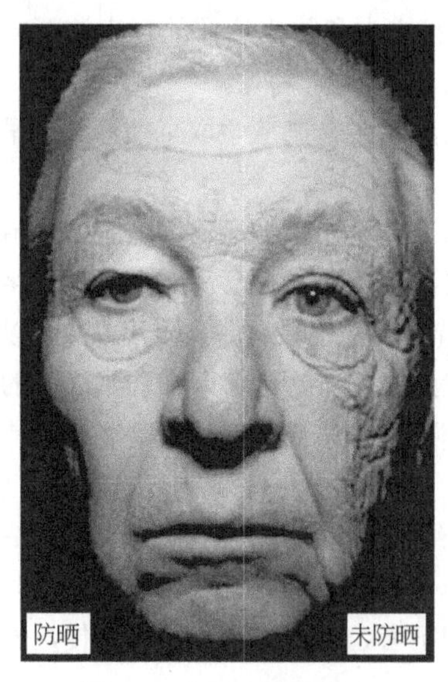

图 1-1　防晒“于未然”

又如防晒化妆品，从短期角度来看，人们关注的主要是其防晒黑作用，避免光照影响皮肤美白，但是从长远角度来看，长期 UVA 照射引起的慢性皮肤光老化对皮肤具有更深远的影响。有文献报道，一个人 20 岁以前，接受紫外线照射的累积量占整个人生剂量的 75%；光线性损害大多起始于儿童到 18 岁这一未成年阶段，而从接受日光照射起，皮肤光老化就开始发生了，这和皮肤自然老化不同，所以防晒应从儿童做起。防晒不仅仅是为了美白，“未衰先防”应该越早越好。如图 1-1 所示，防晒和不防晒的差别，不言而喻！

应用防晒化妆品延缓皮肤老化有两条途径：一种是加强皮肤对 UVA 的防护作用或使用具有广谱防晒性能的产品，可减缓皮肤光老化的发生；另一种应用防晒化妆品抗皮肤老化的途径是添加皮肤营养物质，除了维生素 E 等抗氧化剂外，还有增强皮肤弹性和张力的生物添加剂、保湿剂，改善皮肤血液微循环的植物提取物等。

（三）用“既病防变”的原则应对问题肌肤

1．问题肌肤的应对法则

当问题肌肤出现时，要早期诊治，有效地应对，防止其转变恶化。不但要消除已经出现的症状，而且要阻止症状的进一步恶化，还要注意避免和消除引起该症状的起因，并在起因未产生之前就采取防护措施，防止症状的再次发生。

2．“既病防变”的应用举例

以抗皮肤过敏为例。过敏反应的发生必须有两个条件，即过敏体质和接触过敏原。过敏性物质（即过敏原，也称变应原）进入或刺激人体后，能使某些组织细胞释放出一些活性物质，而这些活性物质能使平滑肌收缩、毛细血管通透性增加、黏膜腺体分泌增多，所以过敏者常出现皮肤红肿、瘙痒、斑块或喉部、支气管、胃肠痉挛等症状。

根据过敏机理采取有针对性的抗敏措施，即通过提高肌体细胞耐受性、清除自由基保护细胞膜、远离过敏原、抑制致敏因子组胺的释放，阻断过敏反应的发生。

增厚角质层是避免肌肤敏感的重要方法之一，规律地补充角质层成分，能增加角质层的厚度，可选择脂溶性易渗入肌肤内的产品。角质层是肌肤的重要保护层，它对化学物质的抵抗力要比基底层和皮下脂肪强很多，肌肤若持续受到伤害，而缺乏适当的保养，化学物质便可毫无阻挡地侵入肌肤内层，引起肌肤发炎、红肿、脱皮屑及发痒。如果皮肤角质层过度剥落，皮肤会产生对化妆品更强烈的机械性抗拒，这也就是皮肤会变红，且持续不退的原因。

因此，皮肤过敏者应注意不要过频地清洁皮肤，更不要使用磨砂膏换肤、脱皮等产品。不可长期使用含有激素的药物来治疗过敏，其对皮肤的侵害会逐渐削弱角质层的抵抗力，化学刺激物就会很容易侵入肌肤，造成更严重的过敏。不使用含有活化肌肤及促进血液循环的美容品，敏感性皮肤本质上就是毛细血管扩张，使用活化皮肤的美容品，会使毛细血管更扩张，而引起微血管破裂，脸上的红血丝更严重，过敏情况更加恶化。

四、标本治则

（一）标本治则的中医思想

标本治则在中医学中常用来概括病变过程中矛盾的主次先后关系。标、本是相对而言的，“标”原义指树梢，“本”指草木的根干。标、本关系常用来概括说明事物的现象与本质。一般情况下，治病必求其本；但在标病甚急时，急则治其标；标本并缓、并重时，应标本兼顾。在临床上应用标、本关系，主要是分析病证的主次、先后、轻重、缓急，确定治疗的步骤。

（二）治病必求其本

治病求本是一个根本法则。《素问·阴阳应象大论》说："治病必求于本。"在临床治疗中，应抓住疾病的本质与主要方面，做到治本。某些疾病，临床症状虽然不同，但其病因、病机是相同的，根据治本的原则，即可采取完全相同的治法。在治疗疾病时必须辨析疾病的病因、病机，抓住疾病的本质，并针对疾病的本质进行治疗。

治病求本是中医学治病的主导思想，是整体观念与辨证论治在治疗观中的体现。在一般病证不急的情况下，病在内者治其内，病在外者治其外，正气虚者固其本，邪气盛者祛其邪。治其病因，症状可解，治其先病，后病可除。这就是"优其所主、先其所因"，治病求本的指导思想。

如皮肤瘙痒，中医认为皮肤瘙痒的原因之一是血虚生风，风性瘙痒。采用补益气血的方法治其血虚之本，"治风先治血，血行风自灭"，瘙痒为标即止，血行、风灭、痒止。

（三）标本俱急或俱缓时宜标本同治

在紧急情况下，标病急于本病时，应先治标病，后治本病。治标是在紧急情况下的一种权宜之计，可以为治本创造有利条件。如皮肤瘙痒症，严重地影响了学习、生活，就要先行止痒，祛风痒自止。

关于缓则治本，《灵枢·病本》记载："先病而后逆者，治其本；先逆而后病者，治其本；先寒而后生病者，治其本；先病而后生寒者，治其本；先热而后生病者，治其本；先病而后生热者，治其本；先病而后泄者，治其本；先泄而后生他病者，治其本……先中满而后烦心，治其本。大小便利，治其本……先大小便不利而后生他病者，治其本也。"凡此种种，都是强调求治病因这个根本。

当标病与本病俱急或俱缓时，均宜标本同治。如皮肤上的痤疮丘疹是标，体内热毒、瘀、湿是本，标本兼治才能达到彻底祛痘、修复肌肤的作用。

由此可见，治标与治本的治则运用，既有原则性又有灵活性，关键在于必须随时注意病情变化、权衡疾病的轻重缓急，从而决定治疗的主次先后、有的放矢。

五、三因治宜

（一）因人制宜的护肤原则

根据人的年龄、性别、体质、习惯等不同特点，来制订适宜的治疗原则，称为"因人制宜"，也就是根据个体差异制订治则、治法。

年龄不同，生理机能及皮肤特点亦不同。《灵枢·逆顺肥瘦》中记载："年质壮大，血气充盈，肤革坚固，因加以邪，刺此者，深而留之。"又"婴儿者，其肉脆血少气弱，刺此者，以毫针，浅刺而疾发针，日再可也。"以上这些说明，不同年龄段在诊治时应有所区别。在选择护肤品时，也应根据年龄段的不同进行有针对性的选择。

1．儿童皮肤“防护”

儿童皮肤娇嫩，代谢活跃，生理结构及功能尚未完善，皮肤自身防御能力差，对外界环境的适应能力差，皮肤易干燥、易激惹、易被感染。因此儿童皮肤的护理不宜过度干预皮肤自身的生理功能，应更多地进行“防”和“护”，以提供适宜的生理环境为主。可以选用温和、舒缓的植物成分的产品，如洗沐合一的洗沐凝露、防晒奶昔、祛痱膏、防蚊水、护臀膏、消蚊叮果冻胶等。

2．青少年祛痘

青少年气血旺盛，身体、皮肤均处于较佳状态，皮肤光洁红润，富有弹性。但由于性激素分泌比较旺盛，皮肤腺的分泌功能进一步增强，皮肤上的油脂偏多，很容易出现痤疮，也就是我们平时所说的“青春痘”。这一时期，宜选用弱酸性的洗面奶，早、晚彻底清洗面部，不宜使用粉底、磨砂膏等产品，应选用清爽的润肤产品，如乳液。

3．中年美白祛斑

中年阶段，五脏六腑十二经络的气血，全部达到最大的协调状态，新陈代谢旺盛，但由于生活压力，这时候会出现面色暗淡无光泽、皮肤干燥、弹性减退、长斑等问题。因此，帮助肌肤改善面色、质地和润泽是中年阶段基本的养肤目标。在化妆品选择上宜选用美白、祛斑的护肤品。

4．老年补油祛皱

老年皮肤中汗腺和皮脂腺萎缩，直接导致皮肤中的水分和油脂含量减少，皮肤水分损耗增加，造成皮肤干燥。同时由于衰老，激素水平的下降，进而影响胶原纤维的数量、排列和形态，导致皮肤皱纹增多、加深，皮肤更加粗糙。这一时期，宜选用补油补水的保湿剂、润肤剂和防护霜。

（二）因地制宜的护肤原则

根据不同的地域环境特点，来制订适宜的治疗原则，称为“因地制宜”。《素问•异法方宜论》说：

“黄帝问曰：医之治病也，一病而治各不同，皆愈何也？

岐伯对曰：地势使然也。

故东方之域，天地之所始生也。鱼盐之地，海滨傍水，其民食鱼而嗜咸，皆安其处，美其食。鱼者使人热中，盐者胜血，故其民皆黑色疏理。其病皆为痈疡，其治宜砭石。故砭石者，亦从东方来。

西方者，金玉之域，沙石之处，天地之所收引也。其民陵居而多风，水土刚强，其民不衣而褐荐，其民华食而脂肥，故邪不能伤其形体，其病生于内，其治宜毒药。

故毒药者，亦从西方来。

北方者，天地所闭藏之域也。其地高陵居，风寒冰冽，其民乐野处而乳食，脏寒生满病，其治宜灸焫。故灸焫者，亦从北方来。

南方者，天地所长养，阳之所盛处也。其地下，水土弱，雾露之所聚也。其民嗜酸而食胕，故其民皆致理而赤色，其病挛痹，其治宜微针。故九针者，亦从南方来。

中央者，其地平以湿，天地所以生万物也众。其民食杂而不劳，故其病多痿厥寒热。其治宜导引按蹻，故导引按蹻者，亦从中央出也。

故圣人杂合以治，各得其所宜，故治所以异而病皆愈者，得病之情，知治之大体也。”

这段话的意思如下：

黄帝问道：医生在治疗疾病时，生同样的病，但采用的治疗手段不同，结果都治愈了，这是为什么呢？岐伯回答说：这是由于地理环境不同而使它这样的。

东方地区，是天地之气开始发生的地方，盛产鱼盐，靠海傍水，当地居民喜欢吃鱼和咸味的食物，居处安定，以鱼盐为美食。然而，多食鱼会使人体内积热，过食咸味易伤血液。所以，当地居民大都肤色较黑，肌肉纹理也较疏松，所生之病多为痈肿疮疡一类，治疗适宜用砭石。因此，砭石疗法是从东方传来的。

西方地区，盛产金玉，地多沙石，自然气候具有类似秋天肃杀收引之气的特性。那里的人们依山而居，地高多风，水土的性质刚强，人们不讲究衣着，以毛布为衣，以细草为席，而饮食多是些鲜美的酥酪骨肉之类，因而形体较丰肥，所以外邪不易入侵，其病多由内生，治疗适宜用药物。因此，药物疗法是从西方传来的。

北方地区，自然气候具有类似冬天天地闭藏之气的特性。那里地势高峻，人们依山陵而居，周围环境风寒冰冻，当地居民喜欢随时居住在野外，吃的是牛羊乳汁，因此内脏受寒而易得脘腹胀满一类的疾病，治疗适宜用艾火灸烤。因此，艾灸疗法是从北方传来的。

南方地区，自然气候适宜长养万物，是阳气最旺盛的地方。那里地势低下，水土薄弱，雾露经常聚集。当地的人们喜食酸味及发酵的食物，所以他们的皮肤肌肉纹理致密而色红，其病多为筋脉拘挛、肢体麻痹一类的疾病，治疗适宜用微针刺治。因此，九针疗法是从南方传来的。

中央地区，地势平坦而湿润，自然气候适宜万物生长，物产丰富。当地的人们食品种类繁多，生活安逸而不劳累，所以其病多为四肢痿弱、厥逆、寒热一类的疾病，治疗适宜用导引按蹻的方法。因此，导引按蹻疗法是从中央地区产生的。

所以，一个高明的医生应该掌握多种不同的治疗方法，针对病情，给予恰当的治疗。因此，治疗方法不同而疾病都能痊愈，是因为医生了解病人的具体情况，并掌握了治疗大法。

这说明治疗方法与地理环境、生活习惯以及疾病性质有密切的关系。

一方水土养一方人，不同的地区，气候条件和生活习惯不同，面部皮肤的生理功能和病变特点也各有差异，选用美容护肤品亦当因地制宜。如北方多风，气候干燥，人体皮肤也较干燥，宜选用一些润肤效果较好且含有保湿成分的化妆品；我国南方如港澳地区高温、多雨、潮湿，多应用防晒、美白的化妆品；牧区风吹日晒，宜选用面膜、防晒剂护肤，以减轻紫外线对皮肤的照射。欧美国家的人追求“古铜色”的肌肤，防晒、美白霜就不受他们的重视；而亚洲人以白为美，美白、防晒、祛斑是亚洲人追求护肤品的永恒主题。由于不同的地理环境、气候条件及生活习惯，人的生理活动和肌肤特点也有区别，所以护肤方法亦应有所差异。

（三）因时制宜的护肤原则

在日常生活中，人们离不开时间和空间，以此分阴阳。事物的阴阳属性不是绝对的，而是相对的。这种事物的相对性，一方面表现为在一定的条件下，阴阳可以相互转化，阴可以转化为阳，阳也可以转化为阴；另一方面则体现于事物无穷的可分性。最基本的时间观念包括昼夜，即昼为阳，夜为阴；四季即春夏为阳，秋冬为阴。人的一生又有不同的阶段，要根据不同的人其不同的时期进行皮肤养生。

以昼夜阴阳与日霜、晚霜为例。单纯地从昼夜分阴阳，一天的化妆也可以被划分为“阴”“阳”两个时段，化妆品中的日霜、晚霜即应用了阴阳理论。“阳”性时段是从早上太阳升起见到光明到晚上太阳落山一片漆黑，“阴”性时段是从太阳落山到第二天早上太阳升起。或者说白天要加用防晒剂“遮阳”；晚上要用精华素滋养，实际上就是养阴。

“春夏养阳，秋冬养阴”，语出《黄帝内经·素问·四气调神大论篇》。春夏阳令也，春时阳生，夏时阳盛。春时阳始生，风寒之邪尚为患，故春时应注意御寒保暖，民间谚语谓春季不宜过早减衣，亦即此理，以养人体之阳。夏时阳极盛，暑热邪盛，大热耗气，气者阳也，故大热亦伤人体之阳。夏夜人们喜纳凉，易受寒湿之邪，寒湿伤阳。夏季炎热，人们喜冷饮，饮食太过则易伤阳。故夏时既要善处阴凉以避大热，又要避免过食冷饮以防伤阳；夏夜纳凉，当避湿露，适当盖覆，以避寒湿。

秋冬阴令也，秋时阴收，冬时阴藏。秋冬之时燥邪为患，易伤阴，故秋冬之时宜服用滋阴之品或搽用滋润护肤之品以防燥邪，保持居室空气湿润亦有助于避免燥邪。秋时渐寒，冬时寒盛，人们喜食辛辣好饮酒以御寒。辛辣之品易生内热，酒易生湿热，饮食太过则伤阴。因此，秋冬之时既要避免燥邪，又要避免过食辛辣和过量饮酒，以防伤阴。

遵从因天之序、天地人和的思想指导，总结不同季节的气候特点是“春风、夏暑、秋燥、冬寒”，不同季节主要的皮肤问题是“春天易敏感、夏天多腻浊、秋天多干燥、冬令多脆弱”。因时制宜，即针对四季不同的皮肤特点和问题，提供最合理的皮肤护理方案，如“春舒缓、夏宣散、秋润燥、冬养坚”。

六、精、气、血与皮肤

精、气、血是皮肤健康美丽的基础。精是由禀受于父母的生命物质与后天的水谷精微相融合而形成的一种精华物质，是人体生命的本源，是构成人体和维持人体生命活动的最基本物质之一。气是人体内活力很强、运行不息的极精微物质，也是构成人体和维持人体活动的最基本物质之一。血是流行于脉管之中富有营养的红色液体。气和血都源于脾胃化生的水谷精微和肾中精气。气、血、精各自新陈代谢又可相互转化。精气血与津液之间的关系见图 1-2。从气血的角度论述其和皮肤的关系，可进一步明确如何通过调理气血促进皮肤健康美丽。

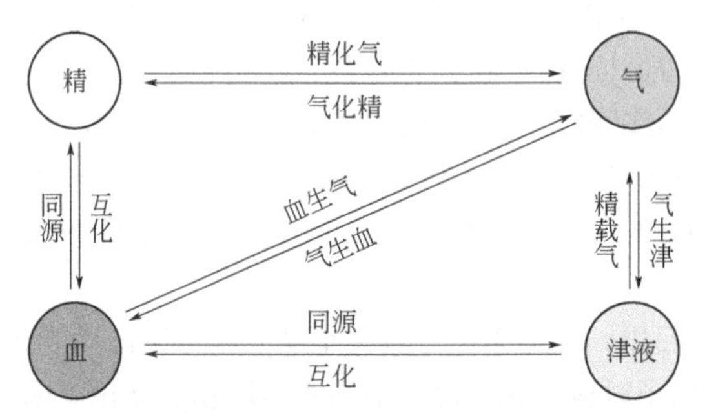

图 1-2　精气血与津液之间的关系

（一）气血与皮肤的关系

气血是构成人体的基本物质，是维持人体生命活动的基本物质。气的运动变化促进精、气、血、津液等物质的新陈代谢及相互转化，给皮肤提供营养，促进皮肤新陈代谢。依据中医基础理论“气血精液学说”，中医学中，血主要由营气和津液所组成。《血经 • 灵枢》记载：“中焦受气取汁，变化而赤，是谓血。”血的主要功能是营养和滋润全身（见图 1-3）。

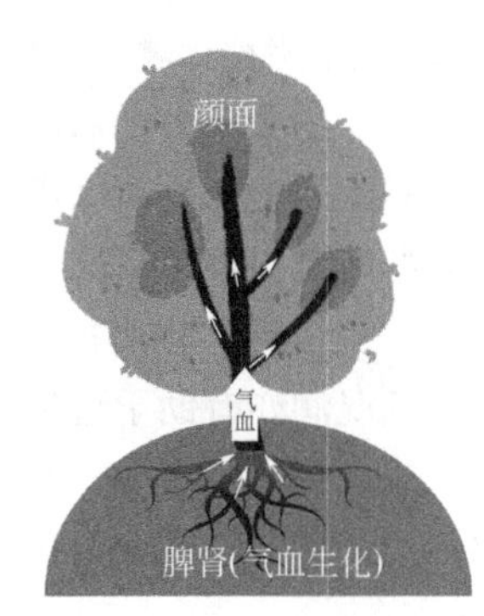

图 1-3　气血与皮肤的关系

《灵枢 • 决气》中云：“上焦开发，宣五谷味，熏肤，充身，泽毛，若雾露之溉，是谓气。中焦受气，取汁变化而赤，是谓血。”意思是说上焦把饮食精微物质发散到全身，可以达到温煦皮肤、充实形体、滋润毛发的作用，就像雾露灌溉各种生物一样。中焦的脏腑组织接收到食物，吸收其精微物质，经过气化形成血，其在气的推动下在人体经络中运行，内达五脏六腑，外到四肢、皮肤，濡养肌肤，为人体肌肤源源不断地提供营养物质，人的皮肤、毛发有赖于气血的推动、营养和滋润。这充分说明了气血对于人体皮肤的重要作用。

（二）气血对皮肤的影响

气是血运行的动力，血是气的载体，两者相辅相成。气以推动、温煦为主，血以濡养、滋润为主。人体除了脏腑组织器官需要气血的温煦、濡养、滋润，皮肤亦需要。当气血充足且运行通畅时，皮肤才能表现出润泽健康，相反，如果气血不足或者运行不畅时，会导致面部淡白或苍白且无光泽等问题。因此，气血既是构成人的基本物质，又是决定人皮肤是否健康的关键因素，气血状态可直接影响皮肤的状态。所以，针对日常皮肤的护理或皮肤病的治疗应从其本质气血入手，气血调和、养护肌肤乃养生养颜之大道。

第二章 生长节律皮肤养生与护肤品开发

02 Chapter

生长节律是指人体生长发育规律，生长发育是一个连续的、有阶段性的过程，人的一生中，生命力的盛衰呈现不断变化的趋势。《黄帝内经》关于人的“生长壮老已”生长节律，提出两种观点，一种是以“女七男八”为周期；一种是以10岁为周期。

《黄帝内经·上古天真论》从肾气和天癸的盛衰来观察，人以五脏为本，而肾为五脏之根。肾气（即肾所藏之精气）为生命的基础，在人的“生长壮老已”的过程中起主导作用，随着肾气的变化规律，总结出“女七男八”的生长节律。

“帝曰：人年老而无子者，材力尽邪？将天数然也？岐伯曰：女子七岁，肾气盛，齿更发长。二七而天癸至，任脉通，太冲脉盛，月事以时下，故有子。三七，肾气平均，故真牙生而长极。四七，筋骨坚，发长极，身体盛壮。五七，阳明脉衰，面始焦，发始堕。六七，三阳脉衰于上，面皆焦，发始白。七七，任脉虚，太冲脉衰少，天癸竭，地道不通，故形坏而无子也。丈夫八岁，肾气实，发长齿更。二八，肾气盛，天癸至，精气溢写，阴阳和，故能有子。三八，肾气平均，筋骨劲强，故真牙生而长极。四八，筋骨隆盛，肌肉满壮。五八，肾气衰，发堕齿槁。六八，阳气衰竭于上，面焦发鬓颁白。七八，肝气衰，筋不能动，天癸竭，精少，肾藏衰，形体皆极。八八，则齿发去。”

《灵枢·天年篇》从五脏六腑气血的盛衰来观察，总结出以10岁为周期的规律。

“黄帝曰：其气之盛衰，以至其死，可得闻乎？岐伯曰：人生十岁，五脏始定，血气已通，其气在下，故好走。二十岁，血气始盛，肌肉方长，故好趋。三十岁，五脏大定，肌肉坚固，血脉盛满，故好步。四十岁，五脏六腑，十二经脉，皆大盛以平定，腠理始疏，荣华颓落，发颇斑白，平盛不摇，故好坐。五十岁，肝气始衰，肝叶始薄，胆汁始灭，目始不明。六十岁，心气始衰，苦忧悲，血气懈惰，故好卧。七十岁，脾气虚，皮肤枯。八十岁，肺气衰，魄离，故言善悮。九十岁，肾气焦，四脏经脉空虚。百岁，五脏皆虚，神气皆去，形骸独居而终矣。”

生长节律皮肤养生是从人体皮肤健康入手，结合《黄帝内经》中提出的“女七男八”和“以十为期”的养生观点进行划分，根据不同年龄段身体（皮肤）较大的变化，形成“三阶段”皮肤养生法。本章将分别介绍少儿阶段、中青年阶段和忘年阶段三个阶段的皮肤状态和养生方案。

第一节　少儿阶段皮肤养生

少儿，是少年和儿童的简称。在人的一生中，从儿童到少年为成长阶段，肾气始生，气血渐充。在此阶段，皮肤细腻光滑，水润度高，且白皙红润，外表娇嫩；但是由于此阶段皮肤代谢活跃，生理结构及功能尚未完善，皮肤自身防御能力差，对外界环境的适应能力差，因此少儿皮肤易干燥、易激惹、易被感染、易长痘等。

一、少儿皮肤状态

在少儿成长为成年人之前，皮肤的结构及功能均处于不断变化中，各个阶段的少儿肌肤特点有所差异。充分了解少儿皮肤的结构及功能特点，才能更有针对性地进行少儿皮肤的养生护理。

（一）儿童皮肤状态

1．中医认知

《温病条辨·解儿难》记载：“小儿稚阳未充，稚阴未长者也”。即婴儿是稚阳稚阴之体，指小儿在功能活动（阳）和物质基础（阴）上均未臻完善。《医学源流论》记载：“小儿纯阳之体，最宜清凉”。即小儿生长发育旺盛，其阳气当发，生机蓬勃，与体内属阴的物质相比，处于相对优势。

明代医书《万密斋》中关于小儿护理的记载：“若要小儿安，三分饥与寒”。由于婴儿属于纯阳之体，阳气足，新陈代谢旺，需要的营养物质相对较多，胃肠道的负担较大，日常进食量过多，会出现伤食。伤食则积热，热则伤阴，导致体内阴阳失调，容易生病。同样，如果穿着过多，内热从生，出汗变多，毛孔时时处于开放的状态，就容易着凉感冒。

对于婴儿肌肤的护理可以遵循关于婴儿体质的认知，婴童护肤品不要过多地给予婴童肌肤营养和功效，护肤品的使用不能干扰肌肤的正常生理功能。

2．现代认知

儿童皮肤从妊娠初始时形成的原始单层表皮即周皮开始，到1岁后才逐渐发育完善，在不同年龄段均有异于成人皮肤的特点，年龄越小差异越大，早产儿尤其显著。

（1）皮肤结构尚未完善

① 皮肤外观　成人表皮外观干燥，足月儿为皮脂样，早产儿由于皮肤较足月儿更薄、血管更靠近皮表，而呈透明的凝胶状且颜色红润，较少褶皱。

② 皮肤厚度（不含皮下脂肪层）　新生儿较成人皮肤薄（见图2-1），成人皮肤平均厚度为2.1mm，足月新生儿为1.2mm，早产儿更薄，仅为0.9mm。成人表皮厚度为50μm，足月儿为40～50μm，早产儿仅为20～25μm。角质层厚度也有区别，虽然足月儿与成人角质层均由10～20层细胞组成，但是由于前者角质形成细胞较小，因此，足月儿角质层厚度比成人薄约三分之一，即成人9～15μm，而足月儿仅为9～10μm。早产儿角质层更薄，仅由5～6层细胞组成，为4～5μm；而胎龄小于30周的早产儿角质层更少，约2～3层细胞；胎龄在23～24周的极早产儿由于角质层几乎没有形成而导致皮肤屏障功能完全缺失。新生儿基底层比成人薄约20%，但细胞更新速率快，因此新生儿伤口愈合更快。

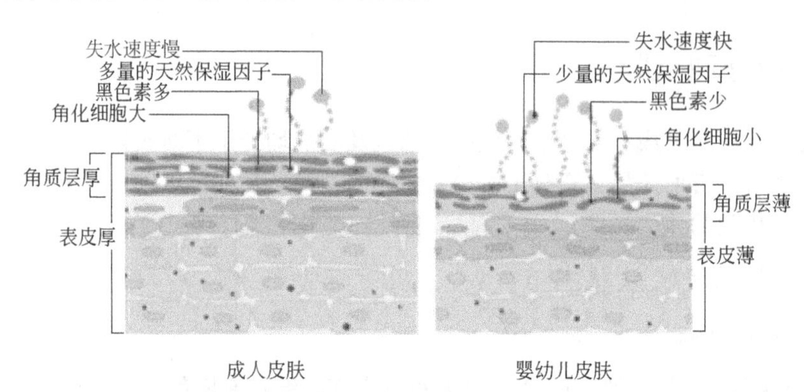

图2-1　成人与婴幼儿皮肤结构特点差异

③ 砖墙结构　婴儿皮纹非常致密，皮岛结构很小，角质细胞也较成人的小。表面的皮岛结构与真皮层乳头结构一一对应，且大小、密度和分布较成人均匀，这种一一对应关系在成人皮肤中并没有发现。婴幼儿皮肤的角质层和表皮厚度都显著低于成人，角质层厚度比成人薄30%，表皮厚度薄20%，早产儿的表皮则更薄。婴幼儿表皮角质细胞和颗粒层细胞都比成人的小。婴幼儿皮肤的“砖墙结构”发育不完善，砖块更小，墙体更薄。

④ 胶原纤维　婴儿皮肤位于真皮上层的胶原纤维没有成人的致密，婴幼儿皮肤

真皮乳头层和网状层之间没有明显的界线，纤维束的大小是逐渐变化的，且最终纤维束的大小比成人细小。弹力纤维的分布与成人相同，但纤维较细，在结构上较不成熟。婴幼儿真皮缺乏弹性，容易摩擦受损，所以皮肤接触的衣物要尽量选择柔软细腻的材质以减少摩擦。

⑤ 汗腺 胎儿第 6 个月时小汗腺形成，汗管通畅。小汗腺的神经调节要到 2～3 岁才能完备。由于汗腺总数之后不再增加，因此婴儿汗腺的密度大于成人，出汗温度稍高于成人，所以婴儿特别容易发生角质浸渍和汗腺的阻塞而产生痱子。

⑥ 皮脂腺 皮脂腺在胎儿第 4 个月时开始形成，到第 6 个月时成熟，其超微结构基本与成人相同，并在胎儿发育中就有活性，新生儿因为体内含有来源于母体的激素，特别是在脱氢表雄甾酮的影响下，至出生后第 7 天，皮脂的分泌量与成人接近，随后随着母体激素的减少，皮脂腺活性逐渐下降，到 6 个月时逐渐静止，维持在一个很低的水平，直到进入青春期后又开始活跃。成人平均汗腺数量为 120/cm^2，幼儿大约为 500/cm^2。新生儿的皮脂，角鲨烯、蜡脂和甘油等分泌较多，但随着年龄的增长，至幼儿时期其皮脂分泌呈下降趋势，如果护理不好会出现幼儿皮肤干燥现象。

⑦ 血管 出生时乳头下血管丛杂乱无章。真皮上部有丰富的毛细血管网，所以新生儿皮肤红润。出生后前几周，毛细血管网减少，胎毛丧失，皮脂腺活性降低，皮肤体表面积增加。除掌跖和甲皱外，在出生第 1 周内没有乳头血管袢向表皮突伸。在第 4～5 周各部位可见乳头血管袢，第 14～17 周才能很好地建立，到第 3 个月才出现成人血管模式。

⑧ 神经 在出生时神经网像血管网一样，功能上较不成熟。新生儿对组胺的反应需要更高的刺激阈值，提示血管平滑肌对刺激的反应性较为低下，或血管收缩的张力比成人大。早产儿和足月新生儿皮肤的大多数神经直径较细小。特殊的感觉感受器在出生时有不同程度的发育。环层小体在手足无毛处很多，并在结构上已完全发育。手指皮肤的梅克尔小体在出生前或出生后短期内开始减少，仅留少量。触觉小体在出生时尚未完全形成。游离神经末梢自出生到老年在结构上变化较少。

⑨ 胎毛 早产儿及有些足月新生儿全身覆有纤细的胎毛。足月新生儿胎毛通常脱落而代之以毳毛，在头皮部则由粗的色素较深的终毛取代之。头发的生长在出生前通常与胎儿发育同步，但受性别、胎龄和胎儿营养状况的影响。

（2）皮肤更新速度快 角质细胞通过桥粒蛋白黏附而紧密结合，而角质细胞的剥脱是通过桥粒降解酶控制的。健康皮肤基底细胞的增殖速度和表皮角质层的剥脱速度保持相对的平衡，从而保证皮肤的厚度基本恒定。如果打破平衡，则会导致角质层过薄或过厚。荧光显微镜可以通过测试荧光色氨酸的强度来测试表皮角质细胞增殖。新生儿的皮肤角质细胞增殖速度较快，在出生的第 1 年内显著下降，直到第 2 年接近成人。

（3）皮肤的含水量高 皮肤有保留水分的作用。皮肤最外层的角质层能保护皮肤免受外界物理和化学因素的影响。从皮肤护理的观点出发，角质层含水量变化是个很重要的因素。刚出生的新生儿角质层含水量较低，显著低于较年长的婴儿、儿童和成人。在出生后的2～4周里，含水量显著增加，并超过成人，然后趋于稳定。多项研究表明，4周～24个月的婴儿皮肤含水量显著高于成人，这可能与皮肤汗腺的逐渐成熟有关，但也不能排除其他原因。

（4）皮肤pH偏中性　婴儿出生时皮肤pH接近中性（由于部位差异为6.6～7.5），这可能与刚从羊水环境（pH=7.4）中出来有关，也可能与NMF的含量低（NMF中的氨基酸为酸性），或皮肤表面没有微生物群定植，以及酶系统的不成熟等有关。从出生后的第2天，皮肤pH就开始下降，在出生后1个月内持续降低，而后到3个月保持相对稳定。但是婴儿的皮肤pH仍然显著高于成人，特别是在较为潮湿的尿布区域，因为暴露在尿液和粪便中，pH更高，且没有性别的差异。

（5）皮肤屏障功能不全　皮肤最重要的功能是对抗干燥和恶劣的外界环境，即皮肤屏障功能，主要体现在对水分的调节平衡能力和防止外源物质入侵的能力。如前所述，婴幼儿皮肤结构不完善，具有如角质层薄、角质细胞小以及致密的皮纹结构使皮肤表面积增加等特点，我们可以推测婴幼儿皮肤屏障功能也会较成人弱。此外，婴儿皮肤的总脂质以及皮脂腺脂质的含量都低于成人，细胞间脂质是角质层含水量和屏障功能的重要调节成分，皮脂膜不完整也是婴儿皮肤屏障不健全的原因。通过拉曼共聚焦显微镜来测定皮肤中NMF（天然保湿因子）的含量发现，3～12个月的婴儿皮肤中NMF的含量显著低于成人。NMF是在角质细胞成熟的过程中产生的氨基酸、糖分和离子等物质，是皮肤保持水分的重要分子，NMF的缺乏也可能是婴幼儿皮肤保水能力差的一个重要原因。

婴幼儿体表面积和体重之比为成人的3～5倍，而且婴儿皮肤角质细胞较小，角质层较薄，所以药物分子经婴幼儿皮肤渗透将比成人更加直接、容易，其系统吸收也比成人多，因此对有害物质和过敏物质的反映也更加强烈。早产儿有屏障功能障碍，产后2周才有正常屏障功能，皮肤的通透性更高。因此婴儿外用功效性添加剂要非常小心，最好使用专门的护肤品，避免香精、酒精、色素、防腐剂等刺激性物质的危害，对早产儿更应慎重。

（6）皮肤易受紫外线辐射伤害　黑色素由皮肤中的黑素细胞产生，在皮肤中可以减少紫外线穿透起到光防护的作用。研究发现，婴儿日光暴露部位的皮肤中黑色素的含量显著低于成人。婴儿皮肤本来就较薄，黑色素含量又较少，角质层含水量高必然使得光的散射减少，这些特点会共同导致天然的防紫外线能力比较弱，更容易被晒伤。所以婴儿皮肤恶性肿瘤的发生率与日光暴露时间有显著的相关性。在1岁以内，暴露在日光下表现为黑色素的聚集，这些黑色素的沉积也伴随着UV诱导的DNA损伤，所以早期的日光暴露会产生累积效应和皮肤损伤。

适量的紫外线照射不仅能够帮助钙质的吸收，促进骨骼的发育，而且能增强免疫力，有利于婴幼儿的健康和发育，但由于婴幼儿的皮肤对紫外线的抵御力较薄弱，在户外活动及日晒时要特别注意防晒，除了做好遮阳伞、衣服、帽子等防护措施，也可以涂抹适合婴幼儿皮肤的防晒霜。美国的儿科协会对于婴幼儿日光防护的指导中，建议要加强日光防护，避免日光暴露，建议婴儿在出生后每日补充400IU的维生素D，防止维生素D缺乏症的发生。

（7）其他　皮肤除了屏障功能，还具有体温调节功能、感觉功能、水电解质平衡作用、免疫功能等。每一个功能的发育完善时间各不相同，这些功能是在什么时候完全成熟的还没有定论。如婴儿汗腺及血液循环系统还处于发育阶段，新生儿与成人汗腺数是一样的，但在每单位面积上的汗腺数是不同的，成人平均为120个/cm^2，而新生儿高达500个/cm^2。汗腺虽然已在新生儿皮肤上生长着，但此时它分泌汗的能力是很低的，因此婴儿的体温调节能力弱，大约要到2周岁后功能才健全。汗腺受到刺激（如外界温度变化、情绪冲动和味的刺激）后，能加速分泌出汗，所以要注意随环境变化为婴儿适当增减衣物。婴儿自身的免疫系统尚未完善，抵抗力较弱，因此较容易出现皮肤过敏，如红斑、红疹、丘疹、水泡，甚至脱皮等，所以要尽量避免婴儿接触刺激性过敏原。

此外，婴儿皮肤还需承受某些特殊的环境，如婴儿臀部使用尿布，皮肤经常处于潮湿并且不透气的环境下，由于尿液和粪便带有细菌而且尿可分解为氨使其具有较高的pH，长期接触会对皮肤造成较严重的刺激，而对该部位的频繁清洗也会对皮肤造成刺激。在护理方面要注意经常更换尿布，避免接触刺激性强的沐浴露和香皂，适当暴露臀部，局部可使用具有隔离功效的护臀霜来隔离尿液刺激等。

（二）少年皮肤状态

少年时期，人群个体的正常皮肤状态为气色荣润有光泽、白里透红、质地细腻、弹紧、光滑、水润、光亮，但因个体的第二性征开始发育，性激素分泌明显增多，皮脂腺分泌旺盛。此时容易出现痤疮、毛囊炎等皮肤病。

二、少儿常见皮肤问题

针对不同年龄段、不同的肌肤需求，设计不同年龄段的护肤方案，满足少儿皮肤需求，达到精准护肤。因此，了解少儿常见的皮肤问题至关重要。

（一）皮炎与湿疹

皮炎及湿疹是困扰儿童的主要皮肤问题，尿布疹也称红臀、尿布皮炎，是由于尿布覆盖而导致的皮肤疾患，为2岁以内婴儿常见皮肤问题（见图2-2）。婴幼儿由于皮肤非常娇嫩，诱发尿布疹的因素多，如尿布更换不及时、便后清洗不及时、臀部潮湿、尿布粗糙、pH改变、感染等。几乎所有婴幼儿都有得过尿布疹的经历，婴幼儿尿布疹重在预防，如果发现婴幼儿臀部发红、糜烂，就要及时治疗。

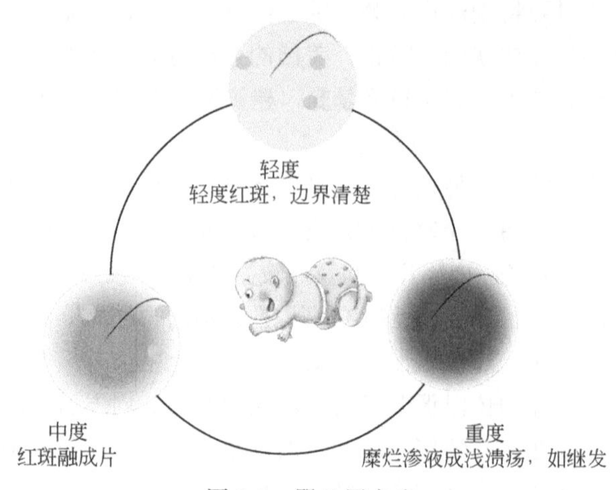

图 2-2　婴儿尿布疹

湿疹，是婴儿期出现最早、最常见的皮肤过敏性疾病，急性期表现为红斑、水肿基础上粟粒大丘疹、丘疱疹、水疱、糜烂及渗出，病变中心往往较重，而逐渐向周围蔓延，外围又有散在丘疹、丘疱疹，故境界不清。亚急性期表现为红肿和渗出减轻，糜烂面结痂、脱屑。慢性期表现为粗糙肥厚、苔藓样变，伴有色素改变。由于瘙痒不适、反复发作等特点严重影响患儿的饮食、睡眠，甚至影响生长发育，给患儿家长带来困扰。关于婴儿湿疹发病率各地报道不同，为 13.3%～72.53%不等，年龄集中在≤6 个月。近几年随着人们生活水平的提高和居住环境的改变，婴儿湿疹发病率有上升的趋势。

皮炎与湿疹引起的共性的皮肤问题，包括皮肤屏障破坏，皮肤发生免疫、炎症反应，皮肤出现干燥、红、肿、痒等症状。

（二）蚊虫叮咬

每到春、夏季，不仅蚊虫密度快速升高，且蚊虫种类多、繁殖快，蚊子叮咬后不仅疼痒难忍，蚊子更是疾病传播的载体，其中儿童更是深受其害。日常生活中，人们使用各种蚊虫驱避剂，防治蚊虫的叮咬，如蚊香、蚊不叮和花露水等。驱避剂分为化学合成和植物源驱避剂两类，化学合成的驱避剂使用最广泛的为避蚊胺（DEET），但是近年来报道 DEET 不仅对环境有害，对人体也有害。

蚊虫叮咬后产生快速的免疫反应，出现强烈的红、肿、痒等状态，以及抓挠带来的副作用。

（三）“青春痘”

进入青春期后，性激素分泌增加，皮脂腺分泌旺盛，呈现油、痘、敏的肌肤状态，颜色红黄，皮质地粗、毛孔大，易长疹、痤疮等，偏油泛光。

三、少儿皮肤养生方案

少儿阶段人群肾气始生，气血渐充。脏腑功能趋于完善，处于发育生长阶段，此阶段脾常不足。调以培元健脾，培其本源，培土生金，益肾健脾。少儿护肤品的研发与使用需要根据少儿肌肤的生理特点进行针对性的设计。

（一）婴幼儿（0～3岁）皮肤养生方案

婴幼儿大小便次数多、吐奶、口水等习惯导致婴幼儿皮肤接触外界刺激的频率高、时间长，皮肤自身防御能力差，皮肤对外界刺激的易感性较高，加之皮肤护理不到位，比如擦拭不干净、动作不轻柔、尿布更换不及时等，会导致各类皮肤问题的发生。

婴幼儿皮肤的护理需求主要集中在“洗”“护”“防”。“洗”涉及清洁剂产品：需要注意沐浴液以偏弱酸/中性沐浴液更佳，选用温和无刺激的沐浴液清洁肌肤，洗掉婴幼儿肌肤表面的污物及外界刺激物，避免过度清洁导致的皮肤脂质、天然保湿因子流失、屏障结构破坏；帮助维持肌肤微生态、pH平衡；防止肌肤问题（湿疹、痱子等）发生。“护”涉及润肤剂产品：不阻碍肌肤呼吸和散热；帮助维持肌肤水油平衡；帮助维持肌肤水分平衡；帮助维持肌肤酸碱平衡；帮助维持肌肤微生态。建议使用保湿、滋润的润肤剂，润肤剂不含香料、染料、酒精和易致敏防腐剂。“防”涉及爽身产品：既能帮助维持肌肤干爽环境，又能帮助维持肌肤水分稳态；防止痱子发生，缓解痱子问题。防晒需以物理防晒为主（物理遮盖，区别于物理防晒剂），化学防晒为辅助（防晒乳），防晒剂需满足高保护性、安全性、低刺激性等特点，婴幼儿6个月后可使用。

（二）儿童（3～12岁）皮肤养生方案

儿童肌肤逐渐发育成熟，但儿童阶段户外活动增加，接触的环境较婴幼儿阶段更为复杂，儿童自身防护意识差，因此接触刺激的频率高、时间长；儿童皮肤较成人皮肤防御能力依然较差，受激素和环境（紫外线、风吹、温湿度等）影响较大；皮肤渗透性较高，皮肤更易干燥；皮肤屏障功能较差；应用化学品有较高的易损性；温度调节系统不成熟；皮肤对阳光较敏感；皮肤易激惹、易被感染。

儿童皮肤的护理需求同样主要集中在“洗”“护”“防”。“洗”涉及清洁产品，应使用温和的表面活性剂，弱酸性配方体系，避免干扰肌肤pH，帮助清洁儿童皮肤表面的有害菌、刺激物等，使儿童肌肤快速恢复稳态，避免外界刺激长时间刺激、侵害肌肤。“护”涉及润肤剂，帮助肌肤长时间保湿、防护，增强皮肤的水润度，避免环境引起的皮肤干燥损害肌肤。但使用的润肤剂不宜厚重或过油，以免堵塞毛孔或汗腺，激发毛囊炎、痱子甚至痤疮，同时注意配方的低敏性。“防”涉及防晒产品，帮助儿童肌肤抵御外界紫外线损伤，可以避免儿童长时间户外活动时晒伤。儿童护肤品配方应尽量简单。

（三）少年（12～20岁）皮肤养生方案

少年阶段皮肤护理主要是加强皮肤的清洁、控油及保湿和防晒。清洁产品宜选用中性/缓和的弱碱性有保湿作用的去油洁面产品，用于清除皮肤灰尘、皮脂及微生物，去除老化角质，保持清洁。注意不要过分清洁，以免造成皮肤失水干燥，同时刺激皮脂腺分泌更加旺盛，造成恶性循环。同时，青春期的润肤剂应具有控油保湿的作用，使皮肤滋润、光滑而不油腻。少年户外活动多、运动量大，因此应挑选SPF大于30、PA大于++的防晒剂，剂型可为乳剂或油剂。对于少年阶段祛痘的养生方案可参照本书第六章中痤疮人群皮肤养生方案。

第二节　中青年阶段皮肤养生

中青年，是青年、壮年和中年的简称。

《黄帝内经》中记载："三七，肾气平均，故真牙生而长极。四七，筋骨坚，发长极，身体盛壮。五七，阳明脉衰，面始焦，发始堕。六七，三阳脉衰于上，面皆焦，发始白。""二十岁，血气始盛，肌肉方长，故好趋；三十岁，五脏大定，肌肉坚固，血脉盛满，故好步；四十岁，五脏六腑十二经脉，皆大盛以平定，……"意思是说，20岁时，气血更加旺盛，肌肉坚韧有力；30岁时，五脏六腑的生理功能达到最佳状态，肌肉也更加发达，血脉盛满；40岁时，五脏六腑十二经脉的气血均达到最大的协调状态，新陈代谢旺盛。

无论是"女子以七为周期（三七21岁～六七42岁，反映七七之前即49岁之前的状态）"，还是"以10岁为周期（20～40岁，反映在50岁之前的状态）"，中青年开始阴阳平衡，气血平和，此期为生命的黄金时期，各项机能达到顶峰。在此阶段有针对性的皮肤养生必不可少。

一、中青年皮肤状态

中青年阶段人群皮肤应气色荣润有光泽，颜色红润到红偏黄，质地细、弹、滑、纹，润略干，亮略黯。

（1）皮肤厚度　皮肤厚度为0.5～4mm，包括表皮和真皮，不包括皮下组织。表皮的厚度受许多因素影响，差异较大，厚度为0.04～1.6mm不等，如眼睑0.04mm、足跖1.6mm，总平均约0.1mm。真皮厚度是表皮的15～40倍，为0.4～2.4mm不等。

（2）皮肤pH　中青年皮肤的pH为弱酸性（4.5～6.7），酸性的皮肤环境对皮肤非常重要：①调控一系列pH敏感酶的活性从而影响细胞间脂质代谢；②调节pH敏感的与桥粒降解相关的丝氨酸蛋白酶从而影响角质层剥脱；③调节皮肤表面的细胞微生态群。

（3）皮肤皮脂腺　青春期后，性腺及肾上腺产生的雄激素增多，皮脂腺增大，皮脂分泌增多。皮脂在皮肤表面与汗液混合，形成乳化皮脂膜，滋润保护皮肤、毛发。

二、中青年常见皮肤问题

中青年为生命的黄金时期，各项机能达到顶峰。此时，正常皮肤为红润偏黄、质地光滑有弹性、略干且带有细纹，肌肤各项指标平衡，且发育完全，但由于受到外界环境影响或者机体处于平衡与不平衡不断调节的动态过程，皮肤经常会出现干燥、暗沉、长斑、肤色发黄、肤色不均等问题。同时中青年是对美追求最强烈的时期，因此，这个时期的皮肤问题一直是大家关注的重点。

在此阶段，绝大多数女性会经历怀孕和生产。孕妇由于血液中雌激素增加，皮肤可能面临色素沉着、肤色暗淡、妊娠纹、皮肤瘙痒、皮肤干燥等问题。而分娩后，体内激素水平的变化对产妇皮肤也会有影响，皮肤会出现色斑、干燥或敏感等问题。

（一）肤色发“黄”

中青年面临的最大的皮肤问题就是肤色发“黄”，导致皮肤发“黄”的因素如下：

1．类胡萝卜素过度摄入

类胡萝卜素通常是指 C_{40} 的碳氢化合物（胡萝卜素）和它们的氧化衍生物（叶黄素）两大类色素的总称。除八氢番茄红素、六氢番茄红素等几种类胡萝卜素无色外，绝大部分类胡萝卜素呈黄色、橙色或红色。其中叶黄素具有着色功能，当大量摄入后会在表皮过多地积聚，主要沉积在基底层，单次摄入过多类胡萝卜素会造成皮肤的泛黄。值得注意的是，类胡萝卜素沉积造成的皮肤泛黄会随着类胡萝卜素的代谢而消失。而且近年来，越来越多的医学研究表明，类胡萝卜素在淬灭自由基、增强人体免疫力、预防心血管疾病和防癌抗癌等保护人类健康方面起着重要作用，故此，控制外源性类胡萝卜素的摄入不是对抗皮肤泛黄的科学途径。

2．皮肤生物黄色素的累积

导致皮肤泛黄的生物黄色素主要有：脂褐素、羰基化蛋白、非酶糖基化终末产物、褐黑素。

（1）脂褐素　脂褐素（lipofuscin，LPF）也被称为脂褐质，因其常在老年动物细胞中存在，故又称“老年色素”，实际上老年斑就是一种沉积在老年人皮肤表面的脂褐素。脂褐素的化学组成成分复杂，用密度梯度离心法分离研究其成分，发现：脂类约占 50%，蛋白质约占 30%，抗水解有色物质约占 20%。在皮肤中，其主要分布在角质细胞、基底细胞、棘细胞、黑素细胞中，由于其难溶于水，不易水解被排出，因此在皮肤细胞内大量聚集从而导致皮肤泛黄。值得注意的是，脂褐素是膜结合细胞废物，不能降解也不能从细胞排出，只能通过细胞分裂被稀释。

（2）羰基化蛋白　羰基化蛋白为棕黑色、具有自发荧光性的不溶性颗粒，为羰基化反应产物。羰基化反应是在人体包括皮肤中被发现的另一种类型的蛋白质改变，这种改变可以从蛋白质与各种醛类发生的反应中被观察到，蛋白质与醛类发生反应，为羰基化反应。羰基化蛋白一般沉积在角质层与真皮上层。角质层有相当数量的羰基化蛋白，尽管角质层代谢周期较短，但是长期暴露在氧化刺激因素下角质层会出现羰基化蛋白的增加。真皮中含有大量的胶原蛋白、弹性蛋白等基质成分，故此会出现羰基化蛋白的累积。羰基化蛋白在真皮上层的堆积能够明显引起皮肤颜色的变化。

（3）非酶糖基化终末产物　非酶性糖基化，是指在无酶催化的条件下，还原性糖的醛基或酮基与蛋白质等大分子中的游离氨基酸反应生成可逆或不可逆结合物——高级糖基化终末产物（advanced glycosylation end products，AGEs）的过程。AGEs 为棕色或黑色具有荧光特性的大分子物质，其具有不可逆性、交联性、不易被降解性等，在表皮层和真皮层均存在。

（4）褐黑素　皮肤中的黑色素分为优黑素（真黑素）和褐黑素，优黑素为黑色或暗棕色不溶聚合物，而褐黑素为红、黄色含硫可溶性聚合物。褐黑素在黑素细胞内合成，形成成熟的黑素小体，沿微管、微丝运动被运输到黑素细胞的树突上，从而分泌入周边的角质形成细胞中。在角质形成细胞分化过程中，黑素小体被酸性水解酶降解，最终随角质层脱落而排出体外。陆洪光等人研究不同肤色人种皮肤角质层细胞黑素颗粒颜色的区别，结果表明，白种人角质层细胞中黑色素外观呈淡红、黄红或红棕色，而黄种人和黑种人角质层细胞中黑色素外观呈棕色、棕黑或黑色。该研究也表明了不同人种皮肤优黑素和褐黑素含量水平的差异。

3．皮肤表面脂质的氧化

皮肤有一层清澈透明的脂质层，该脂质层覆盖在皮肤表面，由皮脂腺、汗腺分泌物和角化细胞崩解物组合而成，覆盖到皮肤和毛发的表面。皮肤表面脂质是由甘油三酯、蜡酯、角鲨烯、脂肪酸以及少量的胆固醇、胆固醇酯和双甘酯组成的非极性脂类的混合物。其中不饱和性的脂质在 UV 诱导下发生脂质过氧化形成过氧化产物，会增加皮肤中的羰基化反应、糖基化反应等过程，加速黄色素的生成，从而导致皮肤泛黄。

4．其他

除以上因素能够造成皮肤各种“黄色”物质沉积之外，皮肤含水量、光泽度、粗糙度等也会影响皮肤表观颜色的视觉效果。当角质层含水量降低，皮肤光泽度低、粗糙度高时，皮肤反射光线的能力降低而呈现暗淡状态，从而影响人眼对皮肤整体肤色的判断。

（二）皮肤易长斑

面部色素斑种类颇多，如黄褐斑、雀斑、黑斑以及各种激素引起的后遗症色斑。面部“长斑”是随着年龄的增长、皮肤老化过程中出现的色斑问题，其发生主要与机体的黑色素合成出现紊乱有关。表皮内一个黑素细胞通过其树枝状突起向邻近的10～36个角质形成细胞提供黑色素，构成1个表皮黑素单元，皮肤色泽的深浅与黑色素的多少及分布有关。黑素细胞内的酪氨酸经酪氨酸酶催化形成多巴，后者经氧化作用生成多巴醌，多巴醌经一系列反应生成黑色素，生成的黑色素经树枝状突起运送至角质形成细胞中。当皮肤表面中酪氨酸酶受到激活时，可使黑色素的合成增加，并由于黑色素的过度合成，导致角质层正常代谢过程中无法将过多的黑色素排出体外，并堆积在表皮层，从而表现出肉眼可见的色斑。

1．皮肤黑色素合成代谢异常影响因素

皮肤表面黑色素代谢异常会导致面部长斑等多种问题。影响皮肤黑色素代谢的因素众多，具体因素总结于表2-1。

表2-1　皮肤黑色素代谢异常影响因素

影响因素	作用特征
内脏机能	中医认为面部黑色素产生影响因素包括肺、心、肾、肝、脾
内分泌因素	① 内分泌失调：育龄女子，随着年龄的增长，每月的经潮期导致气血长期损耗，因元气虚弱、面部细胞得不到应有的滋养，以致形成黑色素沉着，导致色斑生成 ② 脑下垂体：主宰分泌腺体，本能欲求受到抑制，造成自律神经失调，以致垂体分泌黑色素 ③ 甲状腺：甲状腺荷尔蒙过多，导致脾气暴躁，精神紧张，易疲倦、失眠、甲亢，产生更多的黑色素 ④ 松果体腺：经常性睡眠不足，松果体不能经常运作，极易产生黑色素 ⑤ 妇科疾患：生产不顺，子宫卵巢异常，造成雌激素失去平衡，产生黑色素
遗传因素	发育时出现黑色素、雀斑，多数属于遗传性
药物因素	① 避孕药：主要成分是动情素和黄体素，易促进黑色素的生成并沉淀 ② 荷尔蒙软膏：激素过量，易刺激黑素细胞生长，产生褐斑
紫外线照射	黑素细胞产生大量的黑色素，并转移至周围细胞
精神压力因素	精神压抑忧郁，心浮气躁，导致气肌紊乱，气血不和，过氧化酶增加，雌激素增多，诱发黑素细胞
外伤性因素	擦伤、刀伤等伤口延缓处理，导致伤口部位色素沉着，诱发黑色素
饮食营养因素	不良的饮食结构、营养不良，导致体质酸性化，维生素A、维生素B12、烟酸缺乏，多种矿物质不足，易产生色斑
劣质化妆品因素	使用劣质化妆品，过量的重金属引起积聚，添加过量的限量物质和禁用物质，导致黑色素增多、沉着

2. 面部色斑形成因素

面部不同部位及不同色斑的产生因素众多，包括黄褐斑、雀斑等常见的面部色斑问题，不同色斑的产生与人体因素有相关性。表 2-2 列出部分面部色斑形成的主要因素。

表 2-2　部分面部色斑形成的主要因素

色斑名称	形成主要因素
发际斑	雌激素不平衡
雀斑	遗传、紫外线照射影响
咖啡斑	神经纤维瘤病的伴发症状
鼻斑	脾胃功能不良
黄褐斑	妊娠、内分泌失调、免疫力弱、紫外线影响、遗传因素
子宫斑	子宫功能不健全障碍
腮斑	内气排放不良
面颊斑	日晒、肝失衡、更年期、年老肾功能虚弱
颈部斑点	日晒、紫外线影响

（三）孕期女性皮肤问题

怀孕不但改变女人的身材，也会改变孕妇体内环境，皮肤也在悄悄地变化，怀孕后还是应该继续做护理。女人怀孕期间皮肤发生很多的小变化，但皮肤并不是一下就变差的，所以在发现微妙变化的时候就应该采取措施，护理好自己的肌肤。

每个孕妇不一样，皮肤发生的状况也就不一样。有的变得红润有光泽，有的则变得暗淡、粗糙，还有的变得油腻、多汗。皮肤的变化反映出新陈代谢的旺盛程度。

孕妇皮肤的生理变化，大部分是由于激素变化，特别是血液中雌激素增加。一般来说，孕妇皮肤问题主要有色素沉着、肤色暗淡、妊娠纹、长痘痘、皮肤瘙痒、皮肤干燥等几个方面。

1. 血管和血流变化

血管和血流变化包括皮肤末梢血流增加、小动脉收缩力降低、毛细血管通透性亢进。

平时看到与血管有关的孕妇皮肤变化有：①小腿、脚、大阴唇浮肿，系因毛细血管通透性亢进及电解质、水分潴留；②妊娠子宫压迫下腔静脉使回流受阻，可致小腿静脉曲张、痔，重症病例有深部静脉血栓，也与血管收缩力低下有关；③蜘蛛状血管瘤发生在颜面、颈部、胸部、上肢，见以小动脉为中心呈放射状的毛细血管扩张，白种人居多，有色人种少见，认为妊娠期间肝脏负担加重，血中雌激素呈高值。

2. 色素沉着

几乎所有孕妇均有不同程度色素沉着的增强，原本皮肤黑的人更明显，特别是大腿内侧、乳晕、乳头、外阴部、腹壁止中部等本来色素就多的部位更显著。另外，超过50%的女性在怀孕后期，脸部会出现棕黑色面具般的色素沉淀，这就是孕斑，而原本就已存在的痣与雀斑，在怀孕过程中，也会变得更加明显。不过这些色素沉淀的现象，通常在胎儿出生之后，就会逐渐地淡化。白人孕妇约70%从妊娠初期开始出现肝斑（在前额、眼睑、两颊呈对称性淡褐色斑），日本人少见。

3．脱发

人和动物的毛发，均有一定的周期性反复生长及脱落的规律。正常情况，人的头发80%以上处于生长期。但在妊娠后半期，则有90%～95%的头发处于生长期，即生长期延长，进入休止期的头发少，粗头发增加。一旦分娩后，这些生长期头发很快进入休止期，开始脱发，以前额发际附近较为明显，分娩数周后更显著，一直持续数月。

4．妊娠纹

怀孕后孕妇肚子上会出现纹理不同的妊娠纹，其产生因人而异。高达90%的初孕妇女会在怀孕后期，于腹部、大腿内侧或臀部，出现粉红至暗红色的萎缩性条纹，分娩后逐渐变成白色不再消退。在青春期快速生长伴肥胖时，也有同样的皮肤病变。这与局部皮肤的伸展和肾上腺皮质激素分泌增加有关。镜下见真皮变薄，弹力纤维变细，成为陈旧性皮改变。如果平日经常进行腹部肌肉锻炼，腹肌的弹性良好，也可能无妊娠纹。妊娠纹一旦出现就不会消退，只是初产妇在分娩之后，妊娠纹由紫红色转变成白色，有时甚至会发痒，等到产后才会变得不太明显，但却不会完全消失。

5．皮肤多汗

部分孕妇怀孕后会出现容易出汗的现象，这是因为孕期肾上腺机能和甲状腺机能都相对亢进，新陈代谢加快，皮肤往往较为湿润。此时，孕妇应多饮水，适当活动，控制体重的增长，并注意皮肤清洁，可根据个人皮肤变化的特点，选用合适的护肤用品，在选择的时候孕妇需多加注意，孕期护肤品不能随意用。

6．其他

在妊娠后期，个别孕妇出现由于胆汁堆积所致的黄疸、皮肤瘆痒等症状。

（四）产后女性皮肤特点及常见问题

经历过怀孕身体的改变，皮肤也在悄悄地变化，产后的修复尤其应该采取得当的方式，护理好自己的肌肤。分娩后体内激素水平的变化对产妇皮肤是不利的，可使皮肤出现较多的斑点、干燥或更加敏感，常见问题如下：

1．色素沉淀

色素沉淀是产后出现最多的皮肤变化。孕期激素的剧变，加上日晒和生活压力，导致一些女性在孕后出现色素沉着，累及颈部、腋下、乳晕、腹部中线、股沟及手脚关节等部位，也有不少女性会出现新发黄褐斑，和原来就有的雀斑、晒斑加深的情况。

2．长痘

怀孕期间体内激素黄体酮的大量分泌，再加上营养过剩、睡眠差、精神压力大等因素，许多孕妇脸上会长出很多小痘痘。

3．皮肤松弛

随着宝宝的出生，原先水肿的身体会随之消失，长时间紧绷的皮肤也失去了弹性，导致皮肤松弛。

4．皮肤干燥、粗糙

生完宝宝之后，很多宝妈皮肤不再嫩滑柔软，不仅干燥粗糙，还会脱皮。

5．脂肪粒

孕中及产后营养摄入过度，给皮肤新陈代谢造成负担，导致面部皮肤水油分泌不平衡，脸上容易起小疙瘩，这就是脂肪粒。

孕期至产后3年内，一定要使用产妇专用护肤品加倍呵护肌肤，孕期、哺乳期乃至产后3年，是女性一生中肌肤护理最关键的时期，要得到科学细致的呵护。

三、中青年皮肤养生方案

青年肾气平均，气血平和。身体盛壮。此阶段阳盛过耗，暗消气血。养血清热为主，养血荣颜，清热控油。可选用桃仁、红花、石斛等为主的植物成分。壮年肾气盛壮，气血平和。脏腑波动失衡，肝旺、气血暗耗，此阶段宜养血调理气机，养生开始黄金时期。养血理气为主，养血养肤，理气靓肤。可选用红花、牡丹皮、白芍、玫瑰花等为主的植物成分。中年阶段肾气始衰，气血不足。脏腑功能开始虚损，处于衰减阶段，呈肾虚肝郁血瘀状态。以固肾祛瘀为主，固肾解郁，活血祛瘀。可选用丁香、麦冬、仙人掌、芦荟等为主的植物成分。在此阶段大多数女性会经历人生中重要的阶段：怀孕和生产。因此除了常规的皮肤养生外，重点是对于孕产后女性皮肤的养生。本小节将以孕期和产后女性皮肤养生为例，重点介绍中青年皮肤养生思路和护肤策略。

（一）中青年皮肤养生

1．中青年皮肤养生思路

（1）中青年皮肤“祛黄”养生思路　解决中青年皮肤肤色黯黄问题的途径：根据肤色黯黄的形成机制，可从以下两方面入手。

① 抑制非酶糖基化反应　皮肤色素异常主要是由于羰基化合物与皮肤中的生物大分子如蛋白等发生交联，生成了褐色老年色素，并堆积在皮肤中所引起的。所

以，要消除皮肤色泽异常现象，最重要的一个措施就是抑制非酶糖基化反应，消除糖基化合物对肌肤的危害。

② 清除自由基、抗氧化　自由基氧化造成脂质过氧化、过氧化脂质降解后产生糖基化合物，与生物大分子交联导致肤色黯黄。所以清除自由基、抗氧化，能够避免脂质过氧化，减少糖基化合物的产生和肤色黯黄的形成。

（2）中青年皮肤“祛斑”养生思路　皮肤色斑的产生多与内因（内分泌因素）和外因（环境因素，如光照、辐射等）有关，因此，“长斑”人群的皮肤养生思路应从以下4个方面进行。

① 调节内分泌　内分泌因素是影响皮肤长斑部位及长斑症状的重要因素之一。常见的如鼻斑、面颊斑、腮斑等，均与内分泌因素息息相关。常见的内分泌物质有肾上腺素、肾素、乙酰胆碱、5-羟色胺和松果体及其周围神经组织形成的麦拉唐宁退黑素，麦拉唐宁退黑素是一种能使黑色素颗粒聚集在核周围的抑制因子。正常生理条件下，促黑色素激素与麦拉唐宁处于生理平衡状态，当内分泌失调时，平衡状态打破，影响黑色素的代谢形成过程。因此，为解决此类皮肤“长斑”问题，应从内分泌调节入手，使内分泌处于正常平衡状态中。

② 清除自由基、抗氧化　正常情况下，体内有许多氧自由基清除剂，如超氧化物歧化酶（SOD）、过氧化氢酶（CAT）、谷胱甘肽氧化酶（GSHPx）、谷胱甘肽等，当脂质过氧化（LPO）或自由基水平增高时，在基因调控的保护机制作用下，体内内氧化与抗氧化之间处于动态平衡。皮肤长斑人群的皮肤抗氧化功能变弱，导致LPO增强，而体内黑素细胞产生黑色素是酪氨酸系列氧化反应的结果，LPO作为启动因素使这一反应加速，黑色素形成增多。因此，可通过清除自由基，使用抗氧化成分降低LPO的含量，清除自由基的产生，从而减少黑色素生成。

③ 抑制酪氨酸酶活性　皮肤色斑如黄褐斑、雀斑的形成必须有3种基本物质：a. 酪氨酸为制造黑色素的主要原料；b. 酪氨酸酶是酪氨酸转变为黑色素的主要限速酶，为铜及蛋白质的组合物；c. 酪氨酸在酪氨酸酶的作用下产生黑色素，此过程为氧化过程，必须与氧结合才能转变。其中，酪氨酸酶在黑色素形成过程中是重要的一环。因此可使用拮抗酪氨酸酶或是抑制酪氨酸酶活性的成分进行色斑的去除，同时，可采取相应措施阻断酪氨酸酶的生成，抑制黑色素的形成。

④ 减少外界光照刺激　雀斑的生成与环境中的日光、X射线或紫外线有关，因此可通过物理或涂抹化学防晒剂的方法降低紫外线等因素对皮肤表面酶类的影响，从而降低色斑的发生概率。

2. 中青年皮肤养生护理策略

（1）中青年皮肤“祛黄”养生护理策略

① 抑制非酶糖基化反应　抑制非酶糖基化，消除羰基毒化作用，是抑制皮肤泛黄的重要途径。对于抑制非酶糖基化的研究起步较晚，我国资源丰富的重要原料还

有待于开发，但目前已经研究证实了一些中药具有抑制非酶糖基化作用，如葛根、贯叶、连翘等。

② 清除自由基、抗氧化　自由基是导致皮肤泛黄的重要原因，因此，能够清除自由基的活性原料不断被开发出来，主要以维生素C、维生素E和辅酶Q10为代表。另外，最近备受推崇的植物提取物精华原料中也有许多很好的自由基清除剂，如石榴、绿茶、银杏、五味子、咖啡果提取物等。

③ 高度防晒　紫外线对皮肤的伤害，也会加速皮肤黄黑色素的生成，过度的紫外线（UVR）照射是加速皮肤衰老、黄化最强的外在因素。UVR照射不但可产生过量的自由基，而且可使皮肤局部黑素细胞增多，导致色素过度沉着，使肤色黯黄现象愈发严重。目前一些大品牌延缓衰老的化妆品中已经添加了紫外线散射剂和吸收剂等防晒产品，保护皮肤免受紫外线的损害。

④ 深层保湿，修复皮肤屏障功能　干燥是衰老皮肤的一个重要特征，而肌肤干燥、角质层水分不足时，肤色黯黄、欠缺透明感的情况就会更加严重。大量实验证明，保持皮肤中的水分可以大大缓解皮肤衰老问题。因此修复皮肤的屏障功能，锁住皮肤中的水分就成为一条重要的改善肤色黯黄问题的途径。具有保湿功能的原料有很多，具有代表性的有甘油、透明质酸、尿囊素等，能够修复皮肤屏障的原料有神经酰胺、维生素E等。

⑤ 控制饮食　当大量类胡萝卜素被摄入后会在表皮过多地积聚，主要沉积在基底层，类胡萝卜素的单次过度摄入会导致皮肤黄化，但是类胡萝卜素为维持人体健康的必需成分，且其造成的皮肤泛黄具有可逆性、短暂性，控制类胡萝卜素摄入并不是主要的控制皮肤泛黄的途径。多吃富含维生素C、维生素E等抗氧化成分的蔬菜、水果，也可以起到防止皮肤黄化的作用。

（2）中青年皮肤“祛斑”护理策略

① 防晒　皮肤表面黑色素的合成紊乱是引发面部长斑的重要因素。诸多实验及报告均已证实，皮肤过度暴露于环境中的日光、X射线、紫外线中，导致酪氨酸酶活性增强，皮损处黑素细胞产生较多成熟的黑素小体，黑色素活性增加，其运送到表皮黑素单位内的角质形成细胞中的黑色素增多，形成肉眼可见的局部小色素斑。因此，日常生活中应避免过度的日光照射，外出应遮阳或使用合适的防晒霜。由于日晒是各类色斑发生的一个重要因素，所以皮肤长斑人群应尽量避免长时间日晒，尤其在夏季。

② 饮食调节　由于内分泌因素以及情绪状况是引发皮肤长斑的因素，因此可通过合理的饮食调节个人体质，以增强皮肤表面细胞代谢，尽量降低黑色素的积累。在饮食方面要注意多食用富含维生素C和维生素E的新鲜水果和蔬菜；少食光敏性药物及食物，如补骨脂素、甲氧补骨脂素等；保持充足的睡眠和休息，避免熬夜；保持心情舒畅、愉快，避免忧思、抑郁的精神状态。切忌随便使用药物点涂，以免留下瘢痕，必要时在医生指导下合理用药。

③ 外用护肤品 可通过外用护肤品对长斑皮肤进行健康护理。传统祛斑化妆品中添加对苯二酚等美白成分，但由于其存在副作用及细胞毒性，已被禁用或限用。目前，植物资源添加成分逐渐被应用于化妆品中，一些植物提取物中富含美白祛斑成分，如酚类、黄酮、香豆素、皂苷类等，均可影响黑色素的生成和代谢机制，从而达到美白祛斑的作用。目前常见的用于祛斑的护肤品中的植物提取物有绿茶提取物、熊果提取物、芦荟提取物、甘草提取物等，其所含活性成分均对抑制黑色素生成有较好的作用，可用于美白祛斑产品中。

（二）孕期女性皮肤养生

1．孕期女性皮肤养生思路

（1）色素沉着 孕期女性应不急不躁不忧郁，保持平和的心态、良好的情绪，每天要保证充足的睡眠。选择适当的护肤品，选用天然成分及中药类的祛斑化妆品；运用粉底霜、粉饼对色斑进行遮盖，选用的粉底应比肤色略深，这样才能缩小斑与皮肤的色差，起到遮盖作用。避免日晒，根据季节不同选择防晒系数（SPF）不同的防晒品。注意日常饮食，多食含维生素 C、维生素 E 及蛋白质的食物，少食油腻、辛辣、黏滞食品，忌烟酒，不饮用过浓的咖啡。

（2）肤色暗淡 孕妇血液循环不畅就会导致肤色暗淡黯黄，所以有此类肌肤问题的孕妇可以适度进行舒缓的孕妇运动，如孕妇瑜伽、孕妇操等。在饮食方面也可以食用一些补血益气的食物，如红枣、阿胶等，但是适量即可，切勿过度。孕妇要避免阳光的直接照射，外出时要戴帽子或撑遮阳伞、搽些防晒霜，回到室内再将其洗净，因为防晒护肤品中的防紫外线成分对皮肤有刺激作用。孕妇应多吃水果、蔬菜，补充维生素 C，要保证充足的睡眠和规律的生活。

（3）皮肤瘙痒 孕妇应穿棉织品内衣，化纤衣物会刺激皮肤，使症状加重。还应注意皮肤的清洁，不用碱性浴皂，切勿抓破皮肤，瘙痒严重时可以用炉甘石洗液，起止痒作用。

（4）妊娠纹 应以预防为主，建议孕妇严格控制体重，孕期增重最好在 11kg 左右，而每月增重不能超过 2kg。在护肤上，可以使用孕妇专用妊娠纹产品配以按摩，以增加肌肤弹性和润泽。目前最安全的方法是每天适当涂抹橄榄油，这种方法虽然不能有效预防妊娠纹，但可以起到保持皮肤滋润的作用。

（5）长痘痘 孕期长痘痘是由荷尔蒙、皮脂腺分泌增加所致，属正常现象。但孕妇高热高糖的饮食习惯也会导致孕妇长痘，所以孕妇想要应对痘痘肌，首先要均衡饮食，保持清淡饮食，避免油炸、烧烤等高热量食品。

（6）皮肤干燥 孕妇皮肤干燥问题若处理不好，则容易出现瘙痒、脱屑、皲裂等现象，所以孕妇一定要及时为肌肤补充水分，并且应该根据气候、季节选择质地合适的护肤品。

2．孕期女性皮肤养生护理策略

孕妇护肤时，应当注意以下几点：

① 天然性、安全性　不含重金属、酒精、激素、矿物油等物质。

② 基础性　以成分简单为主，含防腐剂和香料的尽量不使用。

③ 有效性　孕妇的皮肤比平常敏感，很容易过敏。保湿滋润这种基础功能的护肤品比较适合孕妇使用。

孕妇护肤品禁用物质及慎用化妆品见表 2-3。

表 2-3　孕妇护肤品禁用物质及慎用化妆品

孕妇护肤品禁用物质	孕妇慎用化妆品
氢醌（hydroquinone） 雷廷-A（retin-A）和四环素（tetracycline） 维甲酸（retinoid）和水杨酸 二羟基丙酮（dihydroxyacetone） 视黄醇（retinol） 邻苯二甲酸盐（phthalates）	染发剂、冷烫精、口红、香水、美白及祛斑产品、指甲油、精油（可能引起过敏反应，诱发皮肤癌、乳腺癌和胎儿畸形、孕妇流产等危险，慎用）

（三）产后女性皮肤养生

1．产后女性皮肤养生思路

（1）产品安全性　产后妇女用护肤品优选不添加任何重金属等有害物质，以天然植物为原料，无刺激，安全的护肤产品。产妇还应注重防辐射。由于产妇生产完，许多都处于哺乳期，或多或少与婴儿都有所接触，因此产品设计过程中除了要考虑产品功效以外，产品的安全性，即产品使用时是否有可能对婴儿产生刺激也是需要重点关注的问题。因为护肤品经过母体的皮肤吸收后，会通过乳汁进入宝宝体内，而此时的宝贝皮肤细嫩、免疫力不够健全，对于有害物质抵抗能力较弱，容易因母体使用护肤品受到伤害。基于此，产妇用护肤品优先采用纯天然的成分，避免使用带化学物质、刺激性或者含有重金属的原料。

（2）安全的功效途径　既然产妇用护肤品不能像美饰性护肤品那样能够遮盖斑点、脱色增白，那么它就需要通过对皮肤的营养和保养，增强皮肤自身的生理功能，并在皮肤表层形成一层微酸性的保护膜，以隔离细菌、阳光和污染，真正延缓皮肤的衰老，帮助皮肤恢复应有的光泽和弹性，从根本上实现皮肤的健康。保湿护肤品可基本满足产妇的护肤需求，因此产妇用护肤品保湿是关键。

综上，产妇用护肤品设计过程应遵循成分天然、温和清洁、补水保湿效果显著等特点展开设计。

2．产后女性皮肤养生护理策略

大多数产后新妈妈，肌肤会显得干燥，乳房失去弹性，腹部也没有了原来的线条。建议新妈妈们为了往后的生活着想，不可因为忙于育儿，而忽略了自己，也要重视皮肤的保养。产妇皮肤保养主要方法如下。

（1）注意平衡饮食　饮食对人皮肤的代谢、分泌和营养有直接作用。只有体内营养充足而适宜，才有利于保持皮肤中的水分，避免皮肤组织弹性的降低，使皮肤润泽、丰满。

蛋白质，特别是胶质蛋白能抗皮肤衰老，增加皮肤弹性。所以常吃猪肉皮、猪蹄、牛奶、鸡蛋、瘦肉、鱼类、豆类等含蛋白质多的食物对于维持人体组织细胞的代谢具有重要作用。

常吃黄瓜、青菜、果汁，还可以清除皮肤上的斑点，使皮肤洁白细腻，减少皱纹。将黄瓜或丝瓜挤汁或切片涂于或贴于面部也可起到保养皮肤的作用。少吃荔枝、芒果、榴莲等易上火的食物。

（2）用温开水洗脸　用温开水洗脸在清洁皮肤的同时可避免凉气进入体内导致身体的关节疼痛。这是因为，产后女性全身毛孔处于张开状态，如果使用冷水进行面部清洁，可能会让凉气进行机体，导致身体关节疼痛。

（3）护肤品的选择　产妇在护肤品和化妆品的选择上是有讲究的。由于婴儿易受化学物质的影响，给婴儿哺乳的女性应慎用香水类产品以及含激素、含重金属的美白化妆品和指甲油。使用这些化妆品，在哺乳、亲吻、爱抚小孩时可以间接进入孩子体内，对婴儿生长发育不利。有些产妇涂抹瘦身霜，建议不要大面积涂抹，以免被宝宝“误食”。针对部分皮肤问题，可以通过生活习惯的改善及结合护肤品的使用，如针对痘痘及斑点，应当选择性质温和的洗面奶，并及时补充水分，保证充足的睡眠和良好的情绪；改善由于激素水平变化而产生的皮肤问题，选择安全、配方设计简单的护肤品对于维持皮肤的健康状态具有帮助。

（4）进行面部皮肤按摩　按摩是预防面部皱纹出现的皮肤健康操。按摩能增加皮肤与肌肉的弹性，改善局部血液循环，增加皮肤光泽，使皱纹平展。

（5）保持乐观情绪　愉快的心理状态和充足的睡眠是预防皱纹过早出现的内在因素。如果经常忧思抑郁，则会伤害肝脾，并使气耗血虚，皮肤血管淤塞，导致细胞缺乏营养，久之可使皮肤过早衰老而出现皱纹。因此，保持心情舒畅和精神愉快，既是预防面部皱纹出现的良方，又是保持身心健康的秘诀。

第三节　忘年阶段皮肤养生

忘年阶段为 50 岁以上。《黄帝内经》记载“五十岁，肝气始衰，肝叶始薄，胆汁始灭，目始不明。”这说明人到 50 岁时，五脏六腑开始衰老，肝气不足，胆汁分泌减弱，开始出现老花眼。此阶段人群特点：肾气已衰，气血已虚，脏腑虚衰，体弱力减，容颜颓落，皱纹发衰。这是人体趋于衰老的时期，加之离开或者即将离开工作岗位，产生心里失落或者孤独感，面容颓落，焦干易痒，发质干焦、发易脱落、变白，牙齿松动、脱落。

一、忘年皮肤状态

（一）组织结构变化

1．皮肤厚度的变化

皮肤随着年龄的增长逐渐变薄。表皮随着年龄增长变薄这种变化在暴露区域中最明显，包括面部、颈部、胸上部及手和前臂的伸肌表面。表皮厚度每10年减少约6.4%，并且在女性中减少更快。

2．表皮变化

老年表皮中的细胞数减少。角质形成细胞随着皮肤老化而改变形状，变得更短和更胖，而角化细胞由于表皮周转变短而变得更大。酶活性黑素细胞以每10年8%～20%的速率减少，导致老年皮肤色素沉着不均。朗格汉斯细胞数量的平行减少导致皮肤免疫力的损害。虽然汗腺的数量没有改变，但皮脂产生减少，因而观察到皮肤上天然水和脂肪乳液的减少。老年干燥皮肤，特别是角质层的水分含量低于年轻皮肤。老年皮肤中氨基酸组成的变化也减少了皮肤天然保湿因子（NMF）的量，从而降低其水结合能力。

3．真表皮连接处

衰老过程中，真皮-表皮结界逐渐扁平化。扁平的表皮-表皮连接，其层间相互交叉减少，导致抗剪切力降低，更易损伤。两层之间较小的邻接表面减少了真皮和表皮之间的连通，减少了营养物和氧的细胞供应。扁平化也可能与增殖的可能性相关，并且可能影响经皮吸收。真皮-表皮连接的扁平也增加了皮肤-表皮分离的可能性，从而促进皱纹形成，这可能是皱纹形成的一种机制。

4．真皮变化

皮肤厚度随年龄减小，血管和细胞减少。由于帕西尼氏（Pacinian）小体和梅斯纳氏（Meissner）小体的变性，压力和光接触刺激的感觉也降低。肥大细胞和成纤维细胞数目减少。真皮中糖胺聚糖的量随着年龄的增长而降低，成纤维细胞产生的透明质酸的量和纤维内基质的量也是如此。

老化不可避免地与胶原翻转（由于成纤维细胞及其胶原合成的减少）以及弹性蛋白的减少相关。弹性蛋白在老化皮肤的钙化，伴随着弹性蛋白纤维的降解。胶原蛋白交联稳定，而胶原蛋白束变得紊乱。

5．皮下组织变化

人体的身体脂肪比例直到70岁都会一直增加，但皮下脂肪的总体积通常随年龄而减少，脂肪分布也在改变，在面部、手和脚减少，而在大腿、腰部和腹部相对增加。

（二）评价指标变化

1．皮肤水分

正常成年女性身体中的总含水量占体重的50%，男性占60%，随着年龄增长，身体总含水量逐渐减少；60岁以上的老年人身体总含水量，女性为42%～45.5%，男性则为51.5%～52%。皮肤老化时，表皮角质层变薄，水合能力降低，含水量逐渐下降，同时，天然保湿因子作为皮肤中具有吸湿性和保湿性的可溶性低分子物质，能够保持角质层的水分，加强皮肤屏障功能，并且有实验证明，老年人皮肤的天然保湿因子水平仅为青年人的75%，因此很难保持皮肤的正常水分。此外，还有研究发现，皮肤老化与透明质酸（HA）含量减少成平行关系，透明质酸能够结合水，在棘细胞层含量最高。

2．皮肤油脂

皮肤中的脂质成分是皮肤角质层屏障的重要结构之一，皮肤表面脂质主要来源于皮脂腺分泌和表皮细胞的脂质。衰老皮肤中乳头层萎缩，毛细血管袢逐渐消失，小血管退化和紊乱，皮肤汗腺与皮脂腺周围小血管的密度和数量减少，可能导致汗腺和皮脂腺萎缩。完整的外分泌腺数目减少直接导致皮肤中的水分和油脂含量减少，皮肤水分损耗增加，造成皮肤干燥。表皮细胞分泌的脂质由神经酰胺、胆固醇和游离脂肪酸等组成，具有参与细胞代谢和维持正常的屏障功能的作用。有研究表明50～80岁的中老年人皮肤中板层小体分泌物的合成及分泌正常，但是角质层中的脂质代谢过程有缺陷，从而影响角质层中脂质的含量。此外，水通道蛋白-3（aquaporin3，AQP3）是一种水通道蛋白，利于水和甘油在细胞膜间的运输，以保持表皮含水量。皮肤干燥与AQP3的缺乏有关，皮肤衰老造成老年皮肤中AQP3和丝蛋白表达下降。

3．皮肤皱纹

皱纹是皮肤老化最重要的特征，受到内源性因素如遗传、内分泌等以及外源性因素如紫外线、吸烟与否等影响。

由于衰老，部分激素水平的下降，进而影响皮肤，尤其是女性雌激素水平的下降会影响胶原纤维的数量、排列和形态，导致皮肤皱纹增多、加深，皮肤更加粗糙，此外，由于皮肤角质细胞代谢速率降低，降低皮肤对氧化应激的防御，使皮肤变薄，皮肤中血管减少，伤口愈合速度减慢。

4．皮肤色素

老化表皮中，黑素细胞的增殖减少，产生黑色素能力减退，多巴反应阳性的黑素细胞在30岁以后，逐年减少8%～20%。有研究发现，用色度仪测量曝光和非曝光部位，老年人的皮肤明显变黑，结果是机体对日晒反应减弱，基底层暴露于紫外线的机会增多，基底细胞癌发病概率增加。黑素细胞增殖、群集及形成色素斑点，就发展成了老年斑等。

5．皮肤微循环

皮肤微循环的功能依赖于皮肤微血管的结构及功能的完整，由于微血管分布广泛，微循环在体温调节方面与营养物质的运输和皮肤的呼吸功能有关。皮肤老化时，单位皮肤面积内有功能的微血管数量减少、血流减慢、微血管的关闭弹性降低、脆性增加，使得皮肤微循环功能下降。

二、忘年常见皮肤问题

（一）皮肤衰老

随着年龄的增长，皮肤表面特征变化显著，肉眼即可见，主要表现为：光泽度变化——干燥粗糙、产生皮屑；纹理变化——细纹、皱纹增加；色度变化——肤色暗淡、色斑出现；紧实度变化——皮肤松弛、弹性下降。

（二）头发衰老

头发的衰老包括发干的老化和毛囊的老化，临床表现为头发减少、枯萎、白发增加等。

发干的老化主要由外源性因素引起，如光照、风、雨、空气污染、海水或游泳池的化学物质，以及吹、拉及过度梳理等物理因素和头发漂白、染发和烫发等化学因素。发干的老化主要表现为：发梢开叉、缺少光泽、枯黄、粗糙、干燥及难于梳理等。

毛囊的老化主要由内源性因素引起，如人体自然老化过程中自由基清除能力下降、机体内分泌失调和免疫功能下降等原因产生的过量自由基，还有遗传因素和营养物质缺乏等，另外，还有情绪低落、压力过大和精神紧张等精神因素及生活方式等因素。毛囊的老化主要表现在头发变白、变细，毛囊减少和掉发、脱发等。

（三）皮肤瘙痒

老年皮肤瘙痒为一种无原发性皮损、仅有瘙痒症状的皮肤状态。有研究者通过横断面调查墨西哥养老院及老年门诊中心的302位老年人，其中患有慢性瘙痒的占25%。有研究者发现原济南军区青岛第二疗养院中的1286名老年人中老年性瘙痒症患者占比高达42.4%，且有皮肤瘙痒症状的风险随年龄的增长而增加。联合国人口老龄化报告显示，2050年老年人（60岁或60岁以上）人口将超过年轻人，全球老龄化致使老年人最常见的皮肤瘙痒问题更加不容忽视。老年皮肤瘙痒是由于机体衰老和外界环境因素导致的复杂的皮肤症状，大多伴有干燥、脱屑的现象，瘙痒的感觉有发于身体某几个部位，也有扩展到全身的状况。瘙痒感的强度时轻时重，持续时间几分钟到几小时，发生时间不定，但有一定规律，通常夜晚发生频率较高。瘙痒会引起抓挠反应，可能导致抓痕，产生继发性皮损，随之环境过敏原和病原体容易穿透皮肤，增加过敏、刺激性接触皮炎和感染的风险。由于瘙痒可发生于身体多个部位，反复发作，病程较长，皮肤自觉不适感，影响老年人的睡眠，打乱正常作息规律，同时会对情绪造成不良影响，严重影响老年人的生活质量和身心健康。瘙痒可能是某些疾病的表现，应当引起重视，提前进行控制和管理，以便尽早发现潜在的疾病，老年皮肤瘙痒应排除一些能导致瘙痒的原发性皮肤病、系统性疾病、内脏和血液恶性肿瘤以及药物引起的过敏性反应。

三、忘年皮肤养生方案

（一）构建健康皮肤屏障

皮肤屏障是生物体对抗各种外部环境危害，例如机械应力、化学损伤和紫外线的保护屏障，同时，皮肤通过调节水化和温度维持内部的动态平衡，它还具有内分泌功能并在防止入侵病原体的免疫防御中发挥积极作用。因此，皮肤屏障功能是抵御外界不良刺激引发瘙痒的第一个重要环节。随着年龄的增长，皮肤屏障功能衰退，在衰老过程中，皮肤角质化过程发生变化，细胞的脂质蛋白质膜和角质细胞的胞间连接被破坏，发生角质化异常，皮肤变薄，随后，皮肤的屏障功能逐渐消亡，皮肤更易受外界不良刺激，可能导致瘙痒症状易发。因此，构建健康的皮肤屏障是解决老年人皮肤问题的基础，也是改善其他问题的保障和首要前提。

（二）安全有效针对瘙痒

瘙痒是一种不愉快的主观感觉，可以由多种机制产生。引起老年皮肤瘙痒的机制非常复杂，可能与多种衰老因素有关，主要有皮肤屏障功能受损、免疫系统衰老、神经退行性改变及内分泌系统变化。

因此，要想解决老年人的皮肤瘙痒问题，在做好基础屏障功能后，有针对地研究引发瘙痒的原因及找到对应的办法是非常必要的。

1. 老年人皮肤瘙痒治疗方案

目前，对皮肤瘙痒症状的一般外用局部治疗方法主要有：第一，通过外用润肤剂防止皮肤干燥和修复退化或受损的皮肤屏障功能，缓解皮肤受外界不良刺激导致的瘙痒。第二，通过抑制瘙痒因子或阻止瘙痒因子与在神经元上的受体结合产生的瘙痒感，如使用抗组胺药物抑制组胺引发的瘙痒症状，又如外用糖皮质激素通过其抗炎活性而达到止痒的目的，副作用为导致皮肤变薄等，不能用于化妆品。此外，红没药醇是目前常用于化妆品的抗炎止痒剂，免疫调节剂如钙调神经磷酸酶抑制剂他克莫司和吡美莫司，与炎性介质拮抗剂可干扰某些瘙痒因子，副作用包括暂时性的烧灼感和刺痛感，不能作为化妆品原料。第三，麻醉药，如普莫卡因、聚多卡醇，通过阻滞神经冲动的传递达到抑制瘙痒的目的，不适用于化妆品。第四，通过激活瞬时型电位感受器抑制瘙痒感，如薄荷醇和辣椒碱。

2．常见改善皮肤瘙痒的化妆品原料

保湿剂、润肤剂和防护霜是治疗老年人皮肤瘙痒的基本措施，尤其是同时患有干燥症的患者，可增加皮肤水分，有些成分具有修复皮肤屏障功能的效果，起到防止刺激物和其他致痒因子接触皮肤的作用从而减小瘙痒发生的概率。

薄荷醇是一种天然产生的植物来源的环状萜烯醇，经常被用作外用止痒剂。研究证明，薄荷醇可通过激活瞬时型电位感受器（transient receptor potential cation channel subfamily M member 8，TRPM8）引发一种清凉感从而抑制瘙痒感。另外，有实验证明薄荷醇可以降低瘙痒小鼠血清中组胺和白介素-6 的量。但是，薄荷醇的效果持续不到 30min，其使用受疗效短暂的限制。另外，高浓度的薄荷醇可能会引起过敏和短暂的灼烧感。

辣椒碱对慢性的、局部的瘙痒性疾病有益，尤其是老年人常见的神经源性疾病，例如带状疱疹后神经痛、感觉异常性背痛、肱桡肌瘙痒和尿毒症瘙痒。最近已证实辣椒碱可通过激活瞬时感受器电位香草酸受体（transient receptor potential vanilloid 1，TRPV1）导 C 神经元释放 P 物质，持续使用造成 P 物质耗竭，引起神经元去敏化而发挥止痒作用。其副作用是在使用前两周外用部位可出现强烈的暂时性的灼烧感，这可能导致受试者，特别是老年人依从性差。

水杨酸是一种环氧合酶抑制剂，在一个双盲交叉安慰剂试验中已被证实可以明显减轻慢性单纯性苔藓患者的皮肤瘙痒，可能是因为它们具有能抑制前列腺素类介质的作用。然而，水杨酸有一定刺激性，过度使用可能使角质层变薄，反而引发瘙痒或过敏症状。

屏障修复剂能有效地修复皮肤屏障，维持皮肤正常水分含量，且副作用较小，有后续维持的效果。封闭性保湿剂和吸湿性保湿剂多半只能在皮肤表面起到短时间的保湿作用。生理性脂质则可以通过调节角质层中的脂质起到长期的皮肤屏障修复作用。

神经酰胺占皮肤角质层脂质 40%～50%的含量，鞘氨醇碱和脂肪酸链是通过酰胺键连接而成的一类脂质，是维持皮肤屏障作用的重要组成之一。去除角质层中的神经酰胺就会使皮肤屏障功能丧失，局部使用适量的天然神经酰胺或合成的神经酰胺及其类似物可以使因有机溶剂或表面活性剂损伤的皮肤屏障功能得到恢复。人角质层中含有 12 种神经酰胺，不同碳链长度的神经酰胺对皮肤屏障功能的影响不同。有研究显示，伴有皮肤屏障功能障碍的银屑病患者的角质层脂质成分中神经酰胺 1、神经酰胺 3 和神经酰胺 6 含量降低。添加 0.02%神经酰胺 3 比 0.02%神经酰胺 1 的润肤剂修复皮肤屏障功能的效果更显著。

游离脂肪酸占角质层细胞间脂质总量的15%左右，人体表皮含有多种不同碳链长度（C_{12}～C_{30}）的游离脂肪酸，其中C16:0、C18:0、C20:0、C22:0、C24:0的含量分别约为 1.8%、4.0%、7.6%、47.8%、38.9%，二十二烷酸是含量最多的游离脂肪酸。在游离脂肪酸缺乏的皮肤表面，外源性补充游离脂肪酸也有助于皮肤屏障功能的恢复。角质层中短链脂肪酸含量的增多、长链脂肪酸的减少可能导致皮肤脂肪组织致密程度下降，从而影响皮肤屏障功能。研究表明当健康人角质层细胞间的长链脂肪酸被短链脂肪酸代替时，会影响皮肤组织的层状结构，而导致皮肤屏障功能障碍。对特应性皮炎患者皮脂变化情况研究发现，患者皮损和非皮损部位长链脂肪酸的含量均有所下降，短链脂肪酸的含量增加明显；并且当脂肪酸链由C_{22}～C_{24}下降为C_{16}时，脂肪组织的紧密度下降，皮肤屏障功能障碍加重。

胆固醇是角质层里面最主要的醇类物质，具有维持皮肤屏障功能的作用。当胆固醇合成受阻或含量下降时同样伴随着皮肤屏障功能的异常现象。研究发现，特应性皮炎患者皮肤中胆固醇的含量有所下降。

正确配比的生理性脂质混合物能够用于局部治疗各种类型的皮炎，改善敏感皮肤和干燥皮肤的整体状况。神经酰胺、胆固醇和游离脂肪酸三者等物质的量浓度存在时，即以3∶1∶1的比例混合，为其修复皮肤屏障效果最优比例。局部外用脂质一旦应用会迅速穿过角质层细胞被颗粒层细胞吸收，如果外用脂质混合物明显不同于角质层细胞合成的脂质，外用脂质混合物会显著改变体内分泌脂质的物质的量浓度，导致异常脂质复层板层膜形成，而影响皮肤屏障功能。

天然植物中也存在具有修复皮肤屏障功能的油脂成分。乳木果油中富含月桂酸、肉豆蔻酸、棕榈酸、十九烷酸、花生酸、山嵛酸等脂肪酸，与人体角质层脂质成分接近，极易吸收，可以防止皮肤干燥，具有良好的皮肤屏障修复效果。具有皮肤屏障修复作用的天然植物提取物还有葡萄籽油、青刺果油、澳洲坚果油等。

第四节　生长节律皮肤养生护肤品开发案例

生长节律皮肤养生主要依据《黄帝内经》中以十为周期划分人群，根据不同阶段人群皮肤的特点，提供最适合的养护方案。本节以儿童阶段皮肤养生为例，儿童皮肤屏障功能尚未发育完全，防护能力弱，而儿童皮肤（尤其是婴幼儿期）需接触尿液、粪便、泪液等刺激性的环境，因此，防护型产品是婴幼儿阶段养生护肤品开发的方向之一。与此同时，蚊虫叮咬问题是困扰儿童阶段的特殊皮肤问题。儿童阶段对驱蚊产品的安全性要求更高，一般的化学驱蚊剂存在安全性差、刺激性强等缺点，蚊虫叮咬舒缓产品需具备高效、安全的舒缓功效。因此，开发高效、安全的植物型驱蚊产品及蚊虫叮咬后的舒缓产品可以迎合儿童防蚊虫叮咬的护肤需求。

一、儿童阶段皮肤养生护肤品设计原则

（一）产品设计原则

针对儿童皮肤结构及功能尚未完善、皮肤更新速度快、皮肤防护力较弱等特点，以及儿童皮肤易接触潮湿、刺激等不利环境，儿童肌肤本身对刺激的防护能力弱，皮肤稳态易被破坏，对儿童阶段防护及特殊问题（蚊虫叮咬）护理的护肤品的设计遵循以下原则：

① 帮助儿童肌肤隔绝外界刺激环境，避免刺激源入侵；

② 保持儿童肌肤的干净、清爽；

③ 高效缓解儿童肌肤出现的特殊问题的不良反应症状；

④ 滋润、润滑儿童肌肤；

⑤ 帮助儿童肌肤维持稳态。

（二）配方设计原则

考虑到儿童皮肤防护能力弱，对刺激、过敏原等的易感性较高，因此儿童防护及特殊问题（蚊虫叮咬）护理的护肤品的设计应遵循以下原则：

① 不影响儿童皮肤的正常生理代谢；

② 最大限度地减少配方所用原料的种类，配方成分尽量简单、单一；

③ 选择香精、着色剂、防腐剂及表面活性剂时，应坚持有效基础上的少用、不用原则，同时应关注其可能产生的不良反应；

④ 应选用有一定安全使用历史的化妆品原料，不鼓励使用基因技术、纳米技术等制备的原料；

⑤ 应了解配方所使用原料的来源、组成、杂质、理化性质、适用范围、安全用量、注意事项等有关信息并备查。

二、儿童阶段皮肤养生护肤品开发方案

儿童阶段肌肤防护产品的开发应充分考虑儿童皮肤结构及生理特点，设计符合儿童护肤需求的产品。儿童阶段肌肤护理与成人的护肤差异在于，儿童皮肤结构的不完善及屏障功能的不健全并非是皮肤的偏颇态，而是该年龄阶段符合自身生理特点的正常态，因此不可过度干预其正常的功能，可通过简单的物理性防护产品帮助儿童阶段皮肤完善。儿童阶段驱蚊产品的开发也要考虑到儿童对产品安全性的要求要高于一般成人，应开发天然、安全、有效的植物性驱蚊产品，解决儿童蚊虫叮咬的问题。儿童阶段的皮肤养生护肤品方案举例见图 2-3。

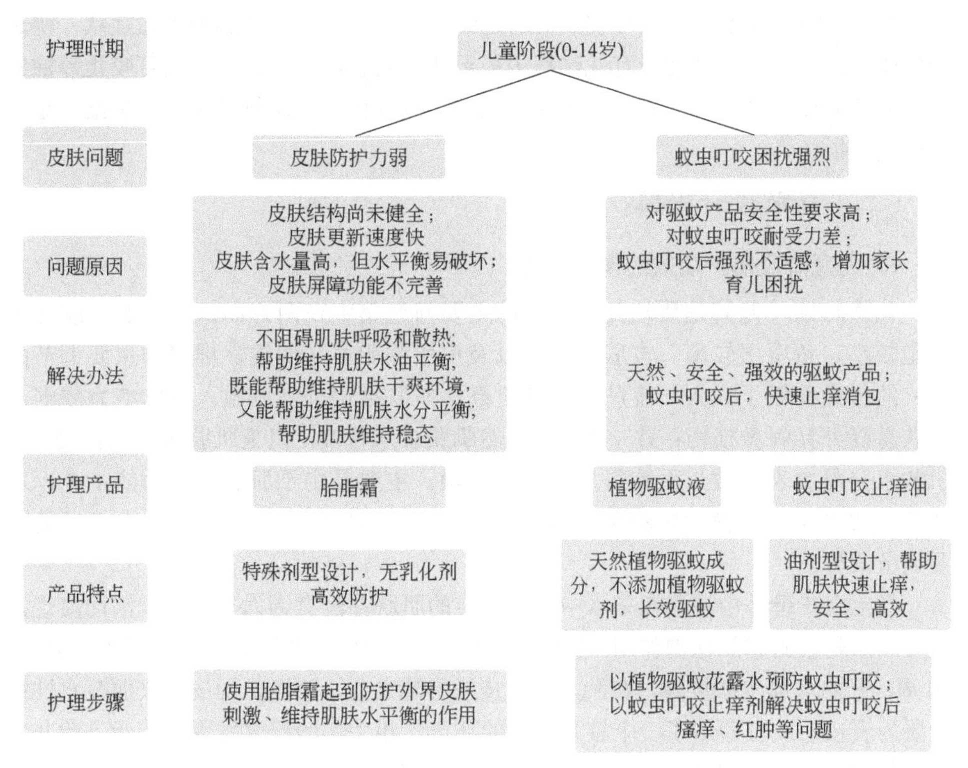

图 2-3　儿童阶段的皮肤养生护肤品方案举例

三、儿童阶段皮肤养生护肤品设计

（一）产品设计思路

儿童的护肤需求主要集中在日常肌肤防护及特殊皮肤问题（比如蚊虫叮咬）护理等方面，日常肌肤防护的重点是帮助儿童肌肤隔绝外界刺激、维持儿童肌肤稳态等方面。胎脂霜的开发可以很好地起到物理性防护肌肤的作用；驱蚊产品和蚊虫叮咬止痒产品的开发可以起到帮助儿童趋避蚊虫叮咬，并在蚊虫叮咬后帮助肌肤快速止痒消包的作用。

胎脂霜：胎脂霜是针对儿童肌肤防护能力弱，模拟婴幼儿处于母体时体表覆盖的胎脂的成分及功能而开发的一款防护型产品，是可以帮助儿童肌肤隔绝外界刺激环境、维持儿童肌肤水平衡的一款产品。

植物驱蚊液：蚊虫叮咬引起剧烈的免疫炎症反应，给儿童带来非常不愉悦的生理及情绪反应，给父母育儿过程带来困扰。而一般驱蚊产品中化学驱蚊剂的使用，会引起家长对于驱蚊产品安全性及刺激性的更多担忧，因此植物驱蚊产品的开发可以满足儿童阶段的驱蚊需求。

蚊虫叮咬止痒油：蚊虫叮咬后会引起红肿、刺痛、瘙痒等剧烈不适症状，快速减轻或消退不适症状是父母育儿过程中最迫切想要解决的问题，蚊虫叮咬止痒油的油剂型产品设计可以实现安全、快速消包、止痒等作用，缓解蚊虫叮咬后给儿童带来的皮肤损伤。

（二）功效设计思路

1．儿童阶段防护功效的设计思路

儿童时期（尤其是婴幼儿）肌肤的主要问题集中在两方面：一方面皮肤角质细胞较小，角质层较薄，皮肤总脂质以及皮脂腺脂质（渗透性屏障的重要调节成分）的含量都低于成人，皮肤渗透性更高，肌肤抵御外界刺激入侵的能力较弱，皮肤易受外界刺激损伤；另一方面，虽然肌肤含水量高，但是肌肤抗干燥能力弱，肌肤水分易由表皮散失而使得皮肤变得干燥。主要是由于肌肤屏障功能不全，皮肤总脂质以及皮脂腺脂质的含量都低于成人，而细胞间脂质是角质层含水量的重要调节成分。

当宝宝在母体中浸泡在羊水中时，宝宝的肌肤并没有因为羊水的浸渍而溃烂，主要原因是胎脂起到保护作用。孕妇怀孕第 17 周，胎儿体表开始形成胎脂，怀孕第 30 周，开始形成皮肤屏障，在胎儿形成皮肤屏障之前，胎脂作为皮肤表面疏水性的涂层为表皮的发育营造了一个较为干燥的环境。相关实验研究发现，胎脂是胎儿本身携带的一种具有皮肤保湿/水合、抗感染、皮肤清洁、皮肤屏障修复、伤口愈合、抵抗刺激等多重功能的“护肤霜”。由于胎脂来源不稳定，且个体间的差异性可能引起不适，因此婴儿自身携带的天然胎脂并不能直接使用。研究表明以脂质部分为主合成的仿胎脂生物膜具有保湿和促进屏障修复的作用。

仿胎脂组合物，是以“天然”仿“天然”，模拟胎脂中脂质，综合考虑产品功效、状态，优化组方比例，形成的儿童肌肤防护功效原料。仿胎脂组合物由向日葵籽油、霍霍巴酯类、霍霍巴油、蜂蜡、植物甾醇类、氢化卵磷脂、神经酰胺 3、生育酚乙酸酯、鲸蜡硬脂醇等成分构成。

（1）与单一组分在角质层中的分布规律差异　对仿胎脂组合物在皮肤角质层中分布规律开展拉曼光谱测试。在志愿者前臂屈侧分别涂抹仿胎脂组合物与仿胎脂组合物中单一组分（向日葵籽油、霍霍巴酯、大豆植物甾醇、维生素 E 醋酸酯、霍霍巴油、神经酰胺 3、氢化卵磷脂、鲸蜡硬脂醇、天然蜂蜡），涂抹样品 30min 后擦掉皮肤表面残余样品，并于涂抹样品前，涂抹样品 30min、90min 后，通过共聚焦显微拉曼光谱仪测试皮肤角质层各深度下脂质含量相对于初始值的变化，分析样品（脂质）在皮肤角质层的分布规律。实验结果表明仿胎脂组合物可以分布在皮肤角质层外层，而仿胎脂组合物中的单一组分并未进入角质层或并未在角质层储留。婴幼儿皮肤角质层脂质含量低，是其皮肤屏障功能较弱的重要原因之一，仿胎脂组合物在皮肤角质层外层分布，有利于发挥防护功效（见图 2-4）。

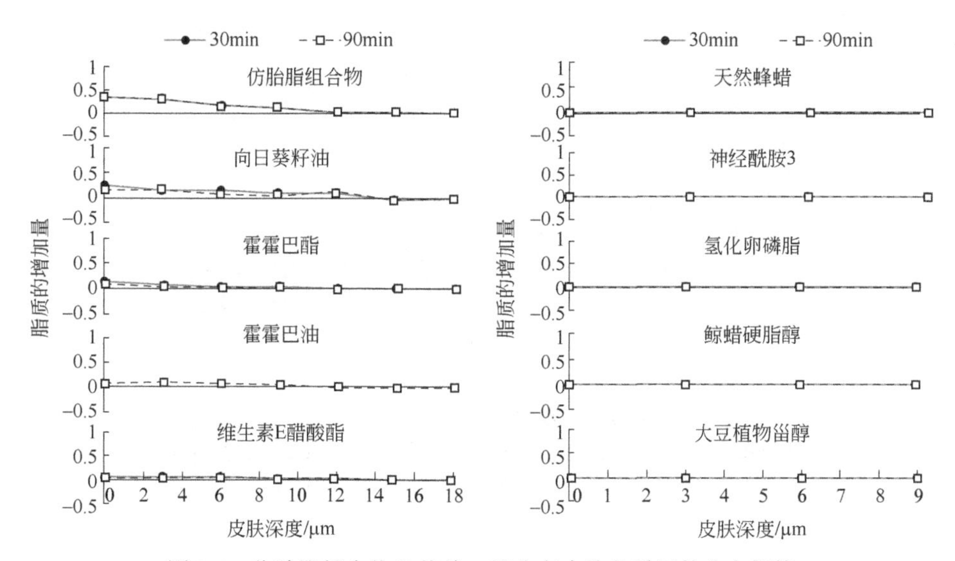

图 2-4　仿胎脂组合物及其单一组分在皮肤角质层的分布规律

[横坐标代表皮肤深度，纵坐标为该深度下脂质的增加量，数值越高，表明样品在该处的分布越多；在皮肤表面（融解温度接近体温 37℃），涂抹大豆植物甾醇、神经酰胺 3、氢化卵磷脂、鲸蜡硬脂醇、天然蜂蜡等固体脂质成分后，0～9μm 未检测到脂质信号增强，故实验未继续测试 9μm 以下的深度范围]

选取 6 名志愿者，在前臂屈侧分别涂抹仿胎脂组合物、凡士林。涂抹样品 2h 后擦掉皮肤表面残余样品，并于涂抹样品前，涂抹样品 2h、4h、6h 后，通过共聚焦显微拉曼光谱仪测试皮肤角质层各深度下脂质含量相对于初始值的增加量，分析样品在皮肤角质层的分布规律。实验结果表明，仿胎脂组合物集中分布在皮肤角质层外层，而凡士林在皮肤角质层深层有分布（见图 2-5）。研究者推测凡士林可能会导致角质层结构的不稳定，从而增加皮肤渗透性。

（2）增加角质层的含水量　在 6 名志愿者皮肤表面涂抹仿胎脂组合物，涂抹样品 2h 后擦掉皮肤表面残余样品，并于涂抹样品前，涂抹样品 2h、4h、6h 后，通过共聚焦显微拉曼光谱仪监测仿胎脂组方对皮肤角质层各深度下水分含量的影响，以及角质层各深度下水分含量随时间延长的变化趋势，结果见图 2-6。

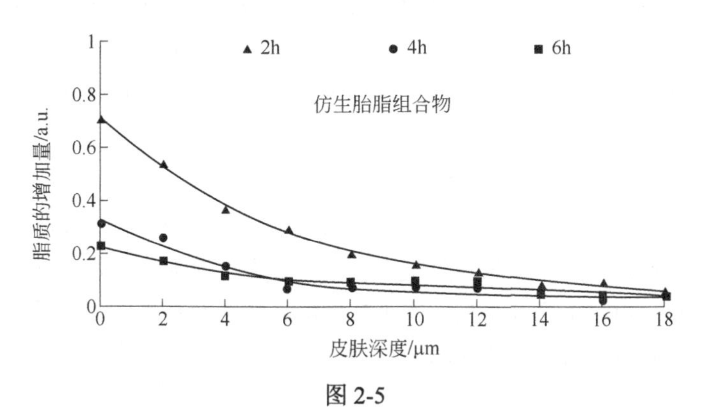

图 2-5

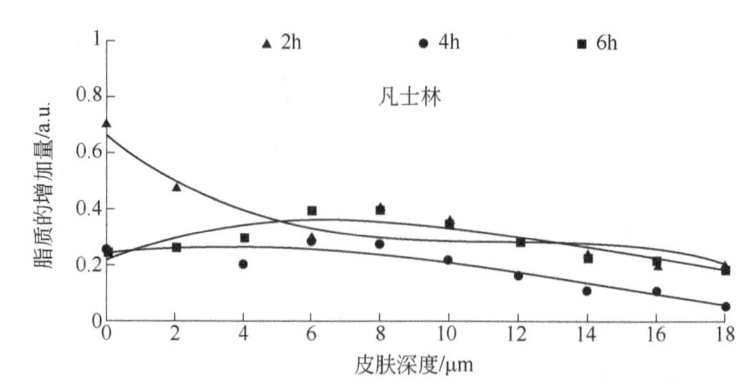

图 2-5　仿胎脂组合物和凡士林在皮肤角质层的分布规律

［脂质在皮肤中的分布规律测试（n=6），横坐标为皮肤深度，纵坐标为脂质的相对增加量，纵坐标越大，表明脂质在该深度下的分布量越高］

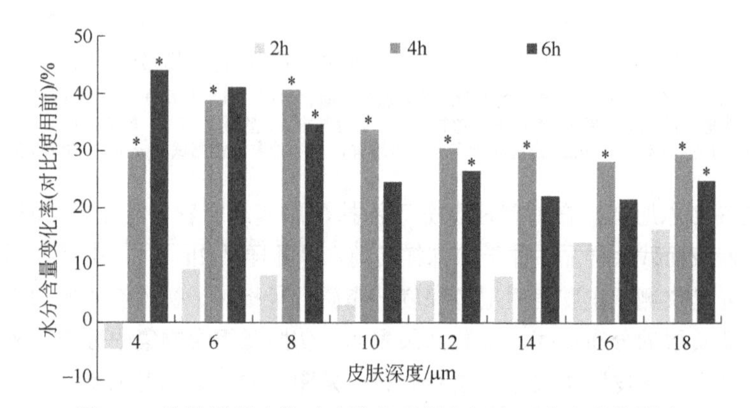

图 2-6　仿胎脂组合物对皮肤角质层各深度下含水量的影响

［横坐标为角质层深度，纵坐标为该深度下的水分含量变化率，数值越高，表明样品对角质层该深度下的水分含量的提高效果越明显，产品的保湿效果越好；n=6，实验结果采用 t 检验，*表示与涂抹样品前皮肤同一深度下的总水分含量相比，具有显著性差异（P<0.05）］

（3）降低皮肤水分散失量　在 12 名志愿者前臂屈侧不同部位涂抹含 1%、3%、5%、10%仿胎脂组合物的膏霜，通过 AquaFlux AF200 皮肤水分流失测试仪，分别在使用前，使用 1h、2h、4h、6h、8h 后，测定志愿者前臂屈侧的经皮水分散失量，以涂抹膏霜基质、凡士林作为对照，结果见图 2-7，水分散失量越低，表明样品保湿功效越好。

2．儿童阶段驱蚊功效的设计思路

儿童躯体娇嫩，护肤尤其注意温和，这也是家长最为关心的问题。以蚊虫叮咬的防御为例，长期以来避蚊胺等是蚊虫驱避产品无可撼动的起效成分，但也产生了不可作为化妆品申报上市及系列的安全性疑虑。我国配香囊、挂艾草等传统习俗给儿童驱蚊产品开发以启发，驱蚊成分从合成成分转回到天然植物上。

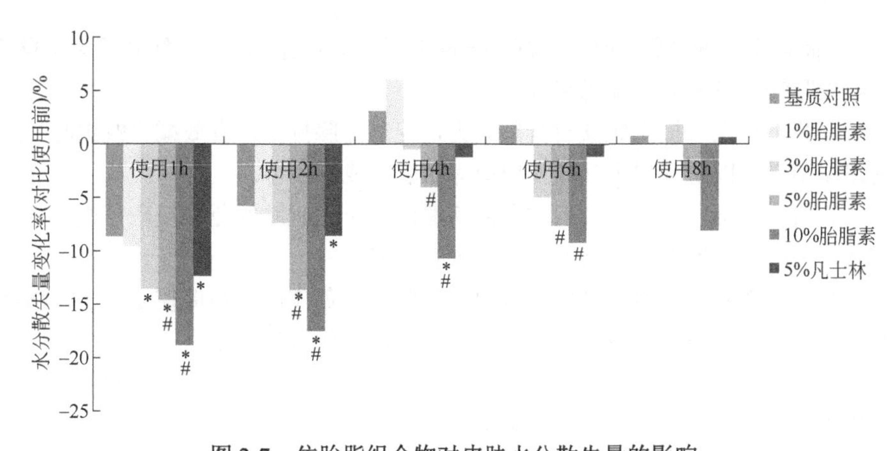

图 2-7　仿胎脂组合物对皮肤水分散失量的影响

［n=12，实验结果采用 t 检验，*表示与初始值相比具有显著性差异（$P<0.05$）；#表示与基质对照相比具有显著性差异（$P<0.05$）］

常用中药薄荷具有治疗皮肤风疹瘙痒、麻疹不透、痈疽疥癣的功效，由薄荷、薰衣草、柠檬桉叶等具有天然芳香气味植物的提取物组成的植物驱蚊方，具有良好的蚊虫驱避功能。在实验室蚊笼条件下达到与避蚊胺相当的驱蚊效果，达到国家驱避剂标准，见图 2-8。安全有效的纯天然植物来源的蚊虫叮咬驱避组方，对于成长中躯体娇嫩的儿童最为合适。

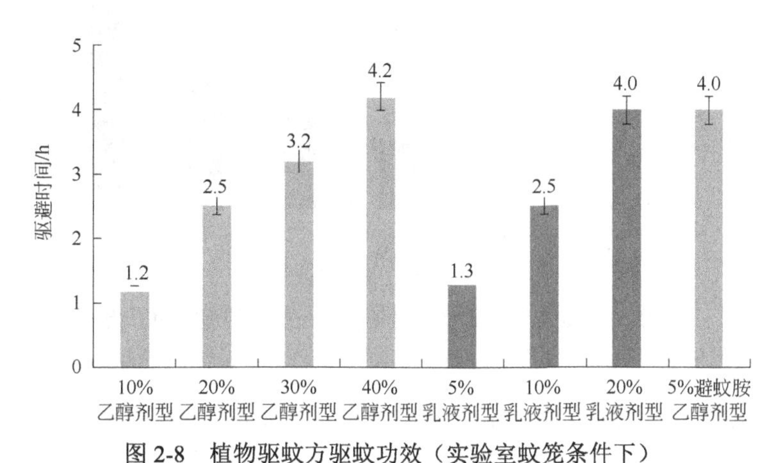

图 2-8　植物驱蚊方驱蚊功效（实验室蚊笼条件下）

3．儿童阶段蚊虫叮咬止痒功效的设计思路

蚊虫常携带如金黄色葡萄球菌、枯草芽孢杆菌、大肠杆菌、绿脓杆菌等病原菌，当这些病原菌接触肌肤时，会被当作变应原从而引发肌肤的免疫反应。蚊子吸血的过程中，为了保证血管内血液的流动性，蚊子释放的唾液中会含有舒张血管和抗凝血作用的分子，这些分子同样作为变应原引发肌肤的免疫反应。蚊虫叮咬产生的免疫反应属于Ⅰ型变态反应，是由于肥大细胞脱颗粒化作用，导致组胺等过敏介质的

释放，从而扩张毛细血管，增大毛细血管的通透性，引起了瘙痒与红肿的免疫反应。

蚊虫叮咬止痒功效设计思路为：

（1）芳香解表　提高肌肤自身解表力，促进汗腺排毒，有效减少蚊虫叮咬后残留的病原菌，可以从本质上降低变应原对肌肤造成的侵害。

（2）清热解毒　蚊虫叮咬后驻留的病原菌会引起肌肤的免疫反应，进而引发不适症状，需以清热解毒（阻断变应原）来有效应对。

（3）止痒消肿　蚊虫叮咬驻留病原菌所引起的免疫反应会促使皮肤出现瘙痒和红肿等状态，缓和免疫反应有利于肌肤的止痒消肿和自我修复。

（4）镇静安抚　当肌肤受到蚊虫侵害时，容易出现屏障脆弱、敏感的状态，此时需以镇静、抗氧化作用来修复、调理肌肤。

蚊虫叮咬止痒方是按照中医“君、臣、佐、使”组方原则，取香薷芳香解表之效，纳藤茶清热解毒之功，采蒺藜止痒消肿之力，收肉豆蔻镇静修复之益。

在豚鼠受损皮肤处涂抹受试样品，随后滴加磷酸组胺 0.1mL，留置 2min，如无反应每隔 2min 递增浓度，直至出现瘙痒反应为止，计算每组动物的平均致痒阈值（μg）。致痒阈值越大，说明样品止痒效果越明显，结果见图 2-9。

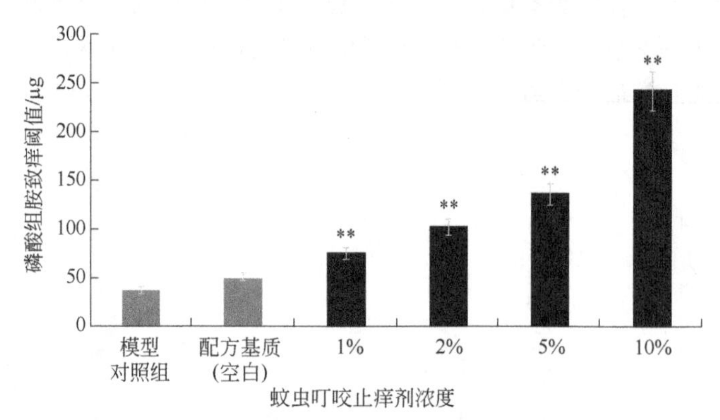

图 2-9　蚊虫叮咬止痒方对磷酸组胺引起的瘙痒的影响

［采用 SPSS Dunnett-*t* 检验分析，**表示样品组与模型对照组呈极显著差异（$P<0.01$）］

在豚鼠脱毛处皮肤滴加 150μL 丙酮∶乙醚=1∶1 混合液，造成皮肤损伤，10min 后涂抹样品，1 天 2 次，连续 5 天，并于第 5 天给与样品后 20min 测量豚鼠脱毛处皮肤水分含量，比较组间差异，并计算水分保护率，结果见图 2-10。

（三）配方设计思路

根据儿童肌肤护理原则，进行产品配方设计。

胎脂霜：针对儿童肌肤防护能力较弱、皮肤结构不完善等特点，产品采用水凝胶增稠乳化体系，避免加入乳化剂引起皮肤刺激，最大程度保证配方安全性；加入仿胎脂成分，使肌肤隔绝外界刺激，保护儿童娇嫩肌肤。

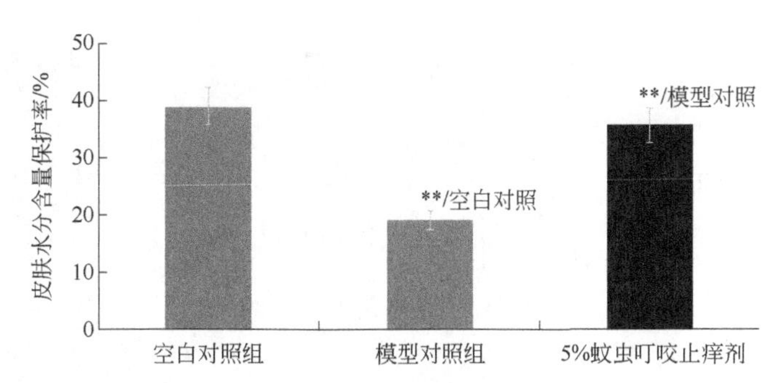

图 2-10 蚊虫叮咬止痒方对皮肤损伤脱水的影响（$x \pm s$，n=6）

［采用 SPSS Dunnett-t 检验分析，**表示 $P<0.01$。水分含量保护率=$(T_n-T_m)/T_c \times 100\%$，式中，$T_n$ 为样品组数据采集值；T_m 为模型对照组数据采集值；T_c 为空白对照组数据采集值。水分含量保护率越高，说明皮肤修复效果越明显＝

植物驱蚊液：配方极简，选用多种天然植物驱蚊成分，不添加化学驱蚊剂，从而达到长效驱蚊效果，植物驱蚊成分对肌肤安全温和无刺激。

蚊虫叮咬止痒油：产品选用油剂型，能够帮助肌肤快速止痒，搭配多种植物成分，达到消肿止痒的功效，配方极温和，安全无添加。

1．胎脂霜配方示例

胎脂霜配方见表 2-4。

表 2-4 胎脂霜配方

组相	原料名称	质量分数/%
A	水	加至 100
	甘油	3.00
	燕麦肽	2.00
	β-葡聚糖	2.00
	EDTA-二钠	0.03
	1,2-己二醇	1.00
	丁二醇	3.00
B	向日葵籽油、霍霍巴酯类、霍霍巴油、蜂蜡、植物甾醇类、氢化卵磷脂、神经酰胺 3、生育酚乙酸酯、鲸蜡硬脂醇	5.00
	辛酸/癸酸甘油三酯	5.00
	丙烯酰二甲基牛磺酸铵/VP 共聚物	1.20
C	苯氧乙醇	0.50

（1）有效抵抗表面活性剂对皮肤的损伤　在 6 名志愿者前臂屈侧进行开放型斑贴实验，先涂抹胎脂霜样品，再涂抹含 SDS（十二烷基硫酸钠，表面活性剂）的啫喱，每天早晚各涂抹一次，连续进行 6 天，分别在 SDS 刺激前、刺激 6 天后，通过 Visioscan VC98 采集皮肤表面的纹理图片，见图 2-11，由图可见，胎脂霜可以有效抵抗表面活性剂对皮肤的损伤。

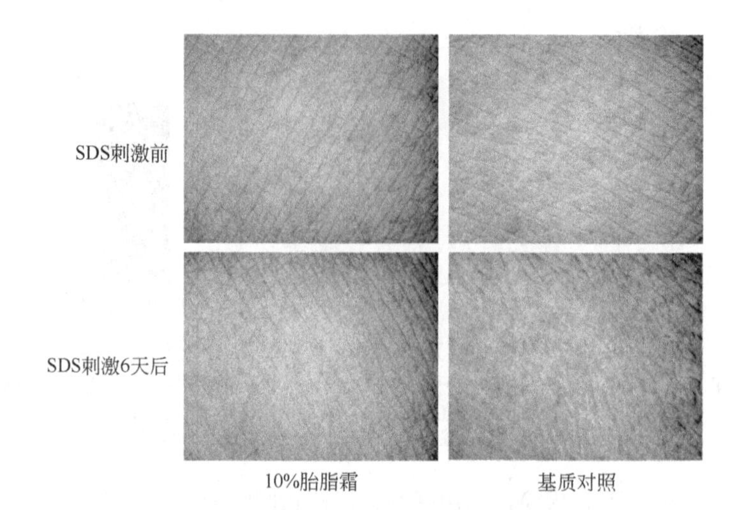

图 2-11　胎脂霜对 SDS 引起的皮肤损伤的抵抗作用

（正常皮肤表面均呈现规则的纵横交错纹理，而受损衰老皮肤纹理会变得不清晰，因此 SDS 对皮肤造成的损伤可以通过皮肤表面的纹理变化进行表征）

（2）有效抵抗氨对皮肤的刺激　在 6 名志愿者背部进行斑贴测试，先涂抹样品直至充分吸收，再将含氨水的斑试器贴在涂抹样品处，封闭斑贴 24h 后除去，0.5h 后观察皮肤。样品组涂抹含 10%仿胎脂组合物的胎脂霜，基质对照组涂抹膏霜基质。采用 WheelsBridge TIVI700 系统监测皮肤血红细胞的浓度变化，评估和量化皮肤受损程度，结果见图 2-12。

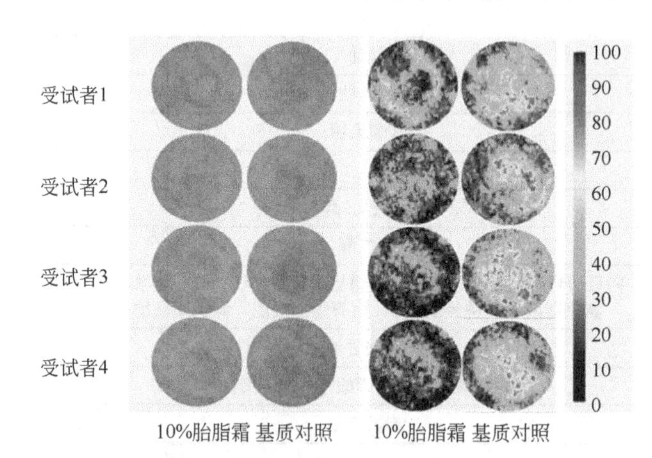

图 2-12　胎脂霜对氨刺激的抵抗作用（彩图见文后插页）

（图片用不同的颜色代表皮损部位血流量，颜色越偏向红色，代表局部红细胞浓度越大，皮损越严重；颜色越偏向蓝色，代表局部红细胞浓度越小，皮损越轻）

2．植物驱蚊液配方示例

植物驱蚊液配方见表 2-5。

表 2-5　植物驱蚊液配方

组相	原料名称	质量分数/%
A	水	加至 100
B	乙醇	60.00
	双丙甘醇、柠檬桉叶提取物、薰衣草花/叶/茎提取物、薄荷叶提取物	20.00
	红没药醇	0.20
	香精	0.60

人群实际使用驱蚊效果评价：选取 73 位志愿者，男 16 人，女 57 人，年龄范围 2～60 岁，驱蚊效果见图 2-13。由图可见，植物驱蚊液具有较长的驱避时间，与市售花露水相比，驱蚊效果更好。

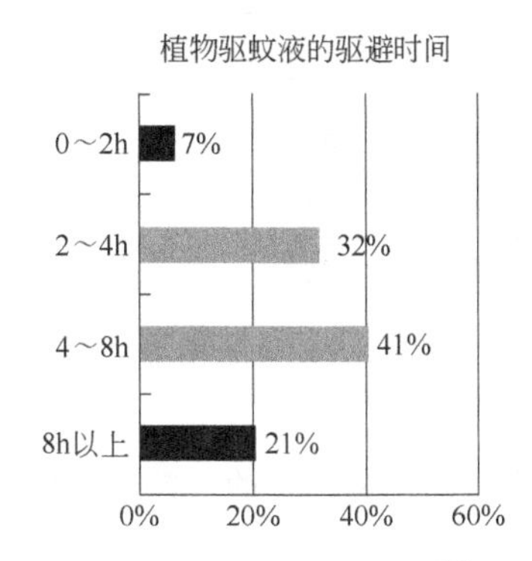

图 2-13　植物驱蚊液驱蚊效果

3．蚊虫叮咬止痒油配方示例

蚊虫叮咬止痒油配方见表 2-6。

表 2-6　蚊虫叮咬止痒油配方

组相	原料名称	质量分数/%
A	氢化聚异丁烯	加至 100
B	生育酚乙酸酯	1.00
	辛酸/癸酸甘油三酯、卵磷脂、石香薷花/叶/茎提取物、显齿蛇葡萄叶提取物、蒺藜果提取物、肉豆蔻仁提取物	10.00

通过受试者报告止痒时间，评估蚊虫叮咬止痒油的止痒效果，结果见图 2-14。结果表明，30%的受试者可在 1min 内止痒，67%的受试者可在 5min 内止痒。

通过受试者报告消包时间，评价蚊虫叮咬止痒油的消包效果。结果表明，35%的受试者表示可在 0.5h 内消包，22%的受试者表示可在 1h 内消包，说明蚊虫叮咬止痒油具有良好消包、修复受损肌肤的功效，见图 2-15。

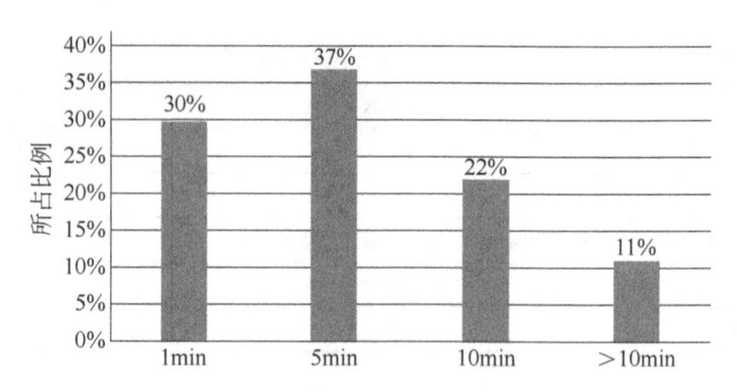

图 2-14　蚊虫叮咬止痒油止痒时间统计

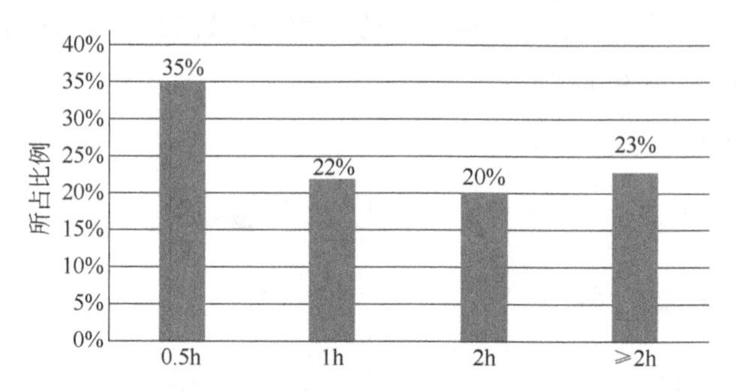

图 2-15　蚊虫叮咬止痒油消包时间统计

通过问卷调查的形式收集受试者对蚊虫叮咬止痒油使用感觉的反馈，评估蚊虫叮咬止痒油的使用肤感及安全性，见图 2-16。

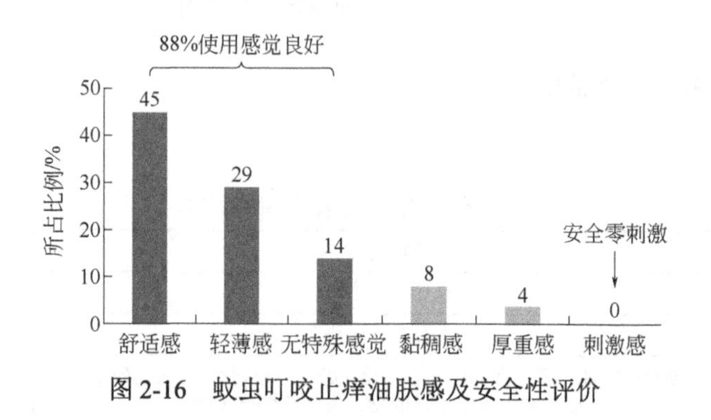

图 2-16　蚊虫叮咬止痒油肤感及安全性评价

图 2-16 结果表明，88%的受试者报告蚊虫叮咬止痒油使用感觉良好，其中 74%的受试者报告使用感觉舒适、轻薄，可消除消费者担心油剂剂型，尤其在夏季，使用会黏稠和厚重的顾虑。同时报告刺激的人数为 0，体现了蚊虫叮咬止痒剂安全无刺激、极温和的特点。

第三章　气血皮肤养生与护肤品开发

皮肤养生的视角要从皮肤特有的组织结构、皮肤的生理特性及细胞活性出发，从而能够有目的地给予皮肤所需的营养，进行不同层次的养生。气和血均是维持人体生命活动的基本物质，皮肤需要气血的温煦、濡养、滋润。气血的盛衰对皮肤的状态具有重要的影响，当气血充足且运行通畅时，皮肤才能表现出润泽健康；当气血亏虚、运行不畅时，则会导致气血不能上荣于面，皮肤得不到气血的营养则面色淡白或苍白无光泽。本章以中医气血理论为基础，从人体整体的角度出发，揭示了气血与皮肤的关系，并根据气血状态将人群划分为气血平和、气虚血瘀、气血郁滞、气盛血壅和气血两虚五类；研究了气血不同分型下的人群皮肤的状态和特点以及养生方案；以气虚血瘀为例，研究气虚血瘀人群的皮肤养生产品的设计思路和原则，对不同气血状态下的人群精准皮肤养生方案的建立具有指导意义。

第一节　气血养生理论概述

气血理论是中医学理论中最重要的组成部分之一，气血养生理论为气血皮肤养生理论的发展奠定了基础。中医理论认为气血是构成人体并维持人体生命活动的最基本的物质，《灵枢·决气篇》中写道："上焦开发，宣五谷味，熏肌、充身、泽毛，若雾露之溉，是谓气；中焦受气取汁，变化而赤，是谓血。"气推动血在经络中运行，内入脏腑，外达四肢、皮毛，传输营养物质，从而濡养脏腑经络、形体官窍。皮肤是人体最大的器官，需要气血的温煦、濡养、滋润，当气血充足且运行通畅时，皮肤才会表现出健康、美丽状态。气血养生理论对于皮肤养生具有重要指导意义。

一、气的概念属性

（一）气的概念

中医中“气”理论其实是从古代哲学中引入的。从古代哲学来看，气既是肉眼不可见的，又是真实存在的物质。整个宇宙、天地间的任何事物，都是由气所构成的。而任何物质都可以进行分割，分割到不能再分割时的物质就是气，也正是古代哲学中所认为的气是构成万物的最基础的物质，是不能再进行分割的。这就是古代书籍中所记载的“其细无内，其大无外”。这种观点直接被引进中医学之中，将其认定为构成人体和维持人体生命活动的最基本物质。中医学中“气”有固定的研究对象和范围，而古代哲学中所说的“气”学是一种宏观的，是一种方法论。因此，古代哲学中的“气”学说和中医学中“气”理论的概念有一定的联系，但是也有很大的不同。

“气”是构成人体的最基本的物质，是维持人体生命活动的基本物质之一，是对人体具有推动、气化功能的一类相关物质的统称。人体的皮、血、肉、筋、骨、脉、五脏、六腑以及精、津、液都是由“气”所构成的，故古人云：“气聚则生，气散则亡”。意思是说有“气”存在，聚合形成人体的精、皮、血、肉、五脏、六腑等所有物质，并具有生命；而当“气”消散时，人体也就不复存在，生命的气息也随之消失。

（二）气的划分

人体中的“气”按照上述功能可以划分为元气、宗气、大气、卫气。

“元气”顾名思义就是初始的气、本源的气。元气是精，精具有原动力，我们把原动力称为元气。精是物质，具有原动力，能滋养生命，在动力中我们强调元气，实际主体还是精。元气来源于元精，属于先天之精所化生。元气储存于下焦，其主要是储藏，而不是疏布到五脏六腑，即使疏布到五脏六腑，它仍然是储藏的，它不参与代谢。元气相当于一个企业的固定资产，不能轻易调取，但是如果其缺少了，也就意味着企业在走下坡路甚至破产倒闭。在人身上也一样，元气具有推动和调节人体生长发育的能力，与人体的生、老、高、壮的生命变化密切相关，一旦元气不足，那人体的正常生命变化将受到影响，如果不能及时补充，人体将会面临死亡。

“宗气”是经呼吸和水谷精华吸收所转化而成位于胸中的气，也有人称之为胸中大气、上焦元气。从上述概念可知宗气的来源主要是自然界清气的转化以及水谷精气的转化。人体具有强大的呼吸系统，而肺作为其中最重要的组成之一，承担了人体内、外气体交换场所的责任。人们通过肺的运动将自然界中的清气吸入体内，同时呼出体内的浊气。食物经人体饮用后，由胃的腐熟、脾的运化，脾升胃降，纳运相得，化生为水谷精气。《医宗金鉴•删补名医方论》提到“夫合先后而言，即大气之积于胸中，司呼吸、通内外，周流一身，顷刻无间之宗气者是也。”宗气主要基于胸中，贯注于心肺之脉。《灵枢•邪客》记载：“宗气积于胸中，出于喉咙，以贯心脉，而行呼吸焉。”其不仅说出了宗气在胸中储存，还提到了宗气在人体内主要的两个功能，一是走息道，行呼吸；另一个是贯心脉，行气血。宗气，走息道，行呼吸，人体内宗气的盛衰与人体呼吸的强弱有直接的关系，同时言语的强弱也与宗气有着密不可分的关系。宗气，贯心脉，行气血，帮助心脏推动全身血液运行。在《素问•平人气象论》中写道：“胃之大络，名曰虚里，贯膈络肺。出于左乳下，其动应衣，脉宗气也。”这也说明了宗气有调节心律、影响脉搏跳动的功能。从宗气的两大功能可以看出，宗气是心、肺之气的综合。而随着时间的进展，宗气逐渐被心气、肺气所替代。实际上心气还有推动作用，化生心阳、滋养心阴作用等；肺气还有宣发和宿降的作用，肺气的根在肾等。宗气的概念被心气、肺气全部包容了，慢慢被取代，这是人们对于中医“气”的认识有所提高的表现。

“大气”分布于全身，是为机体的筋骨等组织提供动力的气，也可以理解成为机体肌肉提供力量的气。其有来源于先天元精的，更主要的还是来源于自然界清气和水谷精气。

“卫气”是具有防御功能，能够抵御外邪的气。其来源于先天肾精，并需要后天水谷精微的滋养，分布在全身。以前提到“卫气”时，通常会想到营气，在《内经》中有“营行脉中，卫行脉外”的记载。因为以往人们对于卫气所在机体部位的理解是有一定偏差的，当时人们认为其具有卫外、抵御外邪功能，仅在机体表面。但随着研究的深入，人们对于卫气有了新的认识，实际上卫气运行不仅在体表，除了体表，昼行于阳、夜行于阴，还分布在全身内外上下，抵抗外邪的侵袭。卫气保护人体不受外邪侵犯，主要包含风邪、寒邪、燥邪等。

以上是从气的功能角度对人体中气进行的划分，在中医学中还可以按照归属对气进行分类，如脏腑之气、形体官窍之气、三焦之气。具有独立功能的器官、组织都会有自己的气，比如：肺气、肾气、心气、脾气等。还有一些“非气之气”，比如清气、浊气、血气、营气、阴气。

（三）气的来源

“气”对于人体如此重要，那人体中的“气”是如何而来的呢？人体中的“气”主要从先天、呼吸、食物吸收这三个途径获得。先天获得的“气”被称为“元气”，由元精化生而来，实则是元精的另一个称呼，不是“气”，但具有“气”的功能。元精主要来源于父亲和母亲的生殖之精，属于先天而生，是生命最初始的物质，是化生、孕育人体的基本物质。元精是化生生命、形体、物质的基础。元精化生为“气”

之精，而后化生为“气”的过程是人体“气”生成的重要来源。“元气”由于是先天而来，是化生、孕育人体的最基本物质，所以“元气”也是人体“气”中最重要的。除了从先天获得的“气”以外，人体还通过呼吸和食物的消化获得人体所需的“气”。人们每天的一呼一吸都是生成人体所需的“气”的重要过程，肺为气之主，“吸之则满，呼之则虚，一呼一吸，消息自然”（《类经图翼•经络》），肺的一呼一吸是对人体“气”生成的基本保证。自然界的气通常被人们称为“天气”或者“清气”，依赖人们肺的呼吸功能和肾的纳气功能，通过呼吸运动将“清气”吸入体内，从而保证“清气”能源源不断地进入人体，参与人体内气的生成，是气生成的另一重要来源。在中医学中，脾胃被认为是人体后天的基本物质，在“气”生成的过程中，脾胃的受纳腐熟尤为重要。《黄帝内经》中提到“人以水谷为本，故人绝水谷则死，脉无胃气亦死”，意思是说人的生命要以水和谷物为基本，没有水和谷物的摄入将会失去胃气，从而导致人死亡。人体摄入水谷后，经由胃的腐熟、脾的运化，脾升胃降，纳运相得，化生为水谷精气，输布于全身，滋养脏腑。水谷精微是气生成的重要来源。

（四）气的功能

人体中的“气”具有推动、气化、固摄、防御、温煦的功能。气的推动作用，是一切生命活动的动力来源，具有运动的基本能力。《难经》记载“是以动者气也”，可以说人体的五脏六腑、经络都是依赖于气的推动，从而维持其在人体中的正常机能。比如血液在经脉中运行于全身，其动力来源于气。“气为血之帅，血随之而运行”（《血证论 • 吐血》），血的运行都是依照气的指挥，气升时血也上升，气降时血也下降，气凝则血凝，而气滞则血滞。津液的输布和排泄也依赖于气的推动，气行则水行，气滞则水滞。气这种推动作用，是由脏腑之气所体现的，如人体的生长发育和生殖功能，依赖于肾气的推动；水谷精微的化生依赖于脾胃之气的推动，等等。三焦为元气通行之道路，上焦如雾，中焦如沤，下焦如渎。三焦囊括了整个人体最主要的新陈代谢功能，其自我完成的能动过程是通过气化作用实现的。“经脉者，行血气，通阴阳，以荣于身者也”（《冯氏锦囊秘录》）。构成经络系统和维持经络功能活动的最基本物质，谓之经络之气。经络之气为人体真气的一部分。经络之气旺盛，则人身二气周流，无往不贯，出于脏腑，流布经络，循脉上下，荣周不休，五十而复大会，阴阳相贯，如环无端。当气的推动作用减弱时，可影响人体的生长、发育，或出现早衰，亦可使脏腑、经络等组织器官的生理活动减退，出现血液和津液的生成不足，运行迟缓，输布、排泄障碍等病理变化。气的固摄作用主要是对血、津、液等液态物质具有固护、统摄、控制作用，从而防止其无故流失。比如：对于机体的汗液和尿液的固摄，避免过度流失或在机体内过度积累从而导致机体无法进行正常的生命活动。固和散、泄、脱是相对的。当气的固摄功能有所减退时，其会导致人体的气血、阴阳、精神、津液失衡，甚至耗散、遗泄、脱失。凡汗出亡阳，精滑不禁，泻痢不止，大便不固，小便自遗，久嗽亡津，均归于气脱。气的防御是指“气”

具有抵御外邪的能力，能够直接与外邪抗衡，及防止外邪入侵的作用。在机体生病之后，其可帮助机体驱除外邪或战胜邪气，使机体能够早日康复。《医旨绪余•宗气营气卫气》说："卫气者，为言护卫周身，温分肉，肥腠理，不使外邪侵犯也。"而卫气不足会导致表虚，从而对外邪的抵抗变弱，易于感冒，用玉屏风散以益气固表；体弱不耐风寒而恶风，汗出，用桂枝汤调和营卫，都属于重在固表而增强皮毛的屏障作用。气的温煦作用主要是指温煦脏腑、经络、形体、官窍及人体物质基础的功能。气是人体热量的来源，是体内产生热量的基础物质。其温煦功能是通过激发和推动各脏腑器官生理功能、促进机体的新陈代谢来实现的。气分阴阳两种，我们通常所说具有温煦功能的气，谓之阳气。温煦功能对人们的生理活动具有重要的意义：人体的体温需要气的温煦作用来维持；各脏腑、经络的生理活动，需要在气的温煦作用下进行；血得温则行，气可化水，血和津液等液态物质，都需要在气的温煦作用下，才能正常循行。气虚为阳虚之渐，阳虚为气虚之极。如果气虚而温煦作用减弱，则可现畏寒肢冷、脏腑功能衰退、血液和津液的运行迟缓等寒性病理变化。

（五）气的运动

气在人体中是静止的还是运动的呢？《医学六要》写道"气为动静之主"，主要表达了运动为气的重要属性。气只有在运动中才能发挥其生理功能，气的不同运动形式体现气的不同功能。气的运动在中医学中可以分为两种，一种称之为"气机"，另一种称之为"气化"。"气机"指的是气运动的形式，是一个总称。在人体内气机是特别复杂的，但中医将其归纳为四种基本形式——升、降、出、入。其他所有形式均是由这四种基本形式结合而来的。气机是维持人体生命运动、完成生理功能的最基本的因素。

当气在运动中产生变化时，这种运动被称之为"气化"。气复杂的运动形式为人体提供了动力来源，当提供的动力累积到一定程度时，就不仅仅是动力，而是使某些具体事物发生了一定的变化，这一变化在人体中叫作"气化"。气化是由气的运动产生的生理和病理的变化。正常的气化是人体必需的，人体气化也具有多样性，例如：气化精、气化血，等等。《素问・阴阳应象大论》写道："味归形，形归气；气归精，精归化；精食气，形食味；化生精，气生形……精化气。"气化与气机密切相关。气化过程由气的升、降、出、入运动所产生和维持。气的运动停止，气化过程也就停止，人的生命活动也就停止了。因为气化是有条件的，须有动力基础（气机）。

二、血的概念属性

（一）血的概念

血，是循行血脉中的富有营养的红色液态物质，也是构成人体和维持人体生命活动的最基本物质之一。《医宗必读》说："气血者，人之所赖以生者"。血主于心，藏于肝，统于脾，布于肺，根于肾，有规律地循行脉管之中，在脉内营运不息，充分发挥灌溉一身的生理效应。

（二）血的划分

在中医学中主要将血分为营血和心血、肝血。

（三）血的来源

从来源上看，营血与心血、肝血并不相同。营血的生成依靠精的化生、后天水谷精微的充养以及其他物质的滋养，在脾、肾以及肺的作用下经过一系列的气化过程而产生。精化生为血液是人体营血的基本来源。而后天水谷精微的充养也是人体营血的最重要的来源，《灵枢·决气篇》说："中焦受气取汁，变化而赤，是谓血。"后天的水谷精微由脾胃运化水谷而产生，因此饮食营养的优劣，脾胃功能的强弱，直接影响营血的化生。除了上述两种来源以外，人体的一部分津可以汇聚于血脉，成为血的一部分，化生为营血。"营气者，泌其津液，注之于脉，化以为血"（《灵枢·邪客》）。因此从物质基础的角度来看，水谷精微的充养是营血的主要生成来源，与后天人体营血的产生直接相关；精血的化生是营血的生成基础；津是营血的重要组成成分。反观心血和肝血，二者主要来源于各自脏腑之精的化生，心血由心精化生而来，肝血来源于肝精的化生。因此二者的主要来源与各自的脏腑之精直接相关，而水谷精微不能直接化生为心血与肝血。

（四）血的功能

从功能上来看，营血主要表现为濡养和载体两种功能；心血主要具有养神的功能；而肝血具有养筋的功能。

《难经·二十二难》说"血主濡之"，随着人们对中医理论的深入研究，人们对营血有了新的认识：其既能濡养脏腑经络及形体结构，也可濡养其他的精微物质。营血通过在经脉中运行，可循行于全身，内部可到达人体的五脏六腑，外部可到达人体的形体官窍，其对全身的脏腑组织起到濡养的功能。人体的皮肤、肌肉等都需要有营血的濡养，否则很难正常生长保养，就像《景岳全书》中所提到的："故凡为七窍之灵，为四肢之用，为筋骨之和柔，为肌肉之丰盛，以至滋脏腑，安神魂，润颜色，充营卫，津液得以通行，二阴得以调畅，凡形质之所在，无非血之用也。"因此，当营血充足时人体的脏腑正常，皮肤润泽，毛发光滑；但当营血亏虚不足之时，则可出现形体消瘦、皮肤黯黄、毛发干枯，更有甚者出现脏腑功能退化。同时，除了对五脏六腑等组织器官的濡养以外，营血还可以对人体的精、气、阴、阳、津、液起到濡养功能。这也间接地影响了人体的五脏六腑，因为体内的精、气、阴、阳、津、液的生成运动直接影响五脏六腑的功能。营血的载体功能主要体现在运载精微物质和浊气。营血循行周身可将其他的精微物质——气、阳、津运送到全身。人体的气、阳、津都需要依托于有形的物质才能在全身运行发挥其作用。同时，营血在周身循行时还可将体内的浊气进行运载，维持人体正常的生物代谢。在传统中医理论中营血运载浊气这一点并没有被明确指出，这主要是因为古人过分强调其对于人体有用的精微物质的运载，但却忽视与人体正常代谢相关的废物运载。如果这些废物即“浊气”不能被营血运载，机体将无法正常完成代谢，将其排出体外，过多积累在体内会成为病理产物，引发疾病。直到受到现代医学的启发，中医学家们开始逐渐认识到其中的不足，开始完善中医理论。

相比于对人体全身濡养、运载精微物质和浊气的营血，与人体的神志活动密切相关的就是心血。心血具有养神的功效，如果心血充足，则可心静神安；如果心血不足，则会出现心神不宁，躁动不安，导致人们失眠多梦。正如《女科经纶》引薛立斋：“人所主者心，心所主者血，心血虚，神气不守。”

肝血具有养筋的功能，在古书《素问·宣明五气》中记载：“食气入胃，散精于肝，淫气于筋。”当人体的肝血不足时，可能会出现运动功能的失常以及肢体感觉麻木。这里需要注意的是，肝血仅与人体的筋有关，当肝血不足时，人们会感觉肢体运动不利或肢体异常，这与营血不足时出现的全身性症状是不同的，这也是通过症状区分肝血和营血的主要因素。

（五）血的运行

脉为血之府，脉管是一个相对密闭、如环无端、自我衔接的管道系统。血液在脉管中运行不息，流布于全身，环周不休，以营养人体的周身内外上下。血液循行的方式为“阴阳相贯，如环无端”，“营周不休。”故曰：“营在脉中，卫在脉外，营周不休，五十而复大会，阴阳相贯，如环无端。”（《灵枢·营卫生会》）而在《医宗必读·新著四言脉诀》中李中梓则更明确地指出：“脉者血脉也，血脉之中气道行焉。五脏六腑以及奇经，各有经脉，气血流行，周而复始，循环无端，百骸之间，莫不贯通。”因此，从血液在人体中运行的方式和方向，可以看出血的运行与脏腑功能和经络、血脉密切相关，同时受气、血自身状态的影响。

血液的运行会受到人体脏腑的调控，其中心主血脉，心气是维持心脏正常搏动、从而推动血液循行的根本动力。全身的血液，依赖心气的推动，通过经脉而输送到全身，发挥其濡养作用。心气充沛与否、心脏的搏动是否正常，在血液循环中起着十分关键的作用。肝能够疏泄气机，对血液的正常运行起到调节作用。脾为后天之本，气血生化之源，可统摄血液，使血液可以保持在脉道内运行。脾气健旺，气血旺盛，则气之固摄作用也就健全，而血液就不会逸出脉外，以致引起各种出血。除此之外，中医还认为“肺朝百脉”，心脏的搏动是血液运行的基本动力，而血的运行又依赖气的推动，随着气的升、降、出、入而运至全身。肺的一呼一吸调节人体全身的气机，辅助心脏，推动和调节血液的运行。血能循行遍及周身，除上述主要的脏腑组织以外，其他的组织器官也会对血的运行产生影响。

血在人体运行时遵循时间规律以及按需分配的原则。《内经》中记载了："昼行于阳，夜行于阴"，血寅时起于手太阴肺经，卯时手阳明大肠经，逐次循行，于丑时终于足厥阴肝经，复归于手太阴肺经，如此周流全身，昼夜五十而复大会。因此在一般状态下，血的运行规律基本为"昼行于阳，夜行于阴"，实则是人体运动和静息状态下血液的按需分配，运动多消耗大则分配多。比如，当我们做大量运动的时候，四肢由于消耗巨大，所以会有大量的血液分配到四肢上，如果在没有能量补充的情况下，大脑就有可能出现因血不足而眩晕的状态。再比如，当我们大量进食的时候，在我们体内血是大量分配到消化系统中的，如胃、肠等，而其他地方的血相对来说会分配的少很多。这也就符合了长辈们经常说的不要在吃饭的时候看书，不然什么都记不住。当局部组织活动增加时，血会趋向于活动较多的脏腑组织分配，使其气血壅盛，以供消耗。这种调节分配的能力主要归功于肝，其功能类似于现代医学神经内分泌对血流量的调节功能。

三、气血与皮肤的关系

人体是以五脏为中心，通过经络"内属于脏腑，外络于肢节"联系的有机整体。经络是沟通和联系人体内外的路径，是形成协调统一整体的前提条件，而运行于经络之中的气血是不停地奔走于人体各个组成部分之间的联络员。

《素问·调经论》曰："人之所有者，血与气耳"，明确指出了气和血对人的重要性。气和血均是维持人体生命活动的基本物质，《难经·二十二难》中提到"气主呴之，血主濡之"，就是说气具有流动、吹动、推动作用，血具有濡养的功能。《灵枢·决气》中云"上焦开发，宣五谷味，熏肤，充身，泽毛，若雾露之溉，是谓气。"意思是上焦把饮食精微物质宣发布散到全身，可以温煦皮肤、充实形体、滋润毛发，就像雾露灌溉各种生物一样，此为气，这也充分说明了气对皮肤的重要作用。"中焦受气，取汁变化而赤，是谓血。"意思是中焦的脾胃接纳饮食物，吸收其中的精微物质，经过气化变成红色的液体，就叫作血，说明血中含有具有濡养功能的营养物质。所以气推动血在经络中运行，内入脏腑，外达四肢、皮毛，传输营养物质，从而濡养脏腑经络、形体官窍。

（一）气血盛衰对皮肤的影响

"气为血之帅，血为气之母"，气是血运行的动力，血是气的载体。气以推动、温煦为主，血以濡养、滋润为主。与人体其他脏腑组织器官相同，皮肤也需要气血的温煦、滋润和濡养，气血充足且运行通畅，在皮肤上才能表现出润泽健康；相反，如果气血亏虚、运行不畅则会导致气血不能上荣于面，皮肤得不到气血的营养则见面色淡白或苍白而无光泽，因此气血既是人的根本，也是决定皮肤健康的物质基础，可以直接影响皮肤的状态。

（二）生存环境对皮肤的影响

皮肤作为人体最大的器官，直接与外界环境接触，因此外界环境中的各种因素都能对皮肤产生影响。

假如气候寒冷，温度过低，就容易感受寒邪的侵袭，寒凝血脉，气血不和，皮肤得不到充足的气血濡养，会出现皮肤干裂，严重的还会生冻疮。热邪侵袭人体，气血运行加快，会感到皮肤发热，毛孔因热而张开，可见汗出增多，出汗过多，消耗大量津液，严重的就出现皮肤干燥。如果热盛又容易诱发皮肤红肿、疮疡、痈疖。燥邪涩滞气机，且容易消耗津液，皮肤缺少津液的滋润而干燥。

除了常见的外邪会影响皮肤，各种外界环境中的机械性、物理性、化学性和生物性的有害因素也会影响皮肤的状态，如外用药物过敏容易导致皮疹的出现；强烈的紫外线照射容易造成日光性皮炎；不当的化妆品使用容易出现过敏性皮炎；蚊虫叮咬导致虫咬性皮炎；城市颗粒污染物（PMs）、生活用品（洗涤液、酒精等）等均会影响皮肤的屏障功能。

因此，养护皮肤，要本着“整体观”，既要抵御生存环境中不良因素对皮肤的影响，又要使人体内部脏腑经络功能协调统一，保证气血的正常化生和运行，从而发挥濡养皮肤的功能（见图 3-1）。

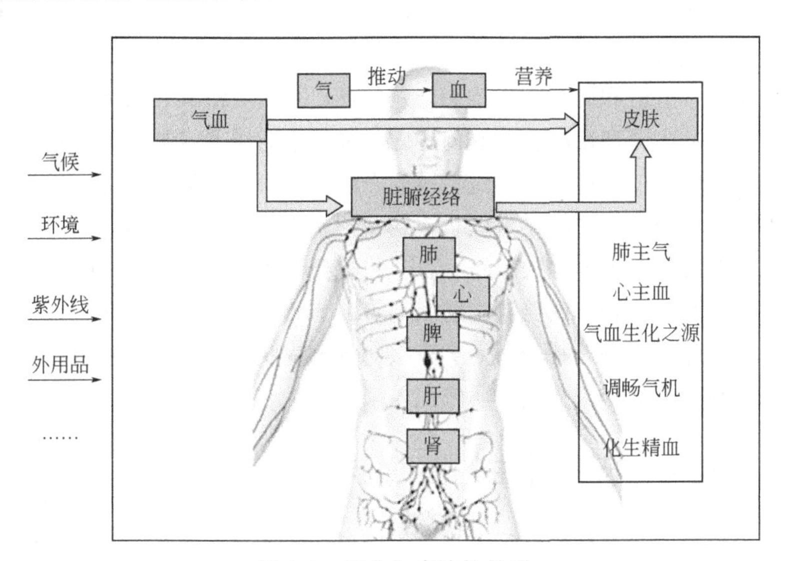

图 3-1　气血与皮肤的关系

四、气血对皮肤的影响

气是血运行的动力，血是气的载体，两者相辅相成。气以推动、温煦为主，血以濡养、滋润为主。人体除了脏腑组织器官需要气血的温煦、濡养、滋润，皮肤亦需要。当气血充足且运行通畅时，皮肤才能表现出润泽健康；相反，如果气血不足或者运行不畅时会导致面部淡白或苍白且无光泽。因此气血既是构成人体的基本物质，又是决定人皮肤是否健康的关键因素，气血的问题可直接影响皮肤的状态。若要气血正常运行并发挥润养皮肤的功能，则需要人体内部脏腑经络共同配合完成。“有诸内者，必形诸外”，人体内部脏腑功能若是出现异常，一定会在体表有所表现，因此脏腑经络对气血的作用也可以对皮肤产生影响。

心主血，心气的推动功能正常，才能使血正常输布并运行于包括皮肤在内的全身组织，从而发挥濡养皮肤的作用。肺主气，肺主一身之气的生成和运行，肺的呼吸均匀通畅，节律一致，和缓有度，则各脏腑经络之气升、降、出、入运动通畅协调。脾胃为气血生化之源，脾通过运化，将饮食物经消化后产生的精微有营养的部分和水液运送到全身，这些都是气血生化之源，从而营养皮肤。肝调畅气机，肝气条达舒畅，体内脏腑气机通畅无阻，保证血液正常运行。肾藏精，可以化生五脏之精，是化生气血的根本，肾精充沛，各脏腑发挥正常功能，共同来发挥濡养、保护皮肤的作用。

皮肤作为人体最大的器官，受气血运行影响。气血运行缓慢时，因得不到充足的气血濡养，皮肤会出现干裂等现象；气血运行加快时，人们会感觉到皮肤发热，毛孔因散热而张开，此时汗液分泌过多，消耗人体大量津液，皮肤因缺少津液润养会出现皮肤干燥等现象。

综上所述，五脏和外界因素均会影响气血，从而导致其在人体皮肤上反映出的问题。因此，从中医理论改善皮肤问题应从最基本的调理或补充气血入手。

人体的血在气的推动下，通过血脉而布散于全身。血为气之母，气为血之帅，外因邪客经脉，内因情志不遂，气机不畅或饮食不节，痰湿阻络，均可导致经脉阻隔，气血凝滞而产生多种皮肤疾病。临床上多表现为紫癜、结节、斑块、皮肤甲错，皮屑多，自觉刺痛、刺痒或伴有胸胁胀痛等。

因此，人体气血的运行或不足会直接对机体皮肤造成影响，所以针对日常皮肤的护理或皮肤病的治疗应从其本质气血入手。

五、气血理论对皮肤养生的指导作用

气血理论是中医学理论体系的重要组成部分，气血辨证是中医诊疗疾病的重要方法之一，临床上很多皮肤病的发生和发展，都与气血的生理、病理变化有关。因此，气血辨证理论在临床治疗皮肤病方面起着重要作用。

《灵枢·营卫生会篇》中记载：“中焦亦并胃中，出上焦之后，此所受气者，泌糟粕，蒸津液，化其精微，上注于肺脉乃化而为血，以奉生身。”《灵枢·本脏篇》中记载：“人受气于谷，谷入于胃，以传与肺，五脏六腑，皆以受气，其清者为营，浊者为卫，营在脉中，卫在脉外，营周不休……”；“卫气者，所以温分肉，充皮肤，肥腠理，司开阖者也。”《素问·逆调论》中记载：“荣气虚则不仁，卫气虚则不用，荣卫俱虚，则不仁且不用。”

生理功能：气血来源于水谷，化生于中焦，输布于上焦。卫气营血温煦、濡养皮肤，以维持其正常功能。失去气血的温煦、濡养，则皮肤不仁不用；脾不统血，血溢皮肤，则见瘀斑、瘀点。

其在临床中主要运用于萎缩性皮肤病、血小板减少性紫癜、过敏性紫癜、硬皮病等，与气血不足，皮肤失养有关。可通过益气养血来辨治，如八珍汤、四物汤等加减。

脾气虚则运化失职，水谷精微无以敷布，不能滋养元气，致湿邪内生，阻于中焦，全身多有胸闷纳呆、脘腹胀满、大便溏薄、舌淡苔白腻、脉濡滑等症状，湿邪流溢皮肤，则见糜烂、渗出、水肿等表现。临床上湿疹皮炎类皮肤病、水疱大疱类皮肤病、血管神经性水肿等都与脾虚湿盛有关。当以健脾益气、除湿止痒为治疗原则。

气虚血燥可使皮肤粗糙、肥厚、角化、脱屑、瘙痒，如临床上常见的慢性瘙痒性皮肤病、泛发性神经性皮炎、银屑病血燥型及手足皲裂等，均属此类。治疗当以益气养血、润肤止痒为主。

血虚风邪侵袭，亦可风从内生。中医认为风胜则痒，凡皮肤发斑、瘙痒无度而又生于血虚之人者，多属血虚风胜之证。其临床表现有皮肤粗糙、肥厚、脱屑、色素沉着、苔藓样改变，甚至出现角化、增厚、结节等。常见的皮肤病有慢性荨麻疹、皮肤瘙痒症、神经性皮炎、皮肤淀粉样变、毛发红糠疹等。治宜养血疏风，佐以益气。

气虚血虚，在临床上表现为面色苍白、气短少言、倦怠乏力、皮肤上多有瘙痒，可见粗糙、脱屑、色素沉着等。常见于慢性营养不良性皮肤病及严重的全身性皮肤病，如大疱性表皮松解症、剥脱性皮炎、系统性红斑狼疮、皮肌炎、硬皮病等。治宜气血双补。

气滞血瘀，在临床上多表现有胸闷肋胀、手足麻木或疼痛，皮肤上可出现斑块、肥厚、结节、色素沉着、弥漫性肿胀、苔藓样变等。临床上常见的结节性红斑、硬红斑、变应性血管炎、硬皮病、带状疱疹后遗神经痛等均属此类。治疗原则应以行气活血化瘀为主。

中医气血理论在临床皮肤病治疗方面的应用，对中医气血理论在皮肤养生领域的研究和发展具有重要指导意义。根据中医气血理论，以气血运行状态为基础，揭示了气血对皮肤状态的影响，为不同气血状态人群皮肤特点的深入研究，以及进一步的精准皮肤养生研究奠定了基础。

第二节　不同气血状态人群的皮肤养生

气血既是组成人体的基本物质，也是决定皮肤健康状态的物质基础，对皮肤健康状态产生直接影响。气血皮肤养生以中医气血理论为基础，建立了以气血运行状态为基础的人群划分标准，从研究产生皮肤问题的根本原因出发，研究不同气血状态人群的皮肤特点。本节将气血皮肤养生理论与现代护肤理论相结合，分析皮肤基础需求和特殊需求，以“气血平和态”为例，提出“一水一油一平衡”基础护肤理念；以“气虚血瘀态”为例，说明了气血皮肤养生产品的设计思路和原则，为解决皮肤根本需求以及不同气血状态人群的特殊需求，最终实现整体、全面的精准护肤提供了指导。

一、以气血为基础的人群划分

气血、脏腑经络共同发挥作用，才能营养皮肤，因此，依据不同人群的皮肤状态和表现出的身体症状，根据中医气血辨证的分型，总结出相应人群的皮肤特点和身体表现。从而实现以气血为核心对不同人群进行划分。

（一）以气血盛衰为依据对人群划分的评价方法

辨气血证候，就是根据个人表现的症状、体征等，对照气血的生理、病理特点，分析并判断出该疾病中是否有气血的亏损或者运行障碍的证候存在。这里提到气血的生理，主要就是指前面所讲到的气和血在人体中应该发挥的正常功能，即气的推动、温煦和血的濡养功能；气血的病理就是当气和血受到某些体内外等因素的影响时，不能正常发挥生理功能，从而表现出气血的亏少或是运行的障碍，在人体内部和外部表现出来的一系列非正常的症状，即病理状态。

结合实际考虑，人群的体质多以综合体质存在，单一体质作为一个侧面虽然很常见但不能概括人群的体质特征，因此依据临床实际与产品研发的实用性，以人体的复合体质进行分类。

基于以上对气血和脏腑经络的关系以及对皮肤的影响进行分析和总结，主要从三方面对不同人群进行评价：第一，通过中医望诊来评价，重点针对色泽和形态；第二，根据中医“整体观”理论，除了皮肤表现外，还要结合身体整体表现出的症状来判断；第三，结合现代科学技术，通过精密仪器进行皮肤本底测试，并对相关证候的模型进行分析，结合数据进行论证。通过以上三种评价方法，分析并总结不同气血分型的皮肤表现和身体的相应表现，来对不同人群进行划分，从而制定相应的养生方案。

（二）不同人群的划分标准

1．气血平和

皮肤特点：皮肤红润光泽，含蓄不露，隐约微黄，富有光泽，不油腻、不干燥，皮纹细腻光滑，有弹性，无粗大毛孔，不干不油，皮脂分泌量中等，较为耐晒，对气候变化不敏感，较少生雀斑、黄褐斑、痤疮等。根据人的体质、禀赋不同和居住地理环境差异，面色可分为偏白、偏黑、偏黄。由于季节变换，还可有轻微的颜色变化。多为中性皮肤。

身体特点：周身无不适表现。

分析：气血和，皮肤和周身无不适反应。

2．气虚血瘀

皮肤特点：面色暗淡无光泽，易长斑（黄褐斑），皮肤干燥，弹性减退。多为干性皮肤或混合型皮肤。

身体特点：乏力懈怠，心烦易怒，眠差；月经不调，后期量少色暗；畏寒。

分析：气虚血瘀，系由肾精不足，化气无源，血脉疏泄不利，进而全身气虚、血行不畅，日久而致。气虚血瘀皮肤失于濡养则面色暗淡无光泽，皮肤干燥，弹性减退；瘀血停于皮肤则易长斑。

3．气血郁滞

皮肤特点：面色萎黄，无光泽，皮肤干燥，易长斑，皱纹增多，弹性减退，皮肤角化增多。多为干性皮肤或敏感性皮肤。

身体特点：多思虑或多疑、失眠多梦，心悸，口渴唇干，消瘦，大便或干或稀，脱发。

分析：气血郁滞多由脾郁所致，脾主思，思则气结，则气机郁滞，不能推动血液运行，终致气血郁滞。气血郁滞皮肤失于濡养，则面色萎黄，弹性减退，皮肤角化增多；气血郁滞，不能转输，瘀于局部则易长斑。

4．气盛血壅

皮肤特点：面易潮红，肤色不均，无光泽，皮肤油脂分泌过多，多痤疮，皮肤粗糙，毛孔粗大，易长斑。多为油性皮肤、敏感性皮肤。

身体特点：月经前后不定期，易肥胖，怕热多汗，急躁易怒。

分析：冲脉为血海、十二经脉之海。冲脉过盛，则气盛血壅。气盛血壅则易生内热，多痤疮，毛孔粗大，油脂分泌过多；气盛血壅，输布不利，则易长斑。

5．气血两虚

皮肤特点：面色淡白或暗淡，无光泽，皮肤松弛，皱纹增多，皮肤干燥，易浮肿。多为干性皮肤。

身体特点：乏力懈怠、少气懒言、食欲差，月经量匀色淡，形体消瘦，易头晕。

分析：肺主气，脾主运化，二者共同主司人体气血化生。肺脾两虚则气血亏虚。气血亏虚不能上呈于面，则面色淡白或晦暗；气血亏虚则皮肤失于濡养则皮肤松弛，皮肤干燥，皱纹增多；气虚不能输布津液，水液停聚，则易浮肿。

二、以气血为基础划分的不同人群的皮肤养生方案

中医气血理论从人体整体的角度出发，揭示了气血与皮肤的关系，并根据气血状态将人群划分为气血平和、气虚血瘀、气血郁滞、气盛血壅和气血两虚五类。面

部是血脉最丰富的部位，气血运行盛衰都可以从面部状态上表现出来。

气血平和状态，面部血液运行充足，面色红润光泽、皮肤弹性好，因此，气血平和状态人群只需做好日常的基础护理和防护即可。如，白天营养皮肤，补充、运行面部气血，促进代谢；夜晚做好皮肤清洁，使皮肤通畅，可选择面膜或者精华液，清爽补充营养和水分，修复皮肤屏障；同时，注意抵御外邪的侵袭，注意做好防晒。气血失衡状态，可根据该状态下的皮肤特点，在基础护理基础上有针对性地解决皮肤出现的问题，如气虚血瘀状态，皮肤干燥、暗淡无光泽，可在基础护理的基础上结合活血养血、润肤祛瘀，达到整体护肤效果。

（一）气血平和

气血和，皮肤和周身无不适反应。

1．皮肤状态

面部血液运行充足，面色红润光泽、皮肤弹性良好。

皮肤作为人体不可分割的部分，需要气血津液的温煦、滋润和濡养，气血上荣需要气血津液化生充足。经络畅通，上荣头面，皮肤自然会呈现出健康的自然美、神韵美。

2．养生方案

气血平和人群，皮肤状态良好，护肤方案以基础护理为主，即保持皮肤的“一水一油一平衡”状态。本节详细描述气血平和状态下的皮肤养生方案，气血失衡状态皮肤养生方案，是根据其皮肤问题，在一水一油的基础护理上加上针对性的养生手段，在其他气血类型中，不再赘述。

“水”“油”在维持皮肤结构和功能方面发挥重要作用。皮肤缺水与气、血相关。皮肤的水分，亦为津液，津液的生成、输布、排泄都离不开气的推动、固摄与气化的作用。气能生津，津液的生成有赖于气的推动和气化作用；气能行津，气机的正常运动有助于津液的输布从而有效保持皮肤水分；气能摄津，气能固摄津液，防止体内水分流失过多。对于此类问题，《日华子本草》中所载“天冬润五脏，益皮肤，悦颜色”，表明皮肤补水的重要性早已被中医所关注。可见，维持皮肤表面水和油的平衡，在中医理论中早有研究应用。

水油平衡是指皮肤处在不油不干的最健康理想的状态，pH 在 5～5.6 之间，汗腺和皮脂腺的分泌量都很适中，处于不油腻也不干燥的中和状态，这样的皮肤红润细腻，对外界的刺激也不是很敏感。肌肤缺水会带来瘙痒、鳞屑等问题，但当水分过多时，表皮吸收过量水分而膨胀，出现褶皱。表明表皮水分含量过多并不一定对皮肤有益处。皮肤出油，极易引发痤疮等皮肤问题，表明油脂含量过高也有其缺陷。另一方面，当皮脂含量低时，屏障脂质间的空隙增大，皮肤的锁水性能下降，水分大量流失，导致皮肤出现干燥、瘙痒等问题。

皮肤表面“水”和“油”的需求，也随着人类年龄的增长而发生变化。如图 3-2

所示，当人类出生时，由于其皮肤表面角质层功能未完善，水分散失速度极快，对于水分的需求很大。当进入到青春期时，皮脂腺逐渐发育完善，油脂分泌量增加，此时水分和油脂的需求处于一个不断变化的过程中。但随着人们年龄的继续增长，其皮脂腺油脂分泌的功能由盛转衰，皮肤油脂含量逐步降低，保水能力下降，此时，对于外源性补充油脂的需求也逐渐增加。因此，在不同年龄阶段皮肤对水和油的需求不同，需按照具体年龄阶段进行相应的水、油补充。

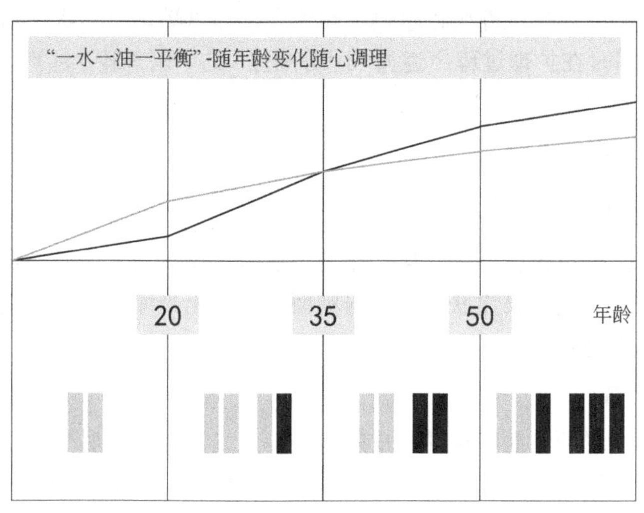

图 3-2 一“水”一“油”需求随年龄变化趋势

■ 油脂需求量；■ 水分需求量

皮肤对一“水”一“油”的需求也随着季节的变化而改变。如图 3-3 所示，一年当中，春季干燥雨水稀少，对“水”需求较多，同时也需要一定的“油”进行补

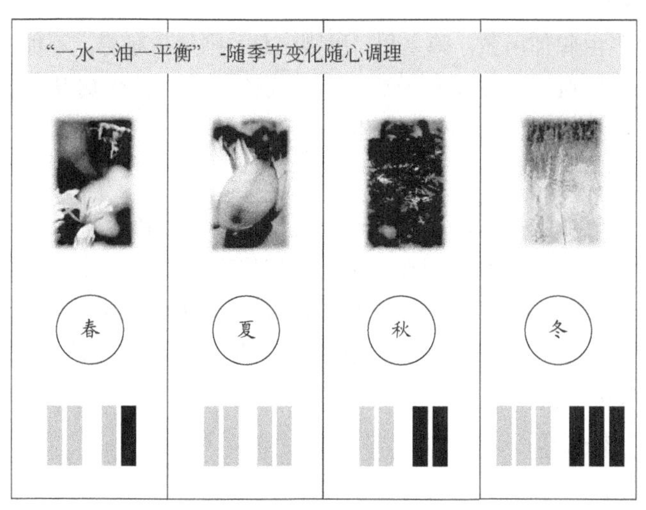

图 3-3 一“水”一“油”需求随季节变化趋势

■ 油脂需求量；■ 水分需求量

充。夏季的雨水多，此时处于一年当中温度较高的时候，此时皮肤表面的水分交换速度较快，水分也随温度的升高而扩散加快，此时对“水”的需求量较高。然而，随着天气的转冷以及气候的变化，外界中的水分减少，皮肤表面的水分难以在低温和干燥的环境中维持平衡，从而对“锁水”的需求增加，此时对于“水”和“油”的需求均处于较高点。可见，由于外部环境因素（如季节、地域等）导致人群对“水”和“油”的需求产生着动态变化。

气血平和态人群皮肤养生以基础护理为主，即以满足“一水一油一平衡”的基础需求为主，同时在护理过程中遵循“因时制宜”的中医理论，注意不同年龄阶段、不同季节皮肤对“水”“油”需求的动态变化。

（二）气虚血瘀

1．皮肤状态

气虚血瘀，系由肾精不足，化气无源，血脉疏泄不利，进而全身气虚、血行不畅，日久而致。气虚血瘀皮肤失于濡养则面色暗淡无光泽，皮肤干燥，弹性减退；瘀血停于皮肤则易长斑。

2．养生方案

气虚血瘀人群因气血不畅导致皮肤暗淡、无光泽，在气血平和状态一水一油的基础护理上加上针对性的养生手段，通过活血养血、润肤祛瘀功效的原料达到改善面色暗淡、无光泽状态的目的。常用植物原料如赤芍、当归可活血养血；紫灵芝可补益滋养；三七可行血消瘀；石斛可达到补水保湿的效果。

（三）气血郁滞

1．皮肤状态

气血郁滞多由脾郁所致，脾主思，思则气结，则气机郁滞，不能推动血液运行，终致气血郁滞。气血郁滞皮肤失于濡养，则面色萎黄，弹性减退，皮肤角化增多；气血郁滞，不能转输，瘀于局部则易长斑。

2．养生方案

气血郁滞属气血失衡状态，皮肤常出现干燥、易敏感等问题，其产生原因是阴液不足、血虚生风。在气血平和态一水一油护理方案基础上针对皮肤干燥、敏感产生的原因，选择滋阴补液、养血祛风功效的原料，可以改善气血郁滞人群皮肤干燥、易敏感的状态。常用原料如石斛可滋阴生津，枸杞子可滋阴益精，红景天益气活血，月季花活血解郁。

（四）气盛血壅

1．皮肤状态

冲脉为血海、十二经脉之海。冲脉过盛，则气盛血壅。气盛血壅则易生内热，多痤疮，毛孔粗大，油脂分泌过多；气盛血壅，输布不利，则易长斑。

2．养生方案

气盛血壅皮肤养生方案主要针对该类人群皮肤油光满面、易生痤疮等问题，在一水一油基础护理方案上加上针对性的养生手段。在日常皮肤养生中可适当选用清热利湿的原料，改善气盛血壅皮肤水泛瘀热、代谢不畅的问题。常用原料如金银花可清热解毒；玄参清热凉血滋阴；金缕梅清热控油；芦荟补水保湿。

（五）气血两虚

1．皮肤状态

肺主气，脾主运化，二者共同主司人体气血化生。肺脾两虚则气血亏虚。气血亏虚不能上呈于面，则面色淡白或晦暗；气血亏虚则皮肤失于濡养则皮肤松弛，皮肤干燥，皱纹增多；气虚不能输布津液，水液停聚，则易浮肿。

2．养生方案

气血两虚皮肤多出现皮肤松弛、皱纹多等问题。导致气血两虚人群皮肤松弛、皱纹多的主要原因是温煦不足、气不足、皮肤缺乏营养。在一水一油的基础护理方案上增加针对性的养生手段，通过使用畅行气血、益气养颜的原料可达到改善皮肤松弛、减少皱纹的效果。常用原料如黄芪可补益滋养，固护屏障；当归可补血和血；大枣益气养血；麦冬养阴生津。

第三节 气血皮肤养生护肤品开发案例

气血皮肤养生方案通过研究不同气血类型的皮肤特点，以中医气血理论为基础，依据中医气血辨证的分型对各气血类型的皮肤予以针对性调养。在设计养生方案时，根据不同人群的气血状态，以解决气血导致的皮肤状态和问题为目标，可以将传统气血理论与现代科学组方、配伍原则相结合，遵循“一水一油”协同护肤原则对不同类型皮肤进行针对性调理，最终达到改善皮肤状态的目的。

本节以气虚血瘀为例，说明气虚血瘀人群的皮肤养生产品的设计思路。气虚血瘀人群的皮肤特点为面色暗淡无光泽、皮肤干燥、弹性减退、容易长斑。因此，帮助气虚血瘀的皮肤改善面色、质地和润泽是基本的养肤目标。

一、气血皮肤养生护肤品设计原则

（一）产品设计原则

气血肌肤养生产品设计原则需要在遵循传统护肤品设计原则的基础上，结合肌肤气血的变化特征，以将肌肤气血的状态由偏颇态调整为平和态为目的，其设计原则可归纳为以下几点：

① 产品设计要符合不同气血状态的肌肤需求。

② 产品设计要将传统的设计原则与气血养生特点相结合，例如在针对皮肤干燥问题时，在选择常用保湿剂的同时，可通过增加调理肌肤气血的方式根本改善问题。

③ 产品设计要考虑肌肤的自然规律，在保证功效的同时，产品组合尽可能精简。

④ 产品设计要考虑产品功能和使用形式的互补搭配，以改善肌肤的多种问题。

（二）配方设计原则

结合产品的设计原则，设计气血养生护肤品产品配方时需要考虑以下原则：

① 产品配方设计需遵循安全有效配伍原则，成分之间各司其职，相互配合。

② 产品配方的功效体系设计要基于肌肤气血养生理论，并设计相关的解决方案。

③ 产品配方选择原料需要在解决主要症状的基础上，考虑同时解决兼症。例如针对气虚血瘀肌肤状态的配方，除了含有补气活血的成分之外，建议补充提升滋润感的原料，以解决肌肤干燥、粗糙的兼症。

④ 产品配方设计要考虑功效成分的承载及兼容性问题。

二、气血皮肤养生护肤品开发方案

气血肌肤养生方案是基于气血状态分类、对应主要皮肤问题、分析关键形成原因、形成对症解决办法的护肤品设计方案，旨在指导气血肌肤养生护肤品设计，突出产品特点，切实缓解气血偏颇引起的肌肤问题。不同气血皮肤问题原因、解决办法及护肤品方案举例如图 3-4 所示。

三、气血皮肤养生护肤品设计

气血肌肤养生护肤品设计需在满足肌肤常规需求的基础上尽量简化产品组成，同时可与传统护肤流程相结合，“一水一油”是理想的产品组合形式。

气血肌肤养生护肤品可以根据五种不同的气血状态，以“一水一油”两款产品作为承载，针对性的设计满足不同肌肤需求的产品。气血平和态是肌肤健康美丽的理想状态，在此状态下护肤品的设计以“治未病”为主，补益基础营养、调和气血。其他肌肤的气血偏颇态，则需要以平和态护肤品为基础，有的放矢调整产品配方，以实现纠偏的效果。

下面以“气虚血瘀”态肌肤为例，阐述气血肌肤养生护肤品设计的基本思路。

（一）产品设计思路

气虚血瘀肌肤主要问题表现为面色暗淡、无光泽，容易长斑，同时容易干燥、粗糙。其主要原因是气血运行不畅或者瘀滞不通，导致气虚、能量供应不足，血瘀、营养转运不畅。

气血状态	气血平和	气虚血瘀	气血郁滞	气盛血壅	气血两虚
皮肤问题	皮肤健康显年轻	面色暗淡、无光泽，易长斑	皮肤干燥，易敏	满面油光，易生痤疮	皮肤松弛，皱纹增多
问题原因	气血调和	气血不畅，面暗多斑	阴液不足，血虚生风	水泛瘀热，代谢不畅	温煦不足、气不足，皮肤缺乏营养
解决办法	行气和血	行气化瘀	滋阴补液养血祛风	清热利湿	畅行气血益气养颜
护理产品	自然滋养倍湿乳 益存菁养油	六臻透白精华液 七子焕白精华油	植萃舒妍安肤精华液 活润舒养身体油	强力祛痘啫喱 抑痘精华油	青春焕活紧致精华 紫参焕养还幼精华油
产品特点	一水一油，基础防护	一水一油，双重亮白	一水一油，润燥舒敏	一水一油，净痘清颜	一水一油，补益延衰

图 3-4　气血皮肤养生护肤品方案举例

气虚血瘀态肌肤养生护肤品设计思路主要围绕以下几点：

① 产品设计主要解决肌肤晦暗、长斑问题，实现肌肤的亮白、光泽。

② 产品设计主要选择补气、活血类的成分，辅以行气补血、清热解毒的成分。

③ 产品设计需注意补充水分，使得肌肤充盈。

（二）功效设计思路（针对气虚血瘀人群）

解决肌肤“气虚血瘀”的关键在于帮助肌肤“补气活血”，护肤品功效设计体系主要围绕“补——补益气血、充盈亮泽，活——活血化瘀、畅行气血，清——清热解毒、抑制黑色素过度生成”三方面形成行气活血组方，以实现亮白、光泽的效果。

1．补益气血功效设计思路

【功效验证试验 1】肌肤亮白度 ITA° 测试模型

采用皮肤色差测试系统（CL400）可测试受试者肌肤亮白度 ITA° 值变化。

肌肤亮白度 ITA° 为皮肤个体类型角，是与 L*和 b*相关的表征皮肤亮白度的数值。ITA° 值越大，皮肤越亮白、气血补益越充足；反之，皮肤越暗沉、气血补益越不足。功效结果见图 3-5，与空白组相比，行气活血组方有效地补充气血，提升肌肤亮白度。

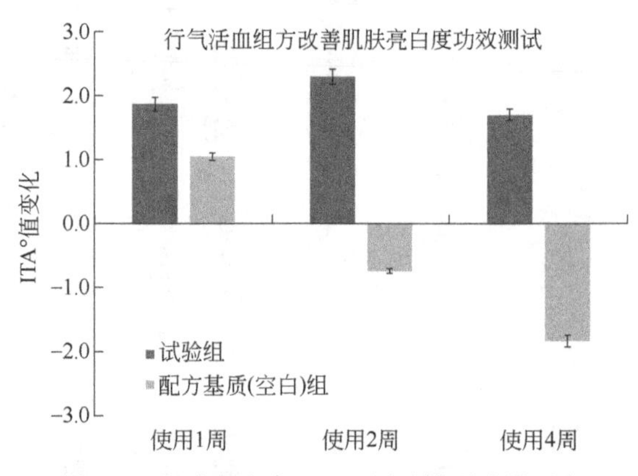

图 3-5　肌肤亮白度 ITA° 测试模型功效示意

【功效验证试验 2】肌肤光泽度测试模型

采用多功能皮肤测试系统（MPA9）测试受试者肌肤光泽度变化。

肌肤表面光泽度是由照射到肌肤表面的光的直接反射和漫反射来反映的，此值越高表征肌肤越具有光泽，气血补益越充足。功效结果见图 3-6，行气活血组方有效地补充气血，提升了肌肤光泽度。

2．活血行气功效设计思路

【功效验证试验 1】肌肤微循环血流量测试模型

采用激光多普勒血流测试仪评估受试者肌肤微循环血流量的变化情况。肌肤

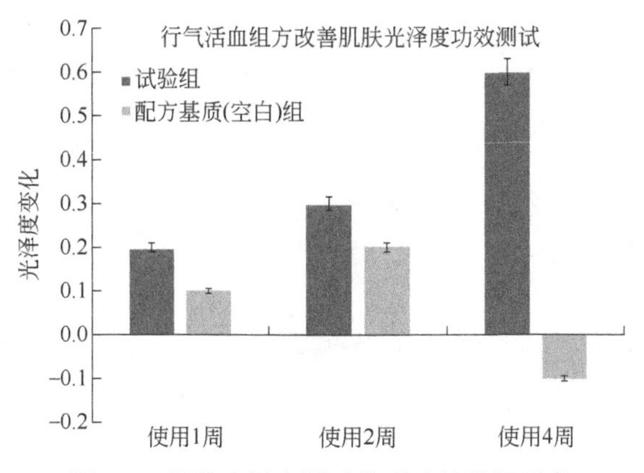

图 3-6 肌肤光泽度测试模型功效结果示意

微循环血流量测试已在医学领域有广泛的应用，在一定程度上，肌肤微循环血流量越大，微循环代谢越通畅，肌肤细胞的自我更新及再生能力越强，活血行气状态越佳。

功效结果见图 3-7。其中，红色部分面积越大，表明微循环血流量越高。根据试验结果表明使用行气活血组方后，受试者肌肤循环变强。

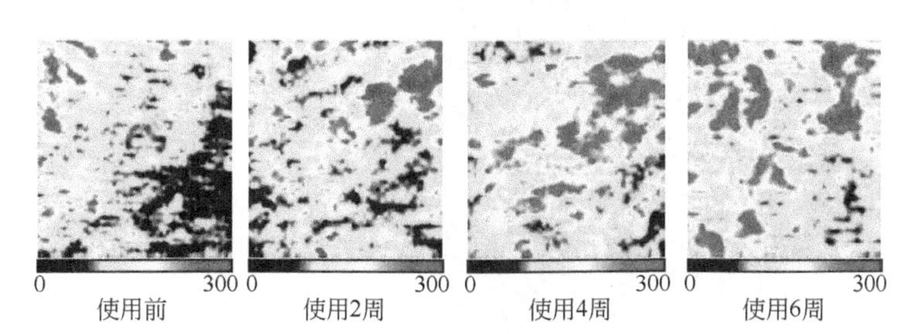

图 3-7 肌肤微循环血流量测试模型功效结果示意（彩图见文后插页）

【功效验证试验 2】VISIA RED 模型

采用 VISIA 面部图像分析仪，评估受试者肌肤瘀滞状态的改善效果。VISIA 面部图像分析仪在 RED 光模式下可以观察到面部肌肤的瘀滞状态，显示出聚结的红色部分越多，表明气血瘀滞越严重；反之，聚结的红色部分越少，表明气血越畅行。功效结果见图 3-8，结果表明使用行气活血组方后，受试者的气血更加畅行。

3．清热解毒功效设计思路

【功效验证试验 1】3D 含黑色素皮肤模型

采用 3D 含黑色素皮肤模型，在体外组织水平评估抑制皮肤黑色素沉着的能力。试验分为三组（Control 组、UVB 组、UVB+样品组），在模型出厂即 0 天时开始进行 UVB 辐照（$50mJ/cm^2$），每天进行 UVB 刺激一定时间，连续刺激 3 天后加入样品的安全工作浓度处理黑色素模型，分别在 0 天、3 天和 6 天时取样，拍照观察。

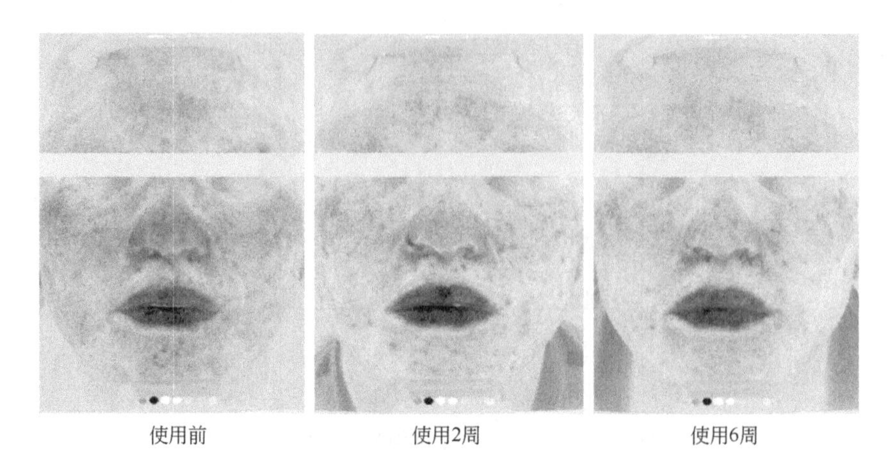

图 3-8　VISIA RED 模型功效结果示意（彩图见文后插页）

模型小室中黑色素越少，说明抑制黑色素沉着的能力越强，清热解毒功效越佳；反之，如黑色素越多，说明抑制黑色素效果越差，清热解毒功效越弱。功效结果见图 3-9，结果表明行气活血组方对于抑制黑色素效果显著。

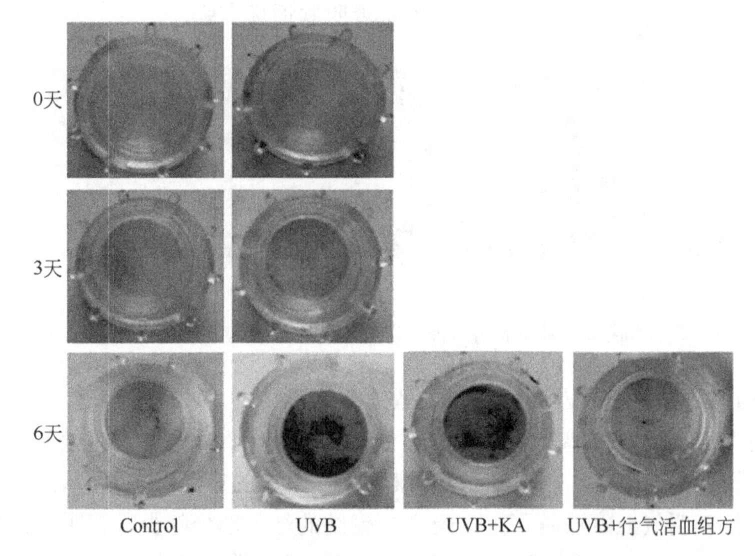

图 3-9　3D 含黑色素皮肤模型功效结果示意（彩图见文后插页）

【功效验证试验 2】角质形成细胞 UV 辐照诱导炎症因子释放模型

通过构建角质形成细胞 UV 辐照诱导炎症因子释放模型，评估对角质形成细胞炎症因子 IL-1α等释放的抑制作用，从而评估其在细胞水平的抗炎活性。抑制率越高，说明抗炎效果越好，清热解毒效果越佳；反之，抑制率越低，说明抗炎效果越差，清热解毒效果越弱。功效结果见图 3-10。

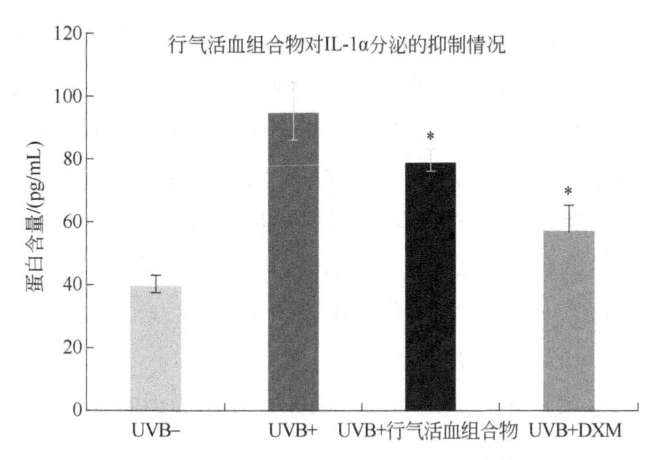

图 3-10　角质形成细胞 UV 辐照诱导炎症因子释放模型功效结果示意

（三）配方设计思路（针对气虚血瘀人群）

气虚血瘀态肌肤养生护肤品配方设计思路主要围绕“一水一油”产品组合展开，配方核心成分主要选择具有“补益气血、活血行气、清热解毒”功效的中药。

1．配方设计及应用

气虚血瘀态肌肤养生护肤精华液的配方设计针对气虚血瘀肌肤黑素沉着、长斑等问题，实现清热解毒、密集养护的同时，协同多种保湿活性成分，缓解肌肤干燥、粗糙。防腐采用低刺激防腐体系，提升配方整体温和性。

气虚血瘀态肌肤养生护肤精华油的配方设计针对气虚血瘀肌肤晦暗、无光泽等问题，发挥天然来源油溶性活性成分补益气血、行气活血功效的同时，补充肌肤流失脂质，帮助肌肤达到水油平衡状态。精华油剂型的优势在于可以实现无防腐剂、无表面活性剂、无乳化剂等“无添加”状态，安全、无刺激。在配方设计时，基质油脂的筛选较为关键，需要考虑其吸收性、黏腻性、稳定性等参数，优化精华油配方在肌肤上的肤感。

“一水一油”的产品组合可根据实际情况两者搭配使用或单独使用，另外也可以分别搭配其他护肤品使用，如精华油可以搭配面膜或者乳液、乳霜使用，精华液可以搭配化妆水使用，进而达到密集、高效、全面养护肌肤的目的。

2．核心成分选择及应用

（1）具有补益气血功效的中药　如人参，乃补气之圣药，自古以来有“百草之王”的美誉。现代研究表明，人参可明显刺激成纤维细胞活性，促进胶原蛋白合成，延缓肌肤衰老进程，使肌肤充盈、光泽。如黄芪，具有益气升阳、扶正固表功效，其用药历史悠久，古有“补药之长”之称，现代研究表明，黄芪对机体免疫系统具有较广泛的调节作用，修复肌肤屏障，维持肌肤稳态。

（2）具有活血行气功效的中药　如当归，活血补血、通经活络，素有“十方九归”之美誉。现代研究表明，当归具有促进肌肤微循环，改善面部萎黄、缓解黑色素沉着等功效。如白术，行气利水，常用于脾气虚弱，神疲乏力。现代研究表明，白术可促进肌肤微循环，促进肌肤表面的营养代谢，推动气血上荣于面。

（3）具有清热解毒功效的中药　如甘草，清热解毒、益气补中、调和诸药。现代研究表明，甘草能够清除自由基和活性氧，抑制脂质过氧化，减少氧化应激对肌肤的损伤，减少黑色素的过度生成。如水飞蓟，清热利湿。现代研究表明，水飞蓟可通过调节脂氧合酶、环氧合酶活性，发挥抗炎功效。

3．配方示例（一水一油）

六臻透白精华液配方示例如表 3-1 所示，七子焕白精华油配方示例如表 3-2 所示。

表 3-1　六臻透白精华液配方示例

组分	原料 INCI 名称	质量分数/%
A	去离子水	加至 100
	EDTA 二钠	0.05
	透明质酸钠	0.05
B	黄原胶	0.15
	皱波角叉菜	0.30
	丁二醇	5.00
C	甘油、水、海藻糖、桃（*Prunus persica*）树脂提取物	5.00
	水、丁二醇、芦苇（*Phragmites communis*）提取物、甘草（*Glycyrrhiza uralensis*）根提取物、当归（*Angelica polymorpha sinensis*）根提取物、丹参（*Salvia miltiorrhiza*）根提取物、山茱萸（*Cornus officinalis*）果提取物、枸杞（*Lycium chinense*）根提取物	5.00
	丁二醇、水、膜荚黄芪（*Astragalus membranaceus*）根提取物、防风（*Saposhnikovia divaricata*）根提取物、金盏花（*Calendula officinalis*）花提取物、合欢（*Albizia julibrissin*）花提取物、天麻（*Gastrodia elata*）根提取物	2.00
	水、甘油、金钗石斛（*Dendrobium nobile*）茎提取物、库拉索芦荟（*Aloe barbadensis*）叶提取物、苦参（*Sophora flavescens*）根提取物、宁夏枸杞（*Lycium barbarum*）果提取物、紫松果菊（*Echinacea purpurea*）提取物	5.00
	白术（*Atractylodes macrocephala*）根提取物	1.00
D	氢氧化钠	0.010
	去离子水	2.00
E	酒石酸、EDTA 二钠、丁二醇、雪莲花（*Saussurea involucrata*）提取物、高山火绒草（*Leontopodium alpinum*）花/叶提取物	2.00
F	辛酰羟肟酸、1,2-己二醇、1,3-丙二醇	0.60
	香精	0.20
	PPG-26-丁醇聚醚-26/PEG-40 氢化蓖麻油/水	0.60
	合计	100

表 3-2 七子焕白精华油配方示例

组分	原料 INCI 名称	质量分数/%
A	辛酸/癸酸甘油三酯	加至 100
	季戊四醇四（双-叔丁基羟基氢化肉桂酸）酯	0.05
B	异硬脂醇异硬脂酸酯	28.00
	油菜（*Brassica campestris*）甾醇类、鲸蜡硬脂醇	0.05
C	红没药醇	0.20
	植物甾醇/辛基十二醇月桂酰谷氨酸酯	0.20
	生育酚乙酸酯	0.50
	抗坏血酸四异棕榈酸酯	2.00
	辛酸/癸酸甘油三酯、氢化聚异丁烯、牡丹（*Paeonia suffruticosa*）提取物、紫苏（*Perilla ocymoides*）籽提取物、亚麻（*Linum usitatissimum*）籽提取物、荞麦（*Polygonum fagopyrum*）籽提取物、宁夏枸杞（*Lycium barbarum*）果提取物、莲（*Nelumbo nucifera*）籽提取物、水飞蓟（*Silybum marianum*）籽提取物、甘草（*Glycyrrhiza uralensis*）根提取物	5.00
	辛酸/癸酸甘油三酯、向日葵（*Helianthus annuus*）籽油、牡丹（*Paeonia suffruticosa*）籽油、葡萄（*Vitis vinifera*）籽油、紫苏（*Perilla ocymoides*）籽油、异硬脂醇异硬脂酸酯、生育酚乙酸酯、抗坏血酸四异棕榈酸酯、视黄醇棕榈酸酯	5.00
	人参（*Panax ginseng*）根提取物	1.00
	环五聚二甲基硅氧烷、环己硅氧烷	20.00
D	香精	0.10
	合计	100

第四章　体质皮肤养生与护肤品开发

Chapter 04

体质是个体生命在其生长、发育过程中，在先天遗传和后天获得的基础上表现出的形态结构、生理机能和心理状态方面综合的、相对稳定的特质，即体质是躯体素质与心理素质的综合体。生理上表现为在机能、代谢以及对外界刺激反应等方面的个体差异性；病理上表现为个体对某些病因和疾病的易感性或易罹性，以及疾病传变转归中的某种倾向性；心理上表现为个体的积极或消极的思想情感的变化。

中医体质学以生命个体的人为研究出发点，研究不同体质构成特点、演变规律、影响因素、分类标准，从而应用于指导疾病的预防、诊治、康复与养生。皮肤就像人体的一面镜子，皮肤的素质是身体机能的外在反映，因此，体质因素在皮肤的状态和功能上具有重要影响。要达到良好的皮肤养生效果，应先了解人的体质。体质不同，皮肤状态不同，相应的养生方案也会有差别。以中医体质理论指导皮肤养生也是科学有效的途径。

本章依据中华中医药学会2009年实施的《中医体质分类与判定》标准，以不同体质在形态结构、生理功能及心理活动三个方面的特征，将中医体质分为：平和质、气虚质、阳虚质、阴虚质、痰湿质、湿热质、瘀血质、气郁质、特禀质九种基本类型。从中医体质理论出发，探讨不同体质与皮肤的关系及其机制，并从生活起居与锻炼身体、药膳以及化妆品选择多层面提出解决不同体质人群皮肤养生问题的方法，为不同体质人群皮肤养生方案的建立提供参考。

第一节　体质与皮肤的关系

人体的生理活动或体内发生病变，都会反映到体表上来。形体的肥瘦、肌肉的松紧、皮肤的弹性、皮脂分泌的多少、头发的质地与疏密等变化，都与体质有关。"有诸内者，必形诸外"语出《丹溪心法·能合脉色可以万全》，源于《灵枢·外揣》的"司外揣内，司内揣外"思想，其含义是：体内一切变化，通过内、外相袭的整体性规律，必然有相应的征象显露于人的体表。皮肤为内脏之镜，作为表的皮肤与作为里的五脏六腑通过经络进行联系，皮肤的状态即是内脏情况的一种外在反映，皮肤与内脏之间互为表里关系，有表必有里，二者之间关系紧密，不可分割。

体质不同，在皮肤上的表征也是不同的，如平和质的人群属于健康人群；当体质偏颇时，就容易出现损美性疾病，不同的体质会出现一定的损美倾向。

一、平和质与皮肤关系

（一）平和质人群的皮肤特征

平和质是健康的体质状态。平和质人群面色红润，肤色红黄隐隐润泽、明润含蓄，目光有神，精采内含，鼻色明润，嗅觉通利，唇色红润，头发稠密有光泽，肢体轻健有力，耐受寒热，睡眠良好，精力充沛，性格平和开朗。

平和质人群的皮肤特征是健康皮肤的特征，青壮年平和质人群的皮肤可以用五个字来总结："湿、滑、紧、弹、色"，五个字分别代表了"滋润如水、光滑细腻、紧致无纹、弹性十足、红润且晶莹剔透"的五项基本条件。具体来说，青壮年平和质人群的皮肤状态满足以下五个方面：

① 皮肤干净湿润，没有皮脂、污垢、灰尘附着，有清洁感、通透感，皮肤细胞表面含有大量水分。

② 皮肤娇嫩，有姣美感和光滑感，有水灵灵脂融融感，原因是水油平衡、皮脂分泌正常。

③ 皮肤柔细丰满，无细小皱纹，肌肤上有紧致感、柔和感和细腻感。

④ 皮肤弹力十足，用手指按压皮肤能够反弹。

⑤ 皮肤亮丽，有光泽感和靓丽感，即对光线折射较好，皮肤色素均衡，白皙红润，"白里透红，与众不同"。平和质人群身体健康，其皮肤色度和光泽相比于偏颇体质人群尤为明显。

（二）平和质人群皮肤状态的中医学机制

气血的平和充足、阴阳的协调平衡是平和体质的基础。平和体质之人，先天禀赋良好，对环境的适应及耐受好，自身免疫调节机制灵活完善，皮肤光泽洁净，只需要保持原有的生活规律就能使皮肤达到健康平和的状态。然而，先天禀赋良好的平和质人群毕竟属于少数，后天调养得当之人较多。后天调养得当的人注重养生，讲究调养，顺应自然规律，依靠饮食、作息、运动、精神方面的调摄使自己的脏腑、气血、阴阳达到一种动态的平衡。

1．平和质人群的皮肤状态与阴阳的关系

阴阳是对自然界相互关联的某些事物和现象对立双方的概括。阴阳学说，用来说明人体的生理、病理变化，指导人体肌肤与形态的维护和修复。

人体最基本的病理变化为正与邪两个方面。“邪”分为阴邪与阳邪两个方面。阳邪致病，可导致阳偏盛，出现实热证，表现特点为热、动、燥。“正”包括阳气与阴液两个方面，阳气虚出现虚寒证，阴液虚出现虚热证，故多种病理变化，可以概括为“阴盛则寒，阳盛则热，阳虚则寒，阴虚则热”。

阴阳失调，偏盛或偏衰而致病，进而影响容颜之美。平和质之人，阴阳平衡，不盛不衰，和谐统一，故皮肤滋润如水、光滑细腻、紧致无纹、弹性十足、红润且晶莹剔透。

2．平和质人群的皮肤状态与五脏的关系

人体是以五脏为中心完成一系列生命活动的有机整体。平和质的人群血脉畅达，面色透出红润的血色；肺气充足，卫气强健，皮肤生理功能正常，不会出现汗出异常、瘙痒过敏、皮肤干枯等卫气虚弱的表现，也不会生斑、疹、疮等皮肤病；气血生化有源，脏腑强壮，肌肉充盈饱满，面有光泽，口唇红润；皮肤水液代谢畅通，皮肤充盈饱满；七情平和适度，爪甲红润饱满，关节活动灵活，不会出现肝血不中所引起的面色发白等症状。

3．平和质人群的皮肤状态与气血津液的关系

气血津液是构成人体的基本物质，也是皮肤养生的物质基础。津液代谢畅通和津液滋润，对皮肤都很重要。

平和质之人，正气充盈，即使在寒冷的环境中，也能使气血津液畅行无阻，使得皮肤温煦有活力，四肢温暖；正气充足，防御功能完善，不会产生外邪乘虚侵袭而致的皮肤感染、皮肤过敏等皮肤疾患；气的固摄作用正常，皮肤水分保持，血液不溢出脉外，不会出现气虚失于固摄而致的汗出异常、皮肤干燥、皮下出血等损美性疾病；气化作用正常，不会出现气虚气滞导致的水液代谢障碍、水湿内停、皮肤发白不泽、面部郁浮肿胀、发根稀疏脱落等症；人体所摄入的食物，经脾胃消化吸收后生成营养和津液，营养通过肺的作用，化生为血。血生成后，能滋养全身，平和体质之人，血液盈畅，毛发茂盛，肤色红润。

二、气虚质与皮肤关系

（一）气虚质人群的皮肤特征

气虚体质的皮肤缺乏“神气”，即缺少容光焕发、神采奕奕的特征；由于新陈代谢缓慢，皮脂分泌不足，大多表现为皮肤干燥，缺乏弹性，易生皱纹；元气推动血液循环功能减弱，面色淡白缺少红润；如果睡眠不足或过度疲劳，造成元气消耗过多，则面色萎黄而灰暗；元气不足，皮肤营养状况不良，则全身皮肤粗糙、脱屑增多。总而言之气虚体质会较早出现皮肤衰老特征，例如：皮肤干燥、松弛，眼角鱼尾纹、额纹、褐色素斑等。

（二）气虚质人群皮肤状态的中医学机制

后天之气包括抵御作用的卫气、起推动呼吸作用的肺气、综合营养作用的脾胃之气、维持心脏正常搏动的心气；先天之气即肾气和丹田的元气。

气的不足常体现在懒言少语、疲乏神倦、肌肉松软、情绪不稳定、善惊易恐等。外貌可见面色萎黄、灰暗或者淡白，皮肤干燥，易出汗、胸闷、气短等。

三、阳虚质与皮肤关系

（一）阳虚质人群的皮肤特征

阳虚质人群多为中性皮肤，皮肤松弛，肤色发白，易脱发、肥胖等；还多出现黑眼圈；阳虚质人的痤疮较为严重，出现囊肿痤疮，皮损严重，还容易落疤。

气血津液在阳气激发鼓舞下，上升至头面五官，这称为“清阳上升”。头面五官得到营养，则显得容光焕发，神采奕奕。如果阳虚而清阳不能上升，就可能出现耳鸣、色斑。

（二）阳虚质人群皮肤状态的中医学机制

阳虚体质主要与肾中元阳（肾阳）相对不足有关。肾主生殖，主骨，主下焦少腹水液蒸腾。常见头发稀疏不茂密、黑眼圈、口唇发暗。毛发虽然长在头部，但是营养根基、生长动力来源于肾，所以“肾其华在发”。肾藏精，精生血，血养发，因此，通常精血大亏的人，比如手术外伤大失血、慢性失血、严重贫血、殚精竭虑的人，会脱发。毛发生长的动力在于肾阳，因此自幼毛发就稀疏黄软的，常见于阳虚、血虚体质。为什么会常见黑眼圈或者口唇色晦暗呢？从中医讲，肾阳虚通常拖累脾胃阳气而导致脾肾阳虚，就是脾肾两脏阳气不足，而眼圈、口唇都会反映脾脏的问题。

阳虚体质表现形式：上热下寒。这是由于下焦阳气明显虚弱，根基不牢，虚阳上浮，漂到头面五官了，形成肚脐以下阳虚阴盛，如尿多、夜尿、便烂、腰腿冷痛、白带清稀；头面五官则常见牙痛、口臭、面红油腻、痤疮、烦躁失眠等热象。

四、阴虚质与皮肤关系

（一）阴虚质人群的皮肤特征

阴虚体质的基本特点有二：一是阴液不足，滋润功能减退；二是出现虚热。所以在皮肤特征上，分别表现为干性皮肤和局部油性皮肤。

当阴虚体质表现为滋润功能减退时，皮肤营养不良，缺水明显，可见皮肤干燥，缺乏弹性，易出现皱纹，表皮角化层增厚、粗糙无光泽；当虚热症状明显时（如手足心发热、低烧乏力等），虚热刺激皮脂分泌，使颧颊部皮肤显得油光，容易发生痤疮。

由于阴虚体质交感神经兴奋，还可导致黑素细胞活跃，使皮肤黑色素增多，面部可见色素沉着，或出现黄褐斑，或面色晦暗、眼圈发黑。

（二）阴虚质人群皮肤状态的中医学机制

人体的生理活动应保持协调平衡，中医称之为“阴阳平衡”，“阴虚”是阴阳失衡的表现之一。

阴虚体质的表现可分为两种，一种表现为体内营养物质（阴液）不足，对全身的滋养功能减退而表现出“干燥”的特征。例如：头晕目眩，形体消瘦，头发、皮肤干枯，口干，咽喉干燥疼痛（夜间更明显），或长期干咳，两目干涩，视力减退较快，腰酸腿软，耳鸣，健忘，尿少，便秘，舌干红、少苔，甚至光滑无苔，妇女月经减少，或阴道干燥而性交疼痛等。

阴虚体质的第二种表现为虚热和机能亢奋的症状。这是由于阴虚体质的新陈代谢过快，耗氧量及产热量增加，人体处于亢奋状态所致。例如：劳累后手足心发热，下午或傍晚有低热，面部容易升火，两颧潮红，或口腔溃疡反复发作，情绪急躁，精神疲倦但难以入眠，或睡眠中出汗较多，心慌，脉搏细数；男子性欲亢进，或频繁遗精，妇女月经量反而增多等。

五、痰湿质与皮肤关系

（一）痰湿质人群的皮肤特征

痰湿质是由于水液内停而痰湿凝聚，以黏滞重浊为主要特征的体质状态。它形成于先天遗传或者后天过食肥甘。这类人群体形肥胖，腹部肥满松软；性格温和，稳重恭谦，多善于忍耐。面部皮肤油脂分泌较多，容易滋生糠秕马拉色菌、痤疮丙酸杆菌等细菌，从而引起痤疮、毛囊炎、头皮屑等疾病，面色黄胖而黯，眼泡微浮，容易出现眼袋。

（二）痰湿质人群皮肤状态的中医学机制

痰湿体质人群由于津液运化失司，痰湿凝聚，表现为以黏滞重浊为主的体系状态。痰湿体质的形体特征为体形肥胖，腹部肥满松软，常见表现有面部皮肤油脂较多等。

六、湿热质与皮肤关系

（一）湿热质人群的皮肤特征

湿热质人群面部多泛油光，容易滋生细菌如马拉色菌、痤疮丙酸杆菌等，因此容易患痤疮、脂溢性皮炎等症，其他易出现的美容问题有体臭、口臭、黄褐斑、脱发。

（二）湿热质人群皮肤状态的中医学机制

在自然环境中，由于阳热日久耗津伤液，便结为痰热，该病理变化在疾病的发展过程中，就多表现为现在的流行性疾病，一般以热症为主。毒素淤积形成热邪侵袭人体，如素体本多湿，湿热交织，形成湿热体质。

在生活起居中，随着人们生活水平的提高，中国人的饮食习惯也有了很大的变化，主要是：过食肥甘厚腻（高热量、高蛋白、高脂肪），悠食辛热香浓。《素问·奇病论》曰：“肥者令人内热，甘者令人中满。”长期过食肥甘厚味，酿湿生痰、蕴热蒸痰者越来越多，容易形成湿热体质。

七、瘀血质与皮肤关系

（一）瘀血质人群的皮肤特征

瘀血体质的人面色晦暗，皮肤偏黯或色素沉着、发干，容易出现瘀斑，口唇暗淡或紫，眼眶黯黑，容易有黑眼圈，鼻部黯滞，发易脱落；有些人年纪未到就已经出现老人斑，还常有身上某部位疼痛的困扰。

（二）瘀血质人群皮肤状态的中医学机制

五脏通过经脉、络脉、阳气阴血以及津液的运动而散布体表以滋补、滋养皮肤，抗御外邪侵袭，从而保持面部肤色红润、肌肉丰满、皮肤毛发润泽等。所以五脏六腑强盛时体态健康美丽，气血充盈使体态健康、美丽、润泽，容貌不枯。气血是构成人体和维持人体生命活动的最基本物质之一，故中医疗法非常重视脏腑、气血在美容中的作用，通过润五脏补益气血使身体健壮、容颜常驻。

经络广布于人体，是运行全身气血、联络脏腑肢节、沟通上下内外的通路，维持人体正常生理活动的精微物质都是通过经络系统运送到全身每个部位的。只有保持经络通畅，气血运行无阻，才能拥有健康的体魄和容润的肌肤。若经络不通，气血运行不畅，必致停而为瘀，皮肤肌肉得不到气血濡养则面色无华，甚至导致皮肤疾病的发生而影响美容。

八、气郁质与皮肤关系

（一）气郁质人群的皮肤特征

气郁体质的人形体偏瘦；舌淡红，苔白；面色苍暗或者萎黄。

（二）气郁质人群皮肤状态的中医学机制

人体之气是人的生命运动的根本和动力。人体的气，除与先天禀赋、后天环境以及饮食营养相关以外，且与肾、脾、胃、肺的生理功能密切相关。所以机体的各种生理活动，实质上都是气在人体内运动的具体体现。当气不能外达而结聚于内时，便形成“气郁”。中医认为，气郁多由忧郁烦闷、心情不舒畅所致。长期气郁会导致血循环不畅，严重影响健康。人体“气”的运行主要靠肝的调节，气郁主要表现在肝经所经过的部位气机不畅，所以又叫作“肝气郁结”。

肝气的郁结还容易影响胃肠道的消化功能，出现胃脘胀痛，泛吐酸水，呃逆暖气；或者腹痛肠鸣，大便泄利不爽。这些症状还多半找不到实质性的病变，西医往往诊断为“消化不良”。

气郁的人多半形体消瘦，面色苍暗或萎黄，从脉象上看，一般都是弦脉，这是肝病或者“气郁”的典型脉象。

九、特禀质与皮肤关系

（一）特禀质人群的皮肤特征

特禀质人群皮肤的适应能力比较差，容易发生过敏反应，比如药物过敏、花粉症等，会导致皮肤出现发痒、红肿干屑、水泡、脱皮、病灶结痂、渗出液化及过敏性皮炎等异常现象。

（二）特禀质人群皮肤状态的中医学机制

中医认为过敏主要是肺、脾、肾三脏腑功能失调而造成的。肺主呼吸，肺不耐寒热，易受外感风寒病邪侵袭而造成皮肤的不适。脾主运化，营养失调亦损伤脾胃，进而因运化代谢的不良，造成水湿水邪聚合而成痰湿病气，引起对食物的过敏。肾主气纳，调节水分代谢，若肾阳不足，气纳功能不良，水分蒸化亦失调，进而造成皮肤的干燥、大便的干硬秘结。

中医依据征候属性，可以分为以下三种类型，治疗也分以下三种。

1．湿热内蕴型

患者疹斑上常有水，水抓破后，皮肤会呈现鲜红糜烂，造成组织液渗出，液干后会结黄色的厚痂，并同时可见大便干、小便黄，舌质红。治疗方式以利湿清热、去除肠胃湿热、利肠通便为主，可开予消风散加减方。

2．脾虚湿甚

皮肤抓破后会呈现浅红或同肤色的糜烂，且渗出液不易干收，会有黄色薄痂。症状还有面色黯黄，精神不振，胃口不佳，舌质淡红。治疗以健脾除湿、增强脾胃运化功能、增强肾气为主，处方为参苓白术散。

3．阴虚血燥

此类患者的皮肤在疹斑边界会呈浅红或暗红斑，皮肤表面粗糙干燥且覆有鳞屑。虽然有口干现象但不喜欢喝水，舌质红或暗红。治疗以滋阴养血润燥、滋养肺阴、强化脾胃水分营养的吸收功能为主，以期能除去皮肤的干燥瘙痒，治疗药方为当归饮子加减方。

第二节　不同体质的皮肤养生

皮肤是体质类型的标志之一，皮肤养生也属于中医养生的一部分。中医养生的方法和手段多种多样，在中医基础理论思想指导下的皮肤养生，通过辨证论治、标本治则的原则，针对不同的中医体质类型人群皮肤状态，提出不同中医体质类型人群的皮肤养生方案，解决皮肤健康美丽相关的问题，以期达到人体皮肤的健康美丽状态。

本节根据中医体质学说，研究不同人群的体质特征和皮肤特点，从生活起居与锻炼身体、常规药膳以及化妆品选择的层面解决不同体质人群的皮肤养生问题，为不同体质人群的皮肤养生方案的建立提供参考。

一、平和质人群的皮肤养生

（一）生活起居与锻炼身体

心态平和是人们向平和体质靠拢的制胜法定。《黄帝内经》中有这样一句：“外不劳形于事，内无思想之患，以恬愉为务，以自得为功，形体不敝，精神不散，亦可以百数。”坚持规律作息，不要过度劳累。饭后宜缓行百步，不能食后即睡。注意保持充足的睡眠，劳逸结合。饮食要有节制，不要饥一顿饱一顿，还应避免过冷、过热或不干净的食物，合理搭配膳食结构，多吃五谷杂粮、蔬菜瓜果，少食过于油腻及辛辣之物，注意戒烟限酒。根据年龄和性别，参加适度的运动，如年轻人可适当跑步、打球，老年人可适当散步、打太极拳等。当然，我们并不能完全按照年龄阶段、性别差异来选择适宜的运动，还应根据自身的情况区别对待。

（二）皮肤养生方案

平和质是健康的体质状态。阴阳平和，脏腑气血功能正常，属先天禀赋良好，后天调养得当之人。这类体质的人肌肉结实，精力充沛，面色红润有光泽，头发润泽有弹性，食欲、睡眠良好，大小便正常；性格随和开朗、乐观积极；不容易得病，若得病也能较快康复；对自然环境和社会环境适应力均较强。

对平和质之人来说，以“治未病”的养生原则为主。可增强或保持体质，预防损容性疾病的发生。治未病在于未病先防，防病于未然，强调摄生，可清洁和营养皮肤，并以调理皮肤气血为主。

平和体质的饮食调养首先在于膳食平衡，食物多样化，谷类、瓜果、禽肉、蔬菜应当兼顾，不可偏废。其次，酸、苦、甘、辛、咸搭配，饮食口味调和不可偏嗜。另外，过饥、过饱、过生、过冷、过热、饮食不洁均可影响健康，导致疾病发生，长此以往，甚至改变体质状态。饮食讲究冷热适中，过分偏嗜寒热饮食，可导致人体阴阳失调而发生病变。饮食不洁也是导致疾病发生的重要原因，以胃肠疾病为主，多是由于缺乏良好的卫生习惯，进食陈腐变质，或被疫毒、寄生虫等污染的食物所造成，轻则变生疾病，重则久病不愈，破坏体质。平和质人群皮肤养生药膳见表4-1。

表4-1　平和质人群皮肤养生药膳

药膳名称	主要材料	功效机理	制作方法
山药芝麻糊	山药15g，黑芝麻、冰糖各120g，玫瑰酱6g，鲜牛奶200mL，粳米60g	长期服用，理气健脾，益寿延年	粳米洗净，浸泡1h，捞出；山药洗净，去皮，切成小粒；黑芝麻炒香；把粳米、山药粒、黑芝麻放入搅拌器，加入水和鲜牛奶打成糊；锅中加入清水、冰糖，溶解过滤后烧沸，将山药芝麻糊慢慢倒入锅内，放入玫瑰酱不断搅拌，煮熟即可
百草脱骨鸡	茯苓、百合、龙眼肉、芡实、枸杞子、山楂、白果、花椒各3g，蜂蜜少许，母鸡1只，鸡汤适量	滋养五脏，补益气血	母鸡处理干净；茯苓、百合、龙眼肉、芡实、枸杞子、山楂、白果、花椒粉碎，用布包包住煎煮，过滤去渣，取得药汁；母鸡放入砂锅，倒入药汁、蜂蜜、鸡汤，小火慢炖，煮熟即可
南瓜饮	绿豆50g，老南瓜500g，盐适量	益气生津，健脾养胃	绿豆洗净，趁水未干时加入盐少许（3g左右）搅拌均匀，腌渍几分钟后，清水冲洗干净；南瓜去皮、瓤，洗净，切成2cm见方的块；锅内加水500mL烧沸，先下绿豆煮沸2min，淋入少许凉水，再煮沸，将南瓜块入锅，盖上锅盖，小火煮至绿豆开花，加入少许盐调味即可

（三）化妆品选择

平和质人群中性皮肤多见，是比较理想的健美型皮肤，皮肤不干燥、不油腻，肤色洁白、白里透红并很细嫩，外观漂亮，富有弹性，皮肤表面呈现光泽、湿润状态。对外界刺激不敏感，皮脂腺分泌正常，汗液排泄适中，供血充足。中性皮肤随着季节的变化而变化，冬天偏干性，夏天偏油性，同时皮肤的 pH 为 5～6.5。

平和质人群使用化妆品应该以清洁和营养系列化妆品为主，清洁皮肤可以使其远离病原微生物，营养成分可以补充皮肤所需要的氨基酸、维生素、微量元素等营养。故洗浴时可使用清洁营养系列的洗面奶、沐浴露等，日常使用美白抗衰老系列产品，日照强烈时外出就注意防晒，使用含黄酮等植物化学成分的防晒产品。

平和质人群建议选用具有保湿功效的精华液和具有抗衰老功效的精华油，比如可将桃胶、石斛、银耳和肉苁蓉搭配使用作为保湿化妆品的功效物质，可将向日葵籽、牡丹、葡萄籽、紫苏籽搭配使用作为抗衰老化妆品的功效原料，从而达到平衡肌肤和“治未病”的效果。

二、气虚质人群的皮肤养生

（一）生活起居与锻炼身体

气虚质者多性格内向、情绪不稳定、胆小不喜欢冒险。应培养豁达乐观的生活态度，不可过度劳神，避免过度紧张，保持稳定平和的心态。而且，气虚质者应避免过度思虑和过度悲伤，否则会伤及脾和肺；气虚质者的饮食调养可选用具有健脾益气作用的食物，如小米、粳米、糯米、扁豆、红薯、菜花、胡萝卜、香菇、马铃薯、牛肉、鸡肉、鸡蛋等。由于气虚质者多有脾胃虚弱的毛病，因此不可过于油腻，最好选择营养丰富、易于消化的食物；气虚质者易于感受外邪，应当注意保暖，不要劳汗当风，防止着凉。脾主四肢，因此可以对四肢进行少量的运动，来促进血液循环，气血流通，从而加强脾胃运化，增强体质。应当注意，气虚质的人不可以过度劳作，因为劳则气耗，以免更伤正气；气虚质者可选用一些比较缓和的传统健身方法，比如气功、太极拳、太极剑、八段锦等进行锻炼。除了上述运动项目外，还可以选择散步和慢跑的方式。

（二）皮肤养生方案

气虚质人群调理原则是培补元气，补气健脾。

药膳具有很好的养生作用，表 4-2 所示药膳可通过补气、健脾、安神、养血，调理气虚体质人群的唇色少华、毛发不华等状态。

表 4-2　气虚质人群皮肤养生药膳

药膳名称	功效机理	制作方法
金沙玉米粥	补气养血	取玉米粒 80g、糯米 40g 红糖 40g（玉米和糯米要用清水浸泡 2h），加水适量用大火煮沸，然后小火煮至软熟后，加入糖再煮 5min 即可
山药粥	山药含丰富的淀粉、蛋白质、矿物质和维生素等成分，《神农本草经》记载“补中益气力，长肌肉，久服耳目聪明”，《本草纲目》记载“益胃气，健脾胃，止泄痢，化痰涎，润皮毛”	山药切片，米淘净，两者一同煮粥，以熟烂为宜，食时加少量红糖
人参大枣粥	补中益气	取人参 6 颗、大枣 5 枚、大米 60g 加水熬成粥
什锦麦胚饼	益气养血	葡萄干 20g、龙眼肉 10g、花生仁 10g、大枣 10 枚、麦胚粉 100g、白糖（或红糖）20g，将葡萄干洗净与龙眼肉一起切碎，花生仁炒熟、大枣洗净去核，上述两种食物同样切碎，将麦胚粉用开水稍烫，加入上述原料后，揉合均匀，制成薄饼，烙熟

（三）化妆品选择

气虚质人群由于气不足、温养不足、乏营养等原因会出现面部松弛、皱纹。因此，在选择化妆品时以补益气血、活肤养颜的抗衰老精华液和精华油为主，比如可将紫芝、雪莲花、人参、牡丹搭配使用作为抗衰老化妆品的功效原料，兼用保湿类化妆品和美白类化妆品，补充肌肤所需水分，并通过补充胶原蛋白、清除促进老化的自由基等方式，可使人皮肤恢复润泽弹性，远离皱纹，恢复靓丽的肤色。

三、阳虚质人群的皮肤养生

（一）生活起居与锻炼身体

阳气不足的人常表现出情绪不佳，如肝阳虚者善恐、心阳虚者善悲。因此，要善于调节自己的感情，消除或减少不良情绪的影响；在春夏之季，要注意培补阳气。“无厌于日”，夏天可多享受一些日光浴。另外，夏季人体阳气趋向体表，毛孔、腠理开疏，阳虚体质之人切不可在室外露宿，睡眠时不要让电扇直吹，有空调设备的房间，要注意室内外的温差不要过大。因“动则生阳”，故阳虚体质之人，要加强体育锻炼，春夏秋冬，坚持不懈，每天进行 1～2 次，具体项目，因体力强弱而定，如散步、太极拳、球类活动和各种舞蹈活动等。应多食有壮阳作用的食品，如羊肉、狗肉、鹿肉、鸡肉。根据“春夏养阳”的法则，夏日三伏，每伏可食附子粥或羊肉附子汤一次，配合天地阳旺之时，以壮人体之阳，最为有效。

（二）皮肤养生方案

阳虚质人群可选用补阳祛寒、温养肝肾之品，可常用表4-3所示皮肤养生药膳，通过活血养血改善阳虚质人群面色少华、色柔白、毛发易落等状态。

表4-3　阳虚质人群皮肤养生药膳

药膳名称	主要材料	功效机理	使用人群
当归生姜羊肉汤	羊肉300g，当归30g，生姜50g	当归是中医常用的补血药，性质偏温，有活血、养血、补血的功效；生姜可以温中散寒，发汗解表；羊肉性质温热，能够温中补虚	适合怕冷的阳虚质人群食用
芝麻花鸡冠花酒	芝麻花、鸡冠花各60g，樟脑1.5g，白酒500g	芝麻花有生发、消肿作用；鸡冠花可收敛止血	适用于脱发人群，尤其适用于神经性脱发

（三）化妆品选择

阳虚质人群由于气不足、温养不足、乏营养等原因会出现面部松弛、皱纹的问题。因此，在选择化妆品时应以具有抗衰老功效的精华液和精华油为主，比如可将当归、黄芪、三七、女贞籽、甘草搭配使用作为抗衰老化妆品的功效原料，兼用保湿类化妆品和美白类化妆品，达到补益气血、活肤养颜的目的，为皮肤补给营养，从而使皮肤恢复润泽弹性，远离皱纹，恢复靓丽的肤色。

四、阴虚质人群的皮肤养生

（一）生活起居与锻炼身体

阴虚质人群性情急躁，外向好动，活泼，常常心烦易怒。五志过极，易于化火，情志过极，或暗耗阴血，或助火生热，易于加重阴虚质的偏颇，固应节制安神定志，以舒缓情志，学会喜与忧、苦与乐、顺与逆的正确对待，保持稳定的心态。不吃伤阴的食物，如温燥的、辛辣的、香浓的食物，油炸煎炒的食物；工作环境要尽量避开烈日酷暑，不要出汗太多，要很好地安排自己的工作，要安排得有条不紊，否则会经常焦急上火，这样更伤阴，就会形成一种恶性循环。阴虚体质的人薄弱环节在肺肾，肺是水之上源，肾是水之下源。肺阴不足的人，秋季肺是主角，气机收敛，阳气要潜藏，肺主肃降，会压下肝火、心火，使情绪保持平稳，使阳气一路降下来，使肾水得到充分的补充，呵护阴虚体质。

（二）皮肤养生方案

阴虚质人群以滋阴润燥、益气补血为主。阴虚质人群皮肤养生食品可参考表4-4，通过所述食品滋阴润燥、益气补血的效果，可以改善阴虚质皮肤的干燥、泛红等问题。

表 4-4　阴虚质人群皮肤养生食品

食品名称	主要功效	历史记载
猪肉皮	猪肉有滋阴和润燥的作用	《本草备要》:“猪肉，其味隽永，食之润肠胃，生精液，泽皮肤”；清代医家王孟英说：“猪肉补肾液，充胃汁，滋肝阴，润肌肤，止消渴”
鸡蛋	不仅能益气养血，而且无论鸡蛋白或鸡蛋黄，均有滋阴润燥的作用	鸡蛋被医学界认为是很好的蛋白质食品，其中卵白蛋白、卵球蛋白和卵黄磷蛋白是很完全的蛋白质
甲鱼（又称鳖甲）	有滋阴凉血作用，为清补佳品	《本草备要》:“凉血滋阴”;《随息居饮食谱》认为甲鱼“滋肝肾之阴，清虚劳之热”
海参	有滋阴、补血、益精、润燥的作用	《药性考》:“降火滋肾”;《食物宜忌》:“海参补肾精，益髓”；清代食医王孟英认为海参能“滋阴，补血，润燥”
鳆鱼（又称石决明肉）	有滋阴清热、益精明目的作用	《医林纂要》:“补心暖肝，滋阴明目”；清代王孟英亦说：“补肝肾，益精明目，愈骨蒸劳热”
桑葚	有滋阴补血之功，最能补肝肾之阴	《本草述》:“乌椹益阴气便益阴血”;《本草经疏》:“为凉血补血益阴之药”，还说“消渴由于内热，津液不足，生津故止渴，五脏皆属阴，益阴故利五脏”

（三）化妆品选择

阴虚质人群由于阴液不足，会出现皮肤干燥、瘙痒、泛红等问题，从中医角度，应该滋阴补液，濡养润颜。因此，在化妆品选择上，建议选用具有保湿功效的精华液和具有抗敏舒缓功效的精华油，保湿功效原料可选择石斛、芦荟、苦参、枸杞、紫松果菊搭配使用，抗敏舒缓功效原料可选择向日葵籽、牛蒡籽、野菊花、地肤子、五味子、绿豆搭配使用，为皮肤补水保湿，使皮肤远离干燥、瘙痒等问题的困扰。

五、痰湿质人群的皮肤养生

（一）生活起居与锻炼身体

痰湿质人群在饮食上以清淡为原则，适宜食用具有健脾、化痰、除湿功效的食物，少吃肥肉及甜、黏、油腻的食物。一般而言，应适当多地摄取能够宣肺、健脾、益肾、化湿、通利三焦的食物。常用的食物可选用赤小豆、扁豆、蚕豆、花生、枇杷叶、文蛤、海蜇、胖头鱼、橄榄、萝卜、洋葱、冬瓜、紫菜、荸荠、竹笋等。在生活起居上，痰湿质人群多性格偏温和，稳重谦恭，和达，多善于忍耐。应适当增加社会活动，培养广泛的兴趣爱好，增加知识，开阔眼界。痰湿质人群易体形肥胖，与高血压、高血脂、冠心病的发生具有明显的相关性。因此，一切针对单纯性肥胖的体育健身方法都很适合痰湿质人群。痰湿质人群要加强机体物质代谢过程，应当做较长时间的有氧运动。多进行户外活动，坚持体育锻炼，不要过于安逸、贪恋床榻；在运动锻炼过程中，应注意根据自身情况循序渐进，长期坚持运动锻炼，如散步、慢跑、乒乓球、羽毛球、网球、游泳、武术，以及适合自己的各种舞蹈。

（二）皮肤养生方案

痰湿质人群常用中药有党参、白术、茯苓、炙甘草、山药、薏苡仁、莲子肉等，通过表4-5所述药膳可以改善痰湿质人群痤疮。

表4-5 痰湿质人群皮肤养生药膳

药膳名称	制作方法	服用方法及功效
醋姜木瓜	陈醋100mL，木瓜60g，生姜9g。将三味共放入砂锅中煎煮，待醋煮干时，取出木瓜、生姜食之	每日1剂，早晚2次吃完，连用7日。对脾胃痰温所致的痤疮有效
枸杞消炎粥	枸杞子30g，白鸽肉、粳米各100g，细盐、味精、香油各适量。洗净白鸽肉，剁成肉泥。洗净枸杞子和粳米，放入砂锅中，加鸽肉泥及适量水，文火煨粥，粥成时加入细盐、味精、香油，拌匀	每日1剂，分2次食用，5～8剂为1个疗程。具有托毒排邪、养阴润肤、消痈退肿功效。适用于皮肤有感染、脸生粉刺者
山楂桃仁粥	山楂、桃仁各9g，荷叶半张，粳米60g。先将前三味煮汤，去渣后入粳米煮成粥	每日1剂，连用30日。适用于痰瘀凝结者所致的痤疮

（三）化妆品选择

痰湿质人群由于水泛瘀热，代谢不畅，导致皮肤经常油光满面、易生痤疮、眼袋松弛。在化妆品选择上，宜以具有祛痘功效的啫喱和精华乳为主，祛痘功效原料可选用当归、黄芪、丁香、丹参、甘草、积雪草，针对个体不同情况，兼用美白保湿类化妆品。

由于此类人群的痤疮多与细菌滋生有关，因此对于祛痘控油类化妆品，一方面选择具有抑菌效果的化妆品，另一方面阻断细菌的食物，也就是从控油方面进行护理。

具有抑菌效果的化妆品往往含有芦荟凝胶、丹参酮、丁香、大黄、硫黄、维A酸等。

六、湿热质人群的皮肤养生

（一）生活起居与锻炼身体

饮食以清淡为原则，可多食赤小豆、绿豆、空心菜、苋菜、芹菜、黄瓜、丝瓜、葫芦、冬瓜、藕、西瓜、荸荠等甘寒、甘平的食物。少食羊肉、狗肉、鳝鱼、韭菜、生姜、芫荽、辣椒、酒、饴糖、胡椒、花椒、蜂蜜等甘酸滋腻之品及火锅、烹炸、烧烤等辛温助热的食物，应戒除烟酒。避免居住在低洼潮湿的地方，居住环境宜干燥、通风。不要熬夜，避免过于劳累，保持充足而有规律的睡眠。盛夏暑湿较重的季节，减少户外活动的时间。适合做大强度、大运动量的锻炼，如中长跑、游泳、爬山、各种球类、武术等。夏天由于气温高、湿度大，最好选择在清晨或傍晚较凉爽时锻炼。克制过激的情绪。合理安排自己的工作、学习，培养广泛的兴趣爱好。

（二）皮肤养生方案

湿热质人群皮肤养生药膳见表4-6，通过表4-6所述食品可以改善湿热质人群粉刺及痤疮等症状。

表4-6 湿热质人群皮肤养生药膳

药膳名称	制作方法	服用方法及功效
醋姜木瓜	陈醋100mL，木瓜60g，生姜9g。将三味共放入砂锅中煎煮，待醋煮干时，取出木瓜、生姜食之	每日1剂，早晚2次吃完，连用7日。对脾胃痰温所致的痤疮有效
枸杞消炎粥	枸杞子30g，白鸽肉、粳米各100g，细盐、味精、香油各适量。洗净白鸽肉，剁成肉泥。洗净枸杞子和粳米，放入砂锅中，加鸽肉泥及适量水，文火煨粥，粥成时加入细盐、味精、香油，拌匀	每日1剂，分2次食用，5～8剂为1个疗程。具有托毒排邪、养阴润肤、消痈退肿功效。适用于皮肤有感染、脸生粉刺者
山楂桃仁粥	山楂、桃仁各9g，荷叶半张，粳米60g。先将前三味煮汤，去渣后入粳米煮成粥	每日1剂，连用30日。适用于痰淤凝结者所致的痤疮
海带绿豆汤	海带、绿豆各15g，甜杏仁9g，玫瑰花6g，红糖适量。将玫瑰花用布包好，与各药同煮后，去玫瑰花，加红糖食用	每日1剂，连用30日。适用于防治痤疮
枇杷叶膏	将鲜枇杷叶(洗净去毛)1000g，加水8000mL，煎煮3h后过滤去渣，再浓缩成膏，兑入蜂蜜适量混匀，储存备用	每日2次。功效有清解肺热，化痰止咳。适用于痤疮、酒糟鼻等。服药期间忌食辛辣刺激性食物及酒类

（三）化妆品选择

湿热质人群皮肤爱出油、易长痘，皮肤比较暗淡，主要是因为水泛瘀热，代谢不畅。因此，在化妆品选择上，建议选用具有祛痘功效的啫喱和精华乳，祛痘功效原料可将丹参、丁香、黄芪、甘草、火棘果、药蜀葵搭配使用。对湿热质人群的护理需要从多方面出发。

1．爱出油

五类常见的控油成分为：收敛剂、清凉剂、维生素、荷尔蒙、角质剥离溶解剂。与痰湿质常见控油成分相同，此处不再赘述。

2．易长痘

可以选择含有山楂萃取物、银杏提取液、甘草萃取液及甘草酸、洋甘菊萃取物、芦荟凝胶、维生素A酸的祛痘化妆品。

3．皮肤暗淡无光泽

从功能上看，各种美白化妆品可以分为四类。

① 抑制黑色素　即阻断性美白。常见的美白成分，如麴酸、熊果素等，它们可以抑制黑色素的生成，具有很强的淡斑功效。但其往往需要渗透到肌肤底层才能发挥阻断作用，这对产品制剂提出了较高要求。

② 截堵黑色素　即抑制黑色素从黑素细胞转运到角质细胞，如维生素 B_3。

③ 淡化黑色素　即还原美白。皮肤变黑产生斑点，本身是肌肤氧化的过程。而我们熟悉的维生素 C 及其衍生物便是坚强的抗氧化小卫士，它能把已经氧化了的过程再还原回去，抑制黑色素的氧化反应，让肌肤逐渐透白。缺点是它不是一个安稳的卫士，很容易在空气中分解，失去功效。

④ 代谢黑色素　即代谢美白。如果酸、水杨酸 A 醇等，像拨开鸡蛋壳一样，剥落肌肤过多的角质层，从而把黑色素从皮肤上带走，让肌肤新生。但这种美白方式只是祛除皮肤表层的黑色素，而黑色素存在于皮肤底层，不断地向外生产，所以这种方法治标不治本，还需要结合使用深层美白产品，并且敏感肌肤要谨慎采用这种剥落角质的美白方式，要与保湿、防晒相结合。

七、瘀血质人群的皮肤养生

（一）生活起居与锻炼身体

1．情志调节

瘀血质的人常心烦、急躁、健忘或忧郁、苦闷、多疑，两者均可能导致孤独的不良心态。针对这种性格特点可以采取下列措施。

① 胸襟开阔，开朗、豁达。培养积极进取的竞争意识和拼搏精神，树立正确的名利观，知足常乐。

② 热爱生活，积极向上。主动参加有益的社会活动，提高学习和工作热情。

③ 处事随和，克服偏执。

对于偏于好动易怒者，要加强心性修养和意志锻炼。树立科学的人生观，大度处事，宽以待人，合理安排自己的工作、学习，培养广泛的兴趣爱好，培养良好的性格。

2．饮食调摄

瘀血质者具有血行不畅甚或瘀血内阻的症状，应选用具有活血化瘀功效的食物，如黑豆、黄豆、山楂、香菇、茄子、油菜、葡萄酒、白酒等。

3．起居养生

中医认为，气郁质者有气机郁结的倾向。血得则温行，得寒则凝。瘀血质者要避免寒冷的刺激，日常生活中应注意动静结合，不可贪图安逸，加重气血郁滞。

4．运动锻炼

血气最重要的在于流通，瘀血质的经络气血运行不畅，通过运动使全身经络、气血通畅，五脏六腑调和。应多采用一些有益于促进气血运行的运动项目，坚持经常性锻炼，如易筋经、保健功、按摩、太极拳、太极剑以及各种舞蹈、健身操等，达到改善体质的目的。

注意瘀血质者心血管功能较弱，不宜做大强度、大负荷的体育锻炼，而应该采用中小负荷、多次数的锻炼。

（二）皮肤养生方案

表 4-7 介绍的药膳大多具有疏肝理气、活血化瘀的功效，通过活血祛瘀，疏利通络来减轻皮肤色斑、干燥，消除黑眼圈，使头发更加浓密。

表 4-7　瘀血质人群皮肤养生药膳

药膳名称	制作方法
山楂内金粥	山楂片 15g，鸡内金 1 个，粳米 50g。将山楂片以文火炒至棕黄色，然后与粳米同煮到烂。鸡内金焙干，研成细末，倒入煮沸的粥中，再煮片刻即可
鲜藕炒木耳	鲜藕片 250g，黑木耳 10g。将黑木耳泡开洗干净，加姜丝、酒，热油爆炒
养颜甲鱼盅	甲鱼宰杀，洗净斩块，加料酒、姜片、火腿片等煨 20min 左右，移入炖盅内，加当归、玫瑰花蒸至酥烂，加盐、味精等调味即可
润肤养颜茶	牛蒡加入枣、枸杞、冰糖一起煮沸后，用小火煮 5min 即可

（三）化妆品选择

瘀血质者由于血行不畅，气不畅行，导致出现皮肤晦暗、干燥，容易有斑，容易出现黑眼圈等问题。针对瘀血质者皮肤问题，宜选择具有行气化瘀、臻白亮颜作用的美白精华液和精华油为主，兼用眼霜、抗衰老等化妆品。其中美白功效原料可将芦根、甘草、当归、丹参、山茱萸、地骨皮搭配使用。

抑制黑色素、截堵黑色素、淡化黑色素、代谢黑色素四类美白化妆品的选择，详见湿热质人群化妆品选择部分介绍的内容。

保湿类产品比较强效的一般含有尿囊素、海藻糖、透明质酸、甜叶菊叶提取物等。

眼霜类产品一般含有高渗透性维生素 A，直接作用于真皮深层，改善和预防细纹。配方中更蕴含生物透明质酸等，能消除黑眼圈、干燥等各种眼周烦恼。

八、气郁质人群的皮肤养生

（一）生活起居与锻炼身体

气郁体质者性格多内向，缺乏与外界的沟通，情志不达时精神便处于抑郁状态。所以，气郁体质者可通过多参加社会活动、集体文娱活动，多读积极的、鼓励的书籍等方式进行精神调摄，多参加体育锻炼及旅游活动，可以适当锻炼气功，强壮功、保健功、动桩功为宜，着重锻炼呼吸吐纳功法，以开导郁滞之气。肝气郁结者居室应保持安静，禁止喧哗，光线宜暗，避免强烈光线刺激。心肾阴虚者居室宜清静，室内温度宜适中。平时加强饮食调补，常吃红枣桂圆汤、百合莲子汤，健脾养心安神；可少量饮酒，以活动血脉，提高情绪；常吃柑橘以理气解郁；忌食辛辣、咖啡、浓茶等刺激品，少食肥甘厚味的食物。

（二）皮肤养生方案

气郁质人群皮肤养生药膳见表4-8。气郁质人群通过表4-8所述药膳可以健脾和胃、养心安神，进而改善肤色萎黄、皮肤干燥、色素沉着等皮肤状态。

表4-8 气郁质人群皮肤养生药膳

药膳名称	主要材料	功效机理	使用人群
甘麦大枣汤	炙甘草12g，小麦18g，大枣9枚	有养心安神、补脾和中之功。小麦能和肝阴之客热，而养心液，且有消烦利溲止汗之功；甘草泻心火而和胃；大枣调胃，而利其上壅之燥	适合气郁质人群食用
百合莲子汤	干百合100g，干莲子75g，冰糖75g	此汤可安神养心，健脾和胃	适合气郁质人群食用
当归养血膏	当归身500g，阿胶250g，黄酒适量	此汤有补血生血、滋阴润燥之功效	适用于心肝血虚所致的面色萎黄、唇舌色淡、肌肉消瘦、头昏目眩、皮肤干燥等
双花西米露	西米50g，玫瑰花20g，茉莉花20g，白砂糖适量	西米可健脾、补肺、化痰；《食物本草》谓玫瑰花"主利肺脾、益肝胆，食之芳香甘美，令人神爽"。长期服用能有效地清除自由基，消除色素沉着，令人焕发青春活力	特别适合情绪压力较大的人群食用，经常食用，对改善心情会有所帮助

（三）化妆品选择

气郁质人群由于血行不畅，气不畅行，导致皮肤萎黄、暗哑、肤色不均匀等问题。针对气郁质者皮肤特点和问题，宜选择具有行气化瘀、臻白亮颜的美白精华液和精华油为主，兼用眼霜、抗衰老等化妆品。其中美白功效原料可将牡丹、甘草、紫苏籽、亚麻籽、荞麦籽、枸杞、莲籽、水飞蓟籽搭配使用。

化妆品选择参考气虚质。

九、特禀质人群的皮肤养生

（一）生活起居与锻炼身体

多数特禀质者因对外界环境适应能力差，会表现出不同程度的内向、敏感、多疑、焦虑、抑郁等心理反应，可酌情采取相应的心理保健措施。过敏体质者由于容易出现水土不服，在陌生的环境中要注意日常保健，减少户外活动，避免接触各种致敏源，适当服用预防性药物，减少发病机会。在季节更替之时，要及时增减衣被，增强机体对环境的适应能力。过敏体质者要做好日常预防和保养工作，避免食用各种致敏食物，减少发病机会。一般而言，饮食宜清淡，忌生冷、辛辣、肥甘油腻及各种“发物”，如酒、鱼、虾、蟹、辣椒、肥肉、浓茶、咖啡等，以免引动伏痰宿疾。可练“六字诀”中的“吹”字功，以调养先天，陪补肾精肾气。过敏体质要避免春天或季节交替时长时间在野外锻炼，防止过敏性疾病的发作。

（二）皮肤养生方案

表 4-9 所述药膳特别适用于特禀质人群，可以改善特禀质人群皮肤敏感状态，滋养肌肤。

表 4-9 特禀质人群皮肤养生药膳

药膳名称	主要材料	功效机理	使用人群
豆豉青葱炒肉丝	青葱 200g、豆豉 1 小匙（约 5g），里脊肉丝 100g	青葱：杀菌消炎抗过敏。可抗癌抗菌，杀菌效果好，更可消炎、降血压血脂、促进血液循环，还能健胃、促食欲、助消化	适用于过敏人群
抗敏养颜汤	南杏仁 20g，雪梨 2 个（去心），雪耳 3 个，川贝 6g，无花果 2 个，猪肉 250g	此汤有润肺生津、滋阴养颜功效，配合清甜的口感，可有助于滋养肌肤	适用于过敏人群
固表粥	乌梅 15g，黄芪 20g，当归 12g，粳米 100g，冰糖	可养血消风，扶正固表	适用于过敏人群

（三）化妆品选择

特禀质人群皮肤易敏感，发痒，红肿。针对特禀质者皮肤敏感，宜选择含有温和天然成分的舒敏霜和舒敏精华油。可将黄芪、防风、金盏花、合欢花、天麻搭配使用作为舒敏化妆品的功效原料。

第三节 体质皮肤养生护肤品开发案例

体质皮肤养生方案通过研究不同体质人群的皮肤特点，以中医体质学对人群的体质分类为基础，将现代科学与中医理论相结合，对病机及中医治则进行分析，对不同体质人群的皮肤进行针对性调养。

本节以气虚质和阳虚质人群的皮肤养生为例，分析气虚体质和阳虚体质人群的皮肤特征及易出现的皮肤问题，得出气虚质/阳虚质肌肤的养生方案主要是帮助肌肤补益滋养、活血化瘀，增加气血微循环，增加皮肤营养，令皮肤更有弹性，更加润泽。本节提供了气虚质/阳虚质人群皮肤养生产品的设计原则，并给出了详细的设计方案，可为体质皮肤养生护肤产品的开发提供参考。

一、体质皮肤养生护肤品设计原则

（一）产品设计原则（针对气虚质/阳虚质人群）

体质皮肤养生产品需要根据中医体质的分类，结合体质的变化特征，以将皮肤状态由偏颇质调整为平和质为目的，其设计原则可归纳为以下几点：

① 产品设计要符合不同体质状态的皮肤需求。

② 产品设计要将传统的设计护肤原则与体质养生特点相结合。

③ 产品设计要考虑皮肤的自然规律，在保证功效的同时，产品组合尽可能精简。

④ 产品设计要考虑产品功能和使用形式的互补搭配，以满足改善皮肤多种问题的需要。

（二）配方设计原则

结合产品的设计原则，设计体质养生护肤品产品配方时需要考虑以下原则：

① 产品配方设计需遵循安全有效配伍原则，成分之间各司其职，相互配合。

② 产品配方的功效体系设计要基于皮肤体质养生理论，并设计相关的解决方案。

③ 产品配方选择原料需要在解决主要症状的基础上，考虑同时解决兼症。

④ 产品配方设计要考虑功效成分的承载及兼容性问题。

二、体质皮肤养生护肤品开发方案

体质皮肤养生方案是基于人群体质分类、对应主要皮肤问题、分析关键形成原因、形成对症解决办法的护肤品设计方案，旨在指导体质皮肤养生护肤品设计，突出产品特点，切实缓解体质偏颇引起的皮肤问题。体质皮肤养生护肤品方案举例见图 4-1。

三、体质皮肤养生护肤品设计

体质皮肤养生护肤品设计需在满足皮肤常规需求的基础上尽量简化产品组成，同时可与传统护肤流程相结合，“一水一油”是理想的产品组合形式。

体质皮肤养生护肤品可以根据九种不同的体质状态、归纳总结的六种皮肤特征问题，以“一水一油”两组产品作为承载，针对性地设计满足不同皮肤需求的产品。平和质是九种体质中最为平衡、健康的状态，但随着正常的衰老进程，仍会存在气血不足的症状，在此状态下护肤品的设计以“行气活血、滋阴焕颜”为主。其他皮肤的体质偏颇态，则需要以平和质护肤品为基础，有的放矢地调整产品配方，以实现纠偏的效果。

人群体质	平和质	气虚质/阳虚质	阴虚质	痰湿质/湿热质	血瘀质/气郁质	特禀质
皮肤问题	干燥、缺少光泽、萎黄、粗糙	面部松弛、皱纹	干燥、瘙痒、泛红	油光、易生痤疮，眼袋松弛	面色晦暗，色素沉着，泛黄	敏感、瘙痒、红肿
问题原因	气血不足	气不足，温养不足，乏营养	阴液不足	水泛瘀热，代谢不畅	血行不畅，气不畅行	血虚生风
解决办法	行气和血，滋阴焕颜	补益气血，活肤养颜	滋阴补液，濡养润颜	清热利湿，畅通清颜	行气化瘀，臻白亮颜	养血祛风，舒缓和颜
护理产品	滋阴焕颜精华液 滋阴焕颜精华油	活肤养颜精华液 活肤养颜精华油	濡养润颜精华液 濡养润颜精华油	畅通清颜啫喱 畅通清颜精华乳	臻白亮颜精华液 臻白亮颜精华油	舒缓和颜霜 舒缓和颜精华油
产品特点	平衡肌肤，治未病	补给营养	补水保湿	清爽少油	均衡肤色	温和舒缓

图 4-1　体质皮肤养生护肤品方案举例

下面以“气虚质/阳虚质”皮肤为例，阐述体质皮肤养生护肤品设计的基本思路。

（一）产品设计思路（针对气虚质/阳虚质人群）

“气虚质/阳虚质”皮肤主要问题表现为面色松弛、容易产生皱纹，同时容易发白、不红润亮泽。其主要原因是气血供应不足，导致皮肤缺乏濡养，营养代谢不畅，加速皮肤的衰老。

“气虚质/阳虚质”皮肤养生护肤品设计思路主要围绕以下几点：

①产品设计主要解决皮肤松弛、皱纹问题，实现皮肤的紧致、平滑。

②产品设计主要选择补血益气类的成分，辅以活血和血的成分。

③产品设计需注意补充基础营养，使得肌肤营养代谢正常。

（二）功效设计思路（针对气虚质/阳虚质人群）

解决皮肤“气虚/阳虚”的关键在于帮助皮肤“补血益气”，护肤品功效设计体系主要围绕“补——补益气血、抗皱平滑，活——活血和血、紧致嫩肤”两方面开展，以实现延缓衰老、活肤养颜的效果。

1．补益气血功效设计思路

【功效验证试验 1】VISIA NORMAL 测试模型

采用 VISIA 皮肤成像仪对志愿者的面部皮肤皱纹变化进行分析。如志愿者面部抬头纹逐渐变淡，则说明皮肤气血补益充足；反之皮肤气血补益不足。

功效结果见图 4-2。受试者在使用活血益气组方后，面部抬头纹变淡，肌肤气血补益充足。

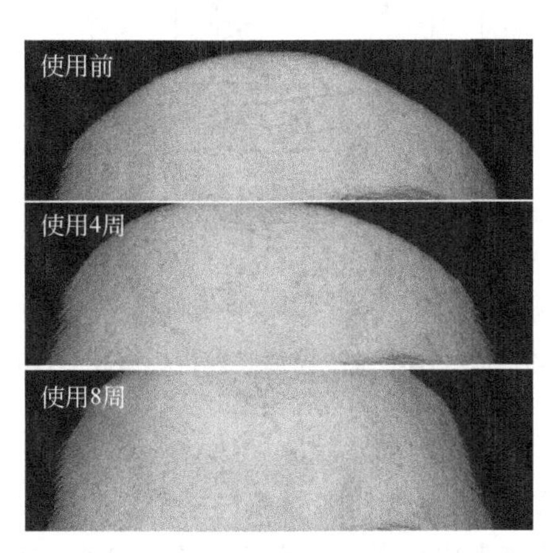

图 4-2　VISIA NORMAL 测试模型功效示意（彩图见文后插页）

【功效验证试验 2】成纤维细胞线粒体膜电位模型

机体能量主要来源于细胞线粒体的呼吸作用，在细胞呼吸过程中，线粒体内膜呼吸链酶复合体在传递电子的同时将 H^+泵出至膜间隙内，使膜内电位低于内膜外的电位而形成线粒体的膜电位。线粒体膜电位不仅是推动 ATP 合成的动力，而且影响着细胞内钙稳态的调节，并对细胞的存活和功能至关重要。因此线粒体膜电位是反映能量代谢活力的敏感指标。膜电位的下降可以引起线粒体能量产生障碍、活性氧生成增多、细胞钙稳态失调以及诱导细胞发生凋亡。

该模型以成纤维细胞线粒体膜电位为检测指标，通过构建成纤维细胞 H_2O_2 损伤模型，分析其对细胞能量代谢活力的影响。线粒体膜电位提高越明显，说明促进细胞能量代谢活力越强，益气效果越明显。

功效结果见图 4-3。图中方框中百分比数字表示线粒体膜电位的结果，其百分比数字越大，表明线粒体膜电位提高越明显，说明促进细胞能量代谢活力越强。

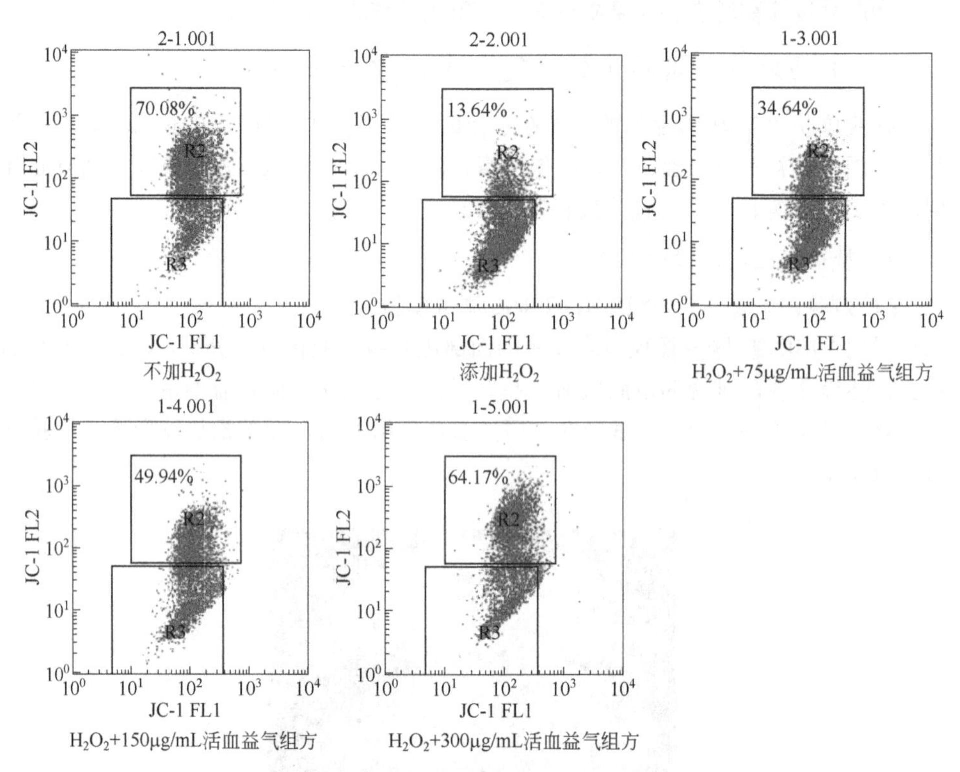

图 4-3　成纤维细胞线粒体膜电位模型功效结果示意

2．活血和血功效设计思路

【功效验证试验 1】3D 皮肤Ⅳ型胶原蛋白模型

基底膜主要起到连接表皮与真皮、信号传导、渗透屏障等作用，基底膜的结构组成中，Ⅳ型胶原蛋白占 50%以上，是基底膜的重要支撑结构。真皮、表皮之间的物质转运（“气血畅行”）与Ⅳ型胶原蛋白的正常表达与否关系密切。

该试验以Ⅳ型胶原蛋白为检测指标，通过Ⅳ型胶原蛋白表达量的变化，来评估样品对基底膜的修复作用。Ⅳ型胶原蛋白表达量提升得越高，说明对基底膜的修复作用越明显，活血——促进真皮、表皮间物质转运的功效越好。

功效结果见图4-4。

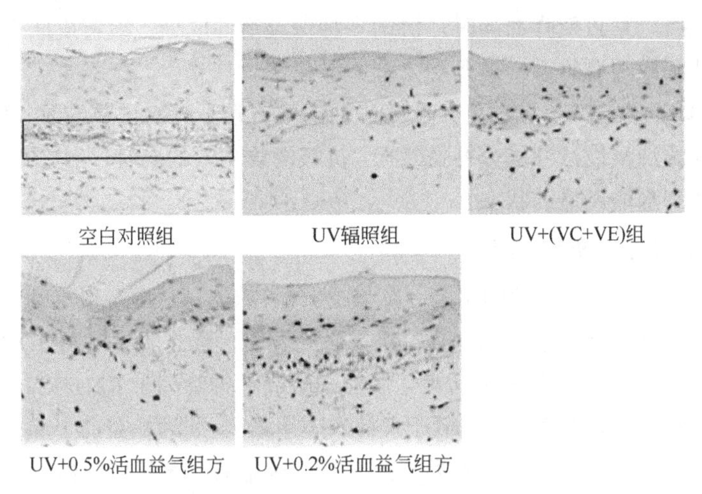

图4-4　3D皮肤Ⅳ型胶原蛋白模型功效结果示意

【功效验证试验2】DPPH自由基清除模型

过多的自由基积累是肌肤衰老的重要影响因素，故降低自由基水平，减少氧化损伤，是延缓衰老的重要途径。DPPH（2,2-二苯基-1-苦基肼）是一种稳定存在的有机氮自由基，广泛应用于体外抗氧化能力研究。通过DPPH自由基清除模型，评价体外抗氧化能力。自由基清除率越高，说明抗氧化效果越好，和血功效越佳。

功效结果见图4-5，结果表明添加5%活血益气组方的自由基清除作用和添加15μg/mL维生素C的自由基清除作用差不多。

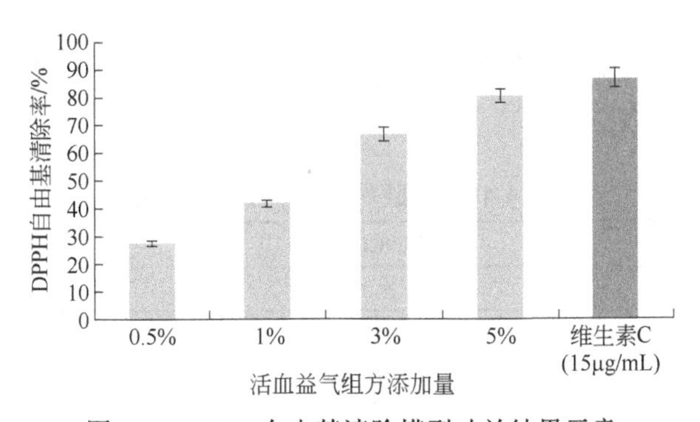

图4-5　DPPH自由基清除模型功效结果示意

（三）配方设计思路

“气虚质/阳虚质”皮肤养生护肤品配方设计思路主要围绕“一水一油”产品组合展开，配方核心成分主要选择具有“补益气血、活血和血”功效的中药。

1．配方设计及应用

“气虚质/阳虚质”皮肤养生护肤精华液的配方设计针对皮肤松弛、淡白等问题，实现活血化瘀、紧致赋弹的同时，协同多种保湿活性成分，缓解皮肤干燥、粗糙。防腐采用低刺激防腐体系，提升配方整体温和性。

“气虚质/阳虚质”皮肤养生护肤精华油的配方设计针对皮肤皱纹、衰老等问题，发挥天然来源油溶性活性成分补益气血、抗皱淡纹功效的同时，补充皮肤流失脂质，帮助皮肤达到水油充足的状态。

2．核心成分选择及应用

（1）具有补益气血功效的中药　如紫芝，《神农本草经》将紫芝列为上品，谓之补血益气之佳品，抗衰老效果显著；现代研究表明，紫芝能够提高 SOD（超氧化物歧化酶）、CAT（过氧化氢酶）活性，调控细胞周期抑制因子 P21mRNA 的表达，从而延缓皮肤衰老。如女贞子，始载于《神农本草经》，列为补益药上品；现代研究表明，女贞子中富含三萜类、黄酮类、挥发油、多糖类、氨基酸、微量元素、脂肪酸等成分，在抗氧化、抗炎、调节免疫等方面具有显著功效。

（2）具有活血和血功效的中药　如三七，为我国特产名贵中药，以显著活血化瘀、止痛消肿功效著名，有“金不换”“南国神草”之美誉；现代研究表明，三七中富含皂苷类成分、三七素、黄酮类成分、炔醇类成分、挥发油等，具有止血散瘀、活血等多方面的生理活性。如雪莲，具有养血和血的功效；雪莲自古便有美容护肤的记载，雪莲面膏可加速皮肤的新陈代谢，减少皱纹，使肌肤保持光泽、丰满，延缓衰老；现代研究表明，雪莲能有效清除自由基和活性氧，抑制脂质过氧化，避免过量的自由基通过过氧化作用损伤细胞。

3．配方示例（一水一油）

活肤养颜精华液配方示例如表 4-10 所示，活肤养颜精华油配方示例如表 4-11 所示。

表 4-10　活肤养颜精华液配方示例

组分	原料 INCI 名称	质量分数/%
A	水	加至 100
	EDTA 二钠	0.05
	透明质酸钠	0.10
B	黄原胶	0.15
	皱波角叉菜	0.20
	丁二醇	3.00
C	水、丁二醇、当归（*Angelica polymorpha sinensis*）根提取物、三七（*Panax notoginseng*）根提取物、膜荚黄芪（*Astragalus membranaceus*）根提取物、女贞子（*Ligustrum lucidum*）籽提取物、甘草（*Glycyrrhiza uralensis*）根提取物	5.00

续表

组分	原料 INCI 名称	质量分数/%
C	水、银耳（*Tremella fuciformis*）提取物、甘油	2.00
	水、水解燕麦蛋白、甘油	2.00
	丁二醇、水、膜荚黄芪（*Astragalus membranaceus*）根提取物、防风（*Saposhnikovia divaricata*）根提取、金盏花（*Calendula officinalis*）花提取物、合欢（*Albizia julibrissin*）花提取物、天麻（*Gastrodia elata*）根提取物	1.00
	水、甘油、金钗石斛（*Dendrobium nobile*）茎提取物、库拉索芦荟（*Aloe barbadensis*）叶提取物、苦参（*Sophora flavescens*）根提取物、宁夏枸杞（*Lycium barbarum*）果提取物、紫松果菊 （*Echinacea purpurea*）提取物	2.00
D	丁二醇	2.00
	乙基己基甘油、苯氧乙醇	0.30
	水、甲基异噻唑啉酮	0.08
	合计	100

表 4-11　活肤养颜精华油配方示例

组分	原料 INCI 名称	质量分数/%
A	辛酸/癸酸甘油三酯	加至 100
	季戊四醇四（双-叔丁基羟基氢化肉桂酸）酯	0.05
B	油菜（*Brassica campestris*）甾醇类、鲸蜡硬脂醇	0.50
	异硬脂醇异硬脂酸酯	27.00
C	红没药醇	0.10
	植物甾醇/辛基十二醇月桂酰谷氨酸酯	0.20
	泛醌/生育酚乙酸酯/C_{12}～C_{15} 醇苯甲酸酯	0.50
	辛酸/癸酸甘油三酯、氢化聚异丁烯、紫芝（*Ganoderma sinensis*）提取物、雪莲花（*Saussurea involucrata*）提取物、人参（*Panax ginseng*）根提取物、牡丹（*Paeonia suffruticosa*）提取物、丁羟甲苯	5.00
	辛酸/癸酸甘油三酯、向日葵（*Helianthus annuus*）籽油、牡丹（*Paeonia suffruticosa*）籽油、葡萄（*Vitis vinifera*） 籽油、紫苏（*Perilla ocymoides*）籽油、异硬脂醇异硬脂酸酯、生育酚乙酸酯、抗坏血酸四异棕榈酸酯、视黄醇棕榈酸酯	5.00
	环五聚二甲基硅氧烷、环己硅氧烷	15.00
D	香精	0.10
	合计	100

第五章　皮肤敏感和轻医美后的护理养生与护肤品开发

05 Chapter

皮肤敏感是指皮肤在生理或病理条件下发生的一种高反应状态。敏感性皮肤临床表现为皮肤发红、水肿、瘙痒等，严重时出现红斑、丘疹、水疱、渗出等一系列反应。据不完全统计，国内外 1/3 以上的人在一生中患过过敏性疾病，女性敏感性皮肤者占正常人群 50%以上。平日里敏感性皮肤与正常皮肤并没有太大差别，但由于敏感性皮肤更易接收外界刺激发生皮肤不良反应的特质，在皮肤的护理上需更加谨慎。

造成皮肤敏感的原因很多，除了遗传性个体差异、紫外线损伤、致敏原、疾病伴发状态等一系列因素外，随着医疗美容业的发展，非手术类医疗美容手段（简称“轻医美”）逐渐普及，轻医美后也会导致皮肤的敏感。轻医美相比寻常美容方式，有着见效快、损伤小、时间短的特点，被当代爱美之人接受和青睐。但使用这样的技术手段依旧会给皮肤带来一定程度的损伤，轻医美后的皮肤敏感不同于寻常敏感性皮肤，它伴随的轻微创伤应引起我们的注意，故将轻医美后的皮肤护理在本章单独列出。

本章从敏感性皮肤和轻医美后皮肤两种皮肤状态入手，分别从皮肤生理、皮肤常见问题进行分析，提出科学的皮肤养生思路和策略，并给予合理的皮肤护理建议和方案，供具有皮肤敏感问题的人群参考。

第一节 敏感性皮肤养生与护肤品开发

敏感性皮肤（sensitive skin），也称为高反应性皮肤或不耐受或易受刺激的皮肤，其概念目前仍有争论。我国对敏感性皮肤的共识是：敏感性皮肤特指皮肤在生理或病理条件下发生的一种高反应状态，主要发生于面部，临床表现为受到物理、化学、精神等因素刺激时皮肤易出现灼热、刺痛、瘙痒及紧绷感等主观症状，伴或不伴红斑、鳞屑、毛细血管扩张等客观体征。

中医理论认为，敏感性皮肤产生的瘙痒、红肿等不安的因素可统归“邪”。当皮肤肌表不密时，则易感受外邪，受外邪侵扰；外邪以风邪为首，风性瘙痒；同时，因外邪而形成的热毒蕴结于皮肤中，皮肤出现局部的泛红、肿胀等症状；皮肤感受到外邪侵扰，产生热、痛、痒等不安之感，邪扰皮肤。即皮肤敏感是由“肌表不密、风邪过盛、热毒蕴结、邪扰皮肤”所致。

本节针对敏感性皮肤的临床表现、影响因素、病理基础等进行阐述。根据敏感性皮肤的病理基础，提出相应的皮肤养生思路，总结敏感性皮肤的治疗方法，进行健康教育并提供科学护肤的方法，旨在帮助敏感性皮肤人群科学有效地护理皮肤。

一、敏感性皮肤生理及常见问题

（一）敏感性皮肤临床表现

敏感性皮肤临床表现为：皮肤发红、水肿，有灼热感、瘙痒感、针刺感、蚁行感，严重时出现红斑、丘疹、水疱、渗出等一系列反应。因此敏感性皮肤包含了一部分过敏反应症状，但是症状更倾向于刺激反应。

有专家根据皮肤生理参数，将敏感性皮肤分成三种不同的类型：Ⅰ型，较高的经皮水分散失（TEWL）和异常脱屑，定义为低屏障功能组；Ⅱ型，皮肤屏障功能正常，但是存在炎症变化，定义为炎症组；Ⅲ型，皮肤屏障功能正常且无炎症改变，定义为神经性敏感。

（二）敏感性皮肤病理基础

1．神经基础

各种感觉症状表明，敏感性皮肤者在手指触摸皮肤时具有感觉神经功能表现障碍。因此皮肤敏感者可能具有以下功能障碍：①神经末梢改变；②增加神经递质的释放；③独特的神经中枢信息处理；④慢性神经末梢创伤；⑤较慢的神经递质清除。

2．皮肤组织和屏障受损

皮肤屏障能有效防止外界有害因素的入侵和体内营养物质的流失，皮肤屏障功能受损是皮肤敏感的重要原因。在一般情况下，敏感性皮肤不存在组织学异常，只是表现为“皮肤的耐受阈值”异常低。另一方面，皮肤屏障功能的改变，导致经皮水分损失增加，增加了皮肤内在组织与刺激物接触的机会和强度。

3．炎症性因素

压力是敏感性皮肤的触发因素之一，有研究证明无髓神经纤维触可以使肥大细胞脱颗粒随后释放组胺，且敏感性皮肤肥大细胞和淋巴结微血管面积密度较高。神经源性炎症可能导致释放如神经递质P物质、降钙素基因相关肽、血管活性肠肽，诱导血管舒张以及肥大细胞脱颗粒。非特异性炎症可引起白细胞介素的释放（IL-1、IL-8、前列腺素、前列腺素F2和肿瘤坏死因子-α），从而引发皮肤炎症性反应。

4．综合机制

敏感性皮肤的触发因素很多，非常庞杂。如物理和/或化学因素均可引起皮肤表面瞬时受体电位（TRP）通道的异常激活。TRP通道也可能被化妆品中所包含的物质激活。在皮肤中，TRP通道分布在神经末梢、梅尔克细胞和角质形成细胞间；TRPV1受体可以被辣椒素、佛波醇酯、热和H^+激活；TRPV3可以由热和樟脑激活；TRPV4可以由人、机械应力、低渗透和佛波醇酯衍生物等激活；冷和薄荷醇激活TRPM8；TRPA1可以被冷、芥末、辣根或缓激肽激活。

综上，敏感性皮肤问题发生机制多样（见图5-1），涉及途径复杂。

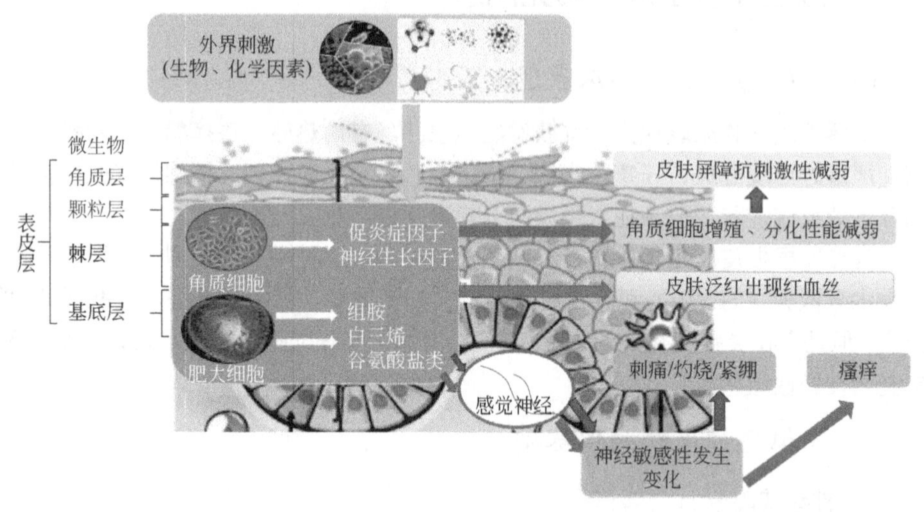

图5-1　敏感性皮肤问题发生机制

（三）敏感性皮肤产生因素

一般认为敏感性皮肤是内、外界因素共同作用的结果，诱发因素复杂多样。敏感性皮肤问题的主要因素可归纳为“物”和“人”。“物”包括化妆品或日常生活接触到的香精香料、防腐剂等。对于“人”而言，敏感性皮肤的产生又与人群的种族、年龄、季节、地域、性别等诸多因素有关联。

1．遗传性个体易感性

敏感性皮肤的概念首先是在化妆品生产者和消费者中形成的，消费品市场调查显示，有40%左右的人认为自己皮肤敏感。另有调查显示，女性敏感性皮肤的发生率要比男性高。而且敏感性皮肤也与年龄有一定的关系，年龄大的（56～74岁）对刺激的反应性明显较年轻人低。

研究发现敏感性皮肤的发生与种族有关。欧洲裔美国人对风敏感，而对化妆品较少过敏；非洲裔美国人对大多数环境因素都较少反应；亚洲人非常容易对辛辣食物、温度变化和风出现高反应，并且容易产生瘙痒；拉美人较少对酒精过敏。敏感性皮肤与皮肤日光分型Ⅰ型皮肤有关，并且可能是遗传性的。

2．外界的刺激

各种理化刺激因素可以损害皮肤而导致皮肤敏感。皮肤屏障功能差的人，经表皮失水（TEWL）值增高，皮肤更加容易受到刺激，导致皮肤敏感。物理性刺激，如冬季寒冷干燥的气候和日光会使人感到面部紧绷、瘙痒、干燥、红斑、脱屑。化学性刺激因素有香料、清洁用产品、保湿剂、化妆品、杀虫剂、日用品和其他一些类似物质，这些刺激物的浓度和刺激性是很低的，可以引起瘙痒，没有任何皮损，其病理变化微妙，可是人们对其机理知之甚少。某些物质可引起肉眼不可见的接触性荨麻疹综合征，如苯甲酸和苯乙酰乙醛，当被稀释到引起风团的浓度阈值以下时，就会导致肥大细胞脱颗粒，产生无皮疹性瘙痒。

3．抗原的致敏

皮肤接触的抗原物质可以导致皮肤敏感。首先，很大一部分人具有的敏感性皮肤就是由过敏引起的，在研究典型的敏感性皮肤化妆品非耐受综合征患者的眼部皮炎时，发现有46%的患者属于过敏性接触性皮炎。其次，人们在常生活中经常接触的低浓度抗原物质可以导致皮肤敏感，氢醌、对苯二胺（PPD）、氨基苯胺、苯唑卡因、氯普鲁卡因、二氨基甲苯、氨基安息香酸等物质大多是致敏原，广泛存在于日常生活中，以半抗原的形式与载体蛋白结合，形成完全抗原引发机体产生变态反应。

4．疾病伴发状态

敏感性皮肤与某些族病有关，例如过敏性接触性皮炎、刺激性接触性皮炎、接触性荨麻疹、脂溢性皮炎、口周皮炎、特应性皮炎、湿疹样皮炎、银屑病、鱼鳞病、酒渣鼻、粉刺型痤疮和囊肿型痤疮等系列疾病在特定时期都会出现皮肤敏感症状。

5．局部神经敏感性

具有敏感性皮肤的人可能有着变异的神经末梢，释放更多的神经介质，有独特的中枢信息处理过程，慢性的神经末梢损伤，或者神经介质清除缓慢等作用共同产生这种反应。皮肤神经传入敏感性的提高也可以扩展到血管的反应，比如玫瑰痤疮的患者在摄入特定的食物后，在温度剧烈变化时，在身体或情感的压力下，面部会发红。

6．紫外线的损伤

紫外线对皮肤产生损伤，使血清和表皮中白介素产生增加，细胞黏附因子激活，局部炎性细胞浸润，各种生物化学炎症介质释放，特别是组胺、前列腺素、前列环素和激酶。其中一氧化氮可以引起血管扩张，而皮肤血管的扩张又是皮肤敏感的一个重要因素。有相关研究发现，受中等剂量紫外线照射的皮肤在 16 个月后浸于热水中时，原照射部位出现了组胺性风团。

7．人群因素

（1）性别　国外报道显示（见图 5-2），不同国家和地区的敏感人群中男、女发生比例有较大差别。

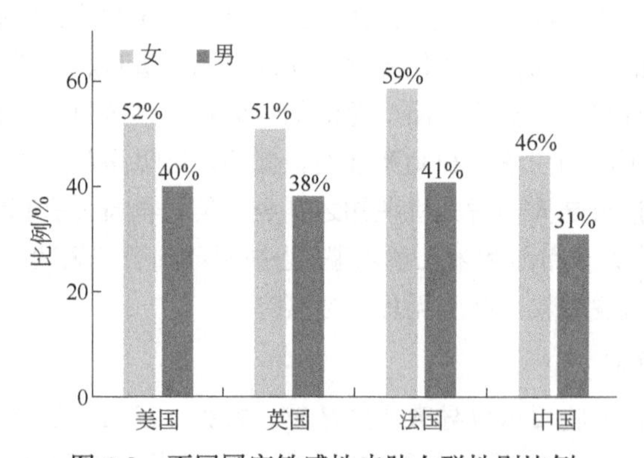

图 5-2　不同国家敏感性皮肤人群性别比例

（2）年龄　进入青春期后，各种影响因素对皮肤产生的影响不容忽视，敏感性皮肤的女性比男性多，随着年龄的增长皮肤反应的频率逐渐增加。

（3）不同部位　敏感性皮肤的临床症状最常涉及的部位是面部，其次是手部、头皮和颈部，外阴等黏膜部位也是常常涉及的部位。

（4）疾病状态　个人具有敏感性疾病史，是敏感皮肤发生的危险因素之一。过敏性体质可能通过皮肤的异常免疫反应、过敏原破坏皮肤屏障功能、末梢神经密度增大等方面来影响皮肤对刺激的耐受性。

（5）内分泌　伴有月经前后皮肤困扰是敏感性皮肤的易感因素。亦有调查数据说明内分泌变化会影响敏感性皮肤的发生。

（6）精神压力　在敏感性皮肤受访者中，70.5%的人认为精神紧张会加重或引起其皮肤敏感。精神紧张导致面部一过性潮红也是敏感性皮肤发生的危险因素。

（7）皮肤类型　混合性皮肤人群中 50.78%有皮肤敏感，发生率最高，其次油性皮肤为39.46%，干性皮肤为35.15%及中性皮肤为32.56%，不同皮肤类型的敏感性皮肤发生率差异有显著性。

（8）地域影响 尽管各地在气候、环境、生活习惯、人种等各方面均有较大不同，但各地域人群敏感性皮肤发生情况无明显差异。

（四）敏感性皮肤的诊断及测试判定方法

根据2017年由中华医学会皮肤性病学分会皮肤美容学组、中国医师协会皮肤科医师分会美容学组、中国中西医结合学会皮肤科分会光医学和皮肤屏障学组共同制定的《中国敏感性皮肤诊治专家共识》，提出了诊断皮肤敏感所需的主要条件和次要条件，并总结出目前敏感性皮肤的判定方法。

1．主观评定

通常以问卷调查的形式对敏感者进行自我评定，包括敏感者在受各种理化因素刺激后产生的刺痛、烧灼、紧绷、瘙痒等感觉。

2．半主观评定

刺激试验，作为一种半主观的方法目前已经被广泛地用于敏感性皮肤的判定，主要的方法有以下几种：①十二烷基硫酸钠（SLS）试验；②乳酸刺激试验；③氯仿-甲醇混合试验；④二甲基亚砜试验；⑤乙酰胺试验。

3．客观评定

运用生物工程学仪器对敏感性皮肤的一些皮肤生理参数进行无创性测试，可以更客观地评定敏感性皮肤，探寻敏感性皮肤在皮肤结构和功能上的改变。通常可测量皮肤水分散失量（TEWL）、皮肤含水量、皮肤表面血红斑大小等。

二、敏感性皮肤养生思路

（一）敏感性皮肤养生的中医辨证论治策略

1．治未病理论

中医学历来注重预防，《内经》提出了“治未病”的预防思想，即采取一定的措施，防止疾病的发生与发展。敏感性皮肤人群由于其皮肤表面抵御能力弱，“风、湿、热、毒”易侵袭皮肤，引起皮肤发生瘙痒、红肿等不安的因素，中医中可统归为“邪”。因此，当敏感性皮肤人群受到外界刺激因素后，由于其肌表不密、感受外邪、热毒蕴结、邪扰皮肤最终导致皮肤问题。

因此对于敏感性皮肤应采取治未病策略，在日常和问题发生阶段进行相应的护理，并阻挡外邪侵袭皮肤。

2．标本治则

敏感性皮肤人群的皮肤由于日常中并未见与健康皮肤人群有较大的差异，但当受到外界刺激或是与刺激成分接触时，会发生皮肤瘙痒、泛红、疼痛等问题。因而在日常护理与问题产生时应采用不同的养生策略。中医理论中的标本治则理念对于敏感性皮肤问题的养生护理具有重要指导意义。对于敏感性皮肤人群，在其敏感症状产生时，应采用“祛风散邪、清热解毒、镇静安肤”之法。而在其日常护理养肤中，采取“固屏”之法，解决肌表不密、屏障不固的皮肤耐受力差、易受刺激的问题。

3．御屏固表

中医理论上对于由皮肤屏障问题引发的皮肤敏感问题的理解如下：腠理不密，风、热之邪侵犯肤表，导致外邪壅滞面部，蕴结腠理，皮损部位产生瘀滞，血行不畅，则皮肤失去濡养，皮损不易修复。血是维持人体生命活动的基本物质，是皮肤组织进行生理活动的物质基础，活血可以增强皮肤的物质供给，增强皮肤机能。皮损部位的瘀滞，血行不畅，导致皮肤维持生理活动的物质基础不足，机能下降，导致受损皮肤的屏障修复过程受阻、色素沉着等问题。

皮肤屏障损伤过程中除了外界风、热外邪入侵之外，皮损部位的瘀滞还会化热生风，产生风、热，从而影响皮肤损伤的修复，导致皮损不易修复。风、热的产生，伴随皮肤局部炎症反应的发生，导致皮肤表面出现红肿等现象。同时皮损部位的风、热壅滞面部，风、热伤阴，导致津液耗损，皮损不易修复。皮损部位风、热蕴结，导致皮肤经皮水分散失量增加，皮肤干燥，加重皮损的不易修复。

综上，中医认为对于敏感性皮肤屏障损伤所带来的问题应着重处理血行不畅、风热蕴结皮肤、津液耗损。因而可采用“活血化瘀、清热凉血、疏风散热、养阴生津”的策略固护皮肤屏障。

（二）敏感性皮肤养生的现代防护思想

敏感皮肤的成因并不是特定物质的接触和作用，而是皮肤自身结构和感受神经的既定状态。针对可能造成敏感皮肤的多种因素，相应地，防治皮肤过敏主要有如下四条途径：

1．远离过敏原，降低致敏原自身刺激性

过敏性皮炎实质上是一种由人体免疫功能失调面引起的皮肤病，临床上看到的大部分皮炎，都因过敏而引起。而过敏则是具有过敏体质的人在接触过敏原后，引发的免疫异常反应和免疫调节紊乱，因此，防治皮肤过敏最重要的是尽量避免与引起过敏的物质接触，因为随着与过敏物质接触的次数增加，体内针对过敏物的免疫物质也会随之增加，反应会更剧烈；相反，如果长期不与过敏物质接触，那么相应的抗体或淋巴细胞就会渐渐减少，过敏也就会逐渐自行消失。

2．抑制组胺等炎症介质释放

组胺等炎症介质是自体活性物质之一，在体内由组氨酸脱羧基而成，组织中的组胺是以无活性的结合型存在于肥大细胞和嗜碱性粒细胞的颗粒中，以皮肤、支气管黏膜、肠黏膜和神经系统中含量较多，当机体受到理化刺激或发生过敏反应时，可引起这些细胞脱颗粒，导致组胺释放，与组胺受体结合而产生生物效应。抗组胺是拮抗组胺对人体的生物效应，即应用抗组胺药物，抗组胺受体就是拮抗组胺的 H1 和 H2 受体。由于此两种受体在人体内分布不同而产生不同的效应，它是抗组胺药应用治疗疾病的生理药理基础。抗组胺药物可抑制肥大细胞释放组胺等过敏物质，抑制嗜酸性细胞和肥大细胞的分裂作用，从而阻止这类细胞在炎症部位的聚集，缓解炎症反应，达到治疗目的。

3．增强机体屏障功能

广义的皮肤屏障功能指其物理性屏障作用，还包括皮肤的色素屏障作用、神经屏障作用、免疫屏障作用以及其他与皮肤功能相关的诸多方面；狭义的皮肤屏障功能通常指表皮，尤其是角质层的物理性或机械性屏障结构。从细胞分化和组织形成的角度来看，皮肤的物理性屏障功能不仅依赖于表皮角质层，而且依赖于表皮全层结构；从生化组成和功能作用方面来看，表皮的物理性屏障结构不仅和表皮的脂质有关，也和表皮的各种蛋白质、水、无机盐以及其他代谢产物密切相关。这些成分的任何异常都会影响皮肤的屏障功能，不同程度地参与或触发临床皮肤疾病的病因及病理过程。

4．清除体内的自由基

有研究表明，过敏体质的形成，以及过敏的发作，都与机体内的自由基过多地堆积有关。生物体系主要遇到的是氧自由基，例如超氧阴离子自由基、羟自由基、脂氧自由基、二氧化氮和一氧化氮自由基，加上过氧化氢、单线态氧和臭氧，通称活性氧。体内活性氧自由基具有一定的功能，如免疫和信号传导过程。但过多的活性氧自由基就会有破坏行为，导致人体正常细胞和组织的损坏，从而导致人体出现敏感症状。

以上四条现代科学养生途径均会对敏感性皮肤问题取得一定的防治效果。

三、敏感性皮肤护理策略

（一）敏感性皮肤缓解方法

1．神经调节剂调节

研究表明，神经感受性增加是敏感性皮肤的发病机制之一。表皮层瞬时受体电位（transient receptor potential，TRP）通道家族表达于皮肤神经末梢表面，被认为可促进神经肽的释放，引起皮肤神经源性炎症反应。瞬时受体电位香草酸亚型 1（transient receptor potential vanilloid 1，TRPV1），又称辣椒素受体，介导疼痛、瘙痒、烧灼感以及化学性刺激的感觉传入。目前，已有国外学者将 TRPV1 作为生物靶点，开发出其拮抗剂——反-4-叔丁基环乙醇，用于控制敏感性皮肤相关症状。体内和体外研究显示反-4-叔丁基环乙醇可降低皮肤对辣椒素的反应性。

2．益生菌

人类皮肤每平方厘米约有十亿的微生物定植，这些微生物通过分泌抗菌肽或自由脂肪酸，预防病原体的皮肤定植，从而保护皮肤的健康。通过研究益生菌（长双歧杆菌）对敏感性皮肤的影响，发现神经细胞与长双歧杆菌的裂解产物共孵育，显著抑制辣椒素所诱导的神经元释放的降钙素基因相关肽。临床应用长双歧杆菌提取物（10%）每天 2 次，共 2 个月，皮肤敏感性明显下降。

3．钙调神经磷酸酶抑制剂

近年来，有局部应用钙调神经磷酸酶抑制剂（吡美莫司或他克莫司）改善敏感性皮肤症状的报道。有研究表明，吡美莫司可以快速抑制或缓解敏感性皮肤患者的瘙痒或烧灼感。吡美莫司的作用机制可能与调节皮肤感觉神经上的 TRPV1 功能有关。有人对 0.1%他克莫司软膏治疗成人面部敏感性皮肤的疗效和安全性进行了研究。结果显示，治疗 3 周后使用者的自觉干燥、针刺感等症状均有明显改善。0.1%他克莫司软膏刺激反应较普遍，但多为一过性，可耐受。另有研究表明，外用吡美莫司可改善角质层水合，并降低 TEWL，从而改善表皮屏障功能。

4．物理治疗法

国内研究显示，低能量强脉冲光可有效改善敏感性皮肤的灼热、瘙痒、疼痛及紧绷感，且安全性好，无明显不良反应。研究发现 630 nm 红光可降低 TEWL 值、增加角质层水合度、抑制黑色素形成、减轻炎症反应、促进皮脂合成，从而加快皮肤屏障的修复。同时，也有研究表明柔脉冲强光可以有效地改善毛细血管扩张，角质层含水量明显提高，皮肤的纹理及皱纹也有所改善。

（二）敏感性皮肤护肤品原料成分

在化妆品基质中添加具有防治皮肤过敏、消除皮肤炎症等功能的功效添加剂，可形成抗敏抗炎肤用化妆品。其组成原料除适合敏感性皮肤用的基质原料外，主要是功能添加剂发挥了良好的抗敏感、消除皮肤炎症等作用。优异的抗敏化妆品不仅能高效清除自由基，而且可保护细胞膜不受自由基侵害，还可以抑制致敏因子（如组胺等）的释放，能深入细胞从根本上阻断过敏反应的发生，但大部分抗组胺药为化妆品中的禁用或限用物质，长期使用会引发严重的副作用。筛选天然植物中具有抗组胺效果、并被法规允许应用于化妆品中的天然活性成分，有很好的市场前景，许多有价值的天然抗氧化剂也已陆续开发出来。

除部分用于抗敏、消炎类的药物在化妆品中作为功能添加剂外，更多的天然来源的植物提取物在逐步应用于此类化妆品中，如仙人掌提取物、燕麦生物碱、表儿茶酸（简称 EGCG）衍生物、茶多酚、马齿苋提取物、紫苏油等。

1．仙人掌提取物

仙人掌具有抗炎症、保湿、舒缓、镇静作用，其中的生物碱类，尤其是墨斯卡林（生物碱）、黄酮类（如黄酮醇）、甾醇类（如谷甾醇）以及其他成分如油脂、蛋白质、多糖类、微量元素等在抗敏中起重要作用，其在过敏治疗中，可保证从源头上阻断肥大细胞和嗜碱粒细胞释放的组胺对靶器官的攻击和致敏作用，表现出良好的抗敏效果。

2．燕麦生物碱

燕麦生物碱又名雀麦、野麦，有优异的抗敏、抗刺激效果。燕麦作用温和，因此对于婴儿及有长期皮肤问题的人非常适用。实验证实，燕麦生物碱是燕麦中主要抗氧化活性成分，也是唯一在燕麦中发现的一类酚类化合物，大部分存在于籽粒外层的表皮和次级糊粉层，还具有优异的止痒效果，其在非常低的含量下就能起到相应的功效作用。但其在燕麦中含量很低，麸皮中最高含量约400mg/kg，且提取工艺对燕麦生物碱含量和其抗氧化性有一定的影响。

3．紫苏油

紫苏油是来自紫苏的提取物，紫苏是药食两用植物，具有消痰、润肺、止痛、解毒等功效。紫苏油主要成分有α-亚麻酸、棕榈酸亚油酸、油酸、硬脂酸、维生素 E、18 种氨基酸及多种微量元素。其中人体必需脂肪酸尤为丰富。紫苏油具有抗过敏、抗炎症功能，可抑制 PAF 的产生。进一步研究还证明，其作用机理是紫苏油能抑制血小板凝集因子（PAF）前体脱脂 PAF 向 PAF 转化的关键酶 CoA，它具有强的抑制 PAF 和白三烯产生的作用。紫苏油还具有抗衰老功能，摄取紫苏油可明显提高红细胞中超氧化物歧化酶（SOD）的活力，对延缓机体衰老有明显作用。而 SOD 通过对氧起歧化作用合成水，再由其他抗氧化酶连续代谢变成水清除自由基。

此外，许多其他植物来源的抗敏成分，如金雀花、积雪草、金盏花、欧洲七叶树、甘草等植物的活性成分可以帮助消除皮肤敏感性反应，起到舒缓、降低刺激，消除水肿、红血丝等不良症状的作用。产于中国、印度、日本等地的金银花、葛根、槐花和金缕梅等植物的提取物，对于抗炎、抗过敏、抗氧化都具有一定效果。其他植物的提取物也具有抗敏功效，如：牡丹酚苷有天然抗过敏功效、消炎抗菌作用；麦冬有抗组胺、抗敏止痒作用；枳实提取液有抗过敏作用；黄芩苷具有祛斑美白、抗过敏、防晒和抗菌杀菌作用；春黄菊/洋甘菊提取液具有抗过敏、止痒、镇静等功能，适合于干性与过敏性皮肤；龙葵总碱具有抗肿瘤、升血糖、强心、抗过敏、抗菌等作用。

化妆品中常见的一些具有抗敏、抗刺激功效的植物提取物及其功效特性和作用机制见表 5-1。

表 5-1　具有抗敏、抗刺激功效的植物提取物及其功效特性和作用机制

活性成分	来源	功效特性	作用机制	
羟基酪醇	橄榄果实	强抗氧化，保护红细胞，抗血管生成	细胞修复	屏障修复
原花青素	葡萄籽	清除自由基，稳定细胞膜		
栀子素	栀子花	促细胞再生，加速组织愈合		
蓝香油	马齿苋	清除自由基，收缩平滑肌，保湿		
松果菊苷	狭叶松果菊细胞	抗氧化，抗衰老，抑制增殖，保护血管	结构维持	
积雪草苷	积雪草	促进胶原蛋白，保护血管		
羟苄基酒石酸	仙人掌茎	调节细胞增殖，修护损伤，保湿，抗氧化		
白芍总苷	芍药	调节细胞增殖，抗衰老，抑制炎症因子		
茶多酚	茶叶	抗氧化，调节细胞增殖，抑制炎症因子		
反-4-叔丁基环己醇	人工合成	抑制 TRPV1	镇痛止痒	
牡丹酚苷	牡丹皮	天然抗过敏，消炎，抗菌	杀菌	抗炎杀菌
黄芩苷	黄芩茎叶	祛斑美白，抗过敏，杀菌		
松果菊苷	紫松果菊	抗菌		
三七总苷	三七	消炎，杀菌		
芦苇黄酮	芦苇	抗炎，杀菌，抗氧化	抑制炎症	
酰基邻氨基苯甲酸	燕麦麸皮	抗组胺，抗过敏，抗炎，抗氧化		
槲皮素	多种植物	抗氧化，抗炎，保护血管		
β-乳香酸	乳香树胶脂	抑制 5-脂氧合酶，抑制白细胞弹性蛋白酶		
蜂斗莱素（酮）	款冬叶	抗炎，止痛，抗痉挛		

（三）敏感性皮肤人群护理建议及策略

由于敏感性皮肤是一种状态，并可在不同因素影响下产生各种不适症状，因此对于敏感性皮肤的护理可按照以下两种方案进行，一种是日常阶段的护理策略，另一种是在敏感症状发生阶段的护理策略。

1．日常阶段皮肤护理策略

敏感性皮肤人群的日常阶段皮肤护理主要集中在固护屏障和增强皮肤细胞免疫力。由于皮肤角质层变薄，保水能力下降，导致皮肤干燥紧绷，触摸时会伴有刺痛感和瘙痒感，在过冷或过热时皮肤容易出现潮红等问题。在日常护理时尽量选择相对温和的洁面产品和护肤品，多使用修复类型的产品，切勿去角质，做到勤保养，坚持每天用原液按摩皮肤，增强皮肤的吸收能力，再搭配有补水、锁水功效的乳液和霜做后续保养。外出时涂抹防晒隔离类产品。同时在饮食上，应每天坚持喝充足的水，避免烟酒及辛辣食物的刺激。

2．敏感症状发生阶段皮肤护理策略

敏感性皮肤人群在敏感症状发生阶段的皮肤护理主要集中在即时镇静舒缓、抑制炎症和固护屏障。由于皮肤自身遗传和环境因素，皮肤角质层薄，受外界刺激产生蛋白激酶等物质，引发炎症因子释放，组织液渗出引发面部水肿、瘙痒、疼痛等症状。在皮肤护理时，尽量选择相对温和的洁面产品和温和无刺激的护肤品；外出时涂抹防晒隔离类产品。同时在饮食生活上，应多吃一些水果、蔬菜，富含维生素的食物；少吃鱼、虾、牛、羊肉等辛辣刺激的食品；生活要有规律，保持充足睡眠、不喝酒不抽烟。

不同阶段敏感性皮肤护理解决途径见表5-2。

表5-2　不同阶段敏感性皮肤护理解决途径

<table>
<tr><th>阶段</th><th>解决方案</th><th colspan="2">解决途径</th></tr>
<tr><td rowspan="7">日常护理</td><td rowspan="6">固护屏障</td><td rowspan="3">仿生修复皮肤屏障</td><td>细胞间脂质</td></tr>
<tr><td>天然保湿因子（NMF）</td></tr>
<tr><td>皮脂膜的仿生成分</td></tr>
<tr><td rowspan="3">内源性促进皮肤屏障修复</td><td>内源性调养</td></tr>
<tr><td>调节神经酰胺合成通路</td></tr>
<tr><td>促进神经酰胺合成</td></tr>
<tr><td>增强皮肤细胞免疫力</td><td>降低皮肤细胞敏感性</td><td>增强朗格汉斯细胞、树突细胞、角质形成细胞免疫性</td></tr>
<tr><td rowspan="14">敏感阶段</td><td rowspan="6">即时舒缓镇静</td><td rowspan="2">降低毛细血管反应性</td><td>增加血液流动性</td></tr>
<tr><td>降低血管通透性</td></tr>
<tr><td>降低组胺释放</td><td>抑制组胺释放通路</td></tr>
<tr><td rowspan="3">调节高敏感神经受体</td><td>调控和下调敏感性皮肤中致敏的敏感受体靶点</td></tr>
<tr><td>快速舒缓</td></tr>
<tr><td>改善敏感症状</td></tr>
<tr><td rowspan="2">抑制炎症反应</td><td>皮肤神经性炎症</td><td>降低炎症反应</td></tr>
<tr><td>减少炎症反应通路</td><td>拮抗炎症反应通道</td></tr>
<tr><td rowspan="6">固护屏障</td><td rowspan="3">仿生修复皮肤屏障</td><td>细胞间脂质</td></tr>
<tr><td>天然保湿因子（NMF）</td></tr>
<tr><td>皮脂膜的仿生成分</td></tr>
<tr><td rowspan="3">内源性促进皮肤屏障修复</td><td>内源性调养</td></tr>
<tr><td>调节神经酰胺合成通路</td></tr>
<tr><td>促进神经酰胺合成</td></tr>
</table>

四、敏感性皮肤养生护肤品开发案例

皮肤敏感人群在日常生活中与敏感症状发生时均需要进行一定的皮肤护理。当刺激问题产生时，往往出现刺痛、烧灼感、疼痛、瘙痒和麻刺感等，影响人们日常生活。对于敏感性皮肤人群的皮肤护理品需要针对日常和敏感发生时分别进行相应的产品设计。敏感性皮肤养生方案主要是帮助皮肤敏感人群在日常护理和敏感问题发生时进行相应的护理品选择的指导，帮助皮肤敏感人群科学、有效地缓解敏感性皮肤带来的问题。

（一）敏感性皮肤养生护肤品设计原则

1．产品设计原则

皮肤敏感问题主要体现在皮肤耐受力差，接触刺激成分容易产生各种不适的症状，因此敏感性皮肤人群护肤品的设计应该按照不同敏感阶段的需求设计产品；针对敏感性皮肤产生的机理，进行针对性功效产品设计；敏感性皮肤的日常护理和症状产生时的护理品应根据标本治则在各个功效产品间整体搭配解决问题；敏感性皮肤护肤品的设计还要遵循皮肤生理特点及皮肤生理规律。

2．配方设计原则

皮肤敏感人群，由于其皮肤耐受力差，容易对外界刺激产生各种不耐受现象。因此敏感性皮肤护肤品的配方设计应遵循以下原则：①配方要尽量精简，最大限度地减少所用原料的种类。②选择香精、防腐剂、色素及表面活性剂时，应坚持有效基础上的尽量少用，甚至不用，尽量避免潜在致敏原成分的使用。③在产品功效方面，所考虑的核心应是抑制刺激性反应的发生、及时舒缓敏感不适症状和修复皮肤屏障。因为敏感性皮肤的皮肤屏障功能普遍存在不同程度的缺陷，因此屏障功能的修复和加强，可以从配方设计方面实现可控性和操作性。化妆品配方中也可添加天然防护功效成分增强屏障功能。④在原料选择方面，应首选经过试验及临床验证、安全性好、具有抗刺激、抗炎、舒缓功能和修复皮肤屏障的成分。

（二）敏感性皮肤养生护肤品开发方案

针对敏感性皮肤在日常防护和敏感问题发生的两个阶段，提出了如图 5-3 所示的敏感性皮肤养生护肤品方案。

（三）敏感性皮肤养生护肤品设计

1．产品设计思路

敏感性皮肤问题的产生涉及众多方面，主要分为内因及外因两方面。因此敏感性皮肤护理产品需要结合不同原因以及不同症状所带来的困扰进行产品的开发与设计。一方面由于敏感性皮肤人群的皮肤屏障功能降低，导致皮肤更容易受到外部带来的刺激，紫外线、微生物、有毒化学品成分更容易穿透皮肤屏障刺激皮肤，从而极易产生各种不适应症状，如泛红、水肿、瘙痒、刺痛等问题。因此敏感性皮肤护理产品的第一个护理思路就是避免刺激问题的产生，例如拮抗刺激或是修复皮肤屏障功能。另一方面，当敏感问题发生时，由于敏感症状的多样性，不同症状问题，例如红肿、瘙痒、刺痛等症状产生的机理途径有一定的差异性，因此需要针对各种不同症状进行相应的即时舒缓产品的搭配及使用。

敏感性皮肤人群养生护肤品要针对不同敏感阶段进行相应的产品设计，并在日常生活中采用抗刺激和屏障修复的护理方案。

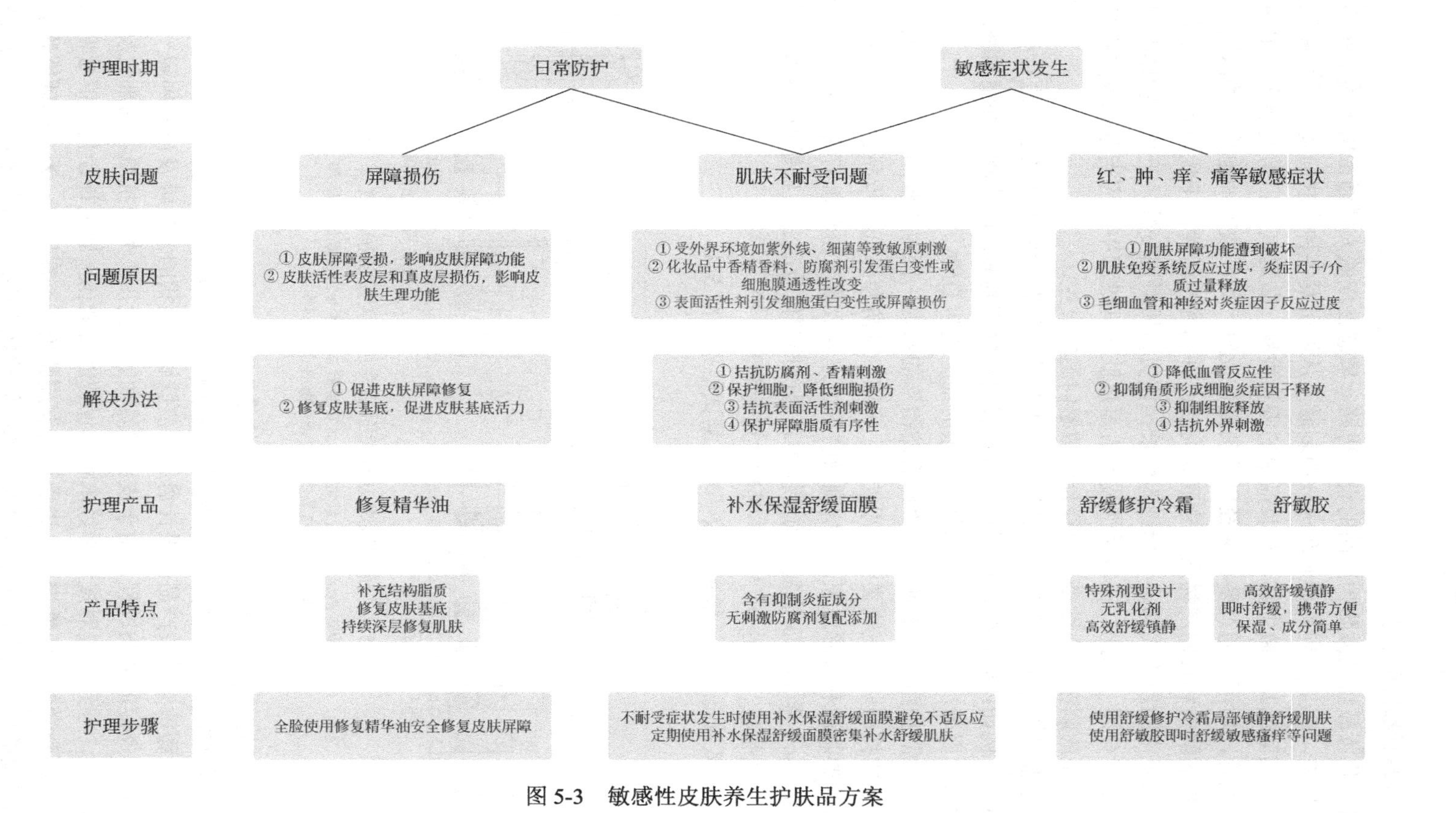

图 5-3　敏感性皮肤养生护肤品方案

2．功效设计思路

（1）化妆品抗刺激防护产品的设计思路　敏感性皮肤人群通常由于其皮肤的屏障功能较差，容易受到外界刺激成分的刺激，从而引发各种皮肤问题。外界刺激如紫外线、细菌或其他微生物、化妆品中的香精香料、防腐剂、日常清洁产品中的表面活性剂等，均可能通过多种途径引发刺激性反应，如：改变细胞浆膜的渗透性，使其体内的酶类和代谢产物逸出导致其失活；抑制酶的活性，干扰酶系统，破坏角质层细胞正常的新陈代谢，干扰细胞生长；使蛋白质凝固变性，干扰生物体细胞的生存和继续分裂。因此，在敏感性皮肤人群皮肤护理过程中，应当避免各类刺激源对皮肤产生的刺激，通过多种途径预防敏感问题的发生。

化妆品抗刺激防护产品的设计则是对皮肤敏感问题发生的多条途径进行相应的刺激防护。例如：阻止防腐剂刺激；阻止表面活性剂刺激；阻止香料香精的刺激以及增强机体屏障功能；保护和修复受刺激的细胞膜和DNA。

抗刺激防护组方是参照中医“综合防治”的原则，针对化妆品配方中常见致敏原而开发的抑制刺激植物类活性添加剂，可综合预防和降低化妆品配方中的常见刺激原引起的刺激和敏感现象。此抗刺激防护组方为木薯淀粉和扭刺仙人掌（*Opuntia streptacantha*）茎等提取物复配的活性物。通过抑制化妆品三大致敏原引起的刺激、修复保护细胞膜、抑制DNA损伤等功效进行刺激防护。

① 有效降低表面活性剂刺激，功效测试结果见图5-4。

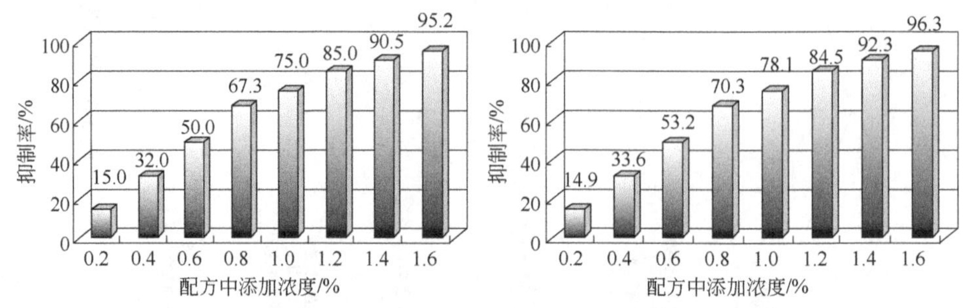

图5-4　抗刺激组方对表面活性剂的刺激防护功效

（抗刺激防护组方通过红细胞溶血实验测试其对十二烷基硫酸钠和*N*-甲基椰油基牛磺酸钠刺激性的抑制作用）

② 有效降低防腐剂刺激，功效测试结果见图5-5。

③ 有效降低香精香料刺激，功效测试结果见图5-6。

（2）舒缓敏感功效产品的设计思路　皮肤敏感症状的发生涉及皮肤屏障—神经血管—免疫炎症的复杂过程。由于皮肤屏障功能性受损，外部抗原与局部免疫细胞的相互作用，导致表皮对皮肤神经末梢的保护能力减弱，感觉神经传入信号增加，皮肤对外界刺激的反应性增强，进而可引发皮肤免疫炎症反应。为了降低敏感症状急性期带来的皮肤损伤，应采取舒缓、镇静等护理措施，尽量降低由于不适应症状

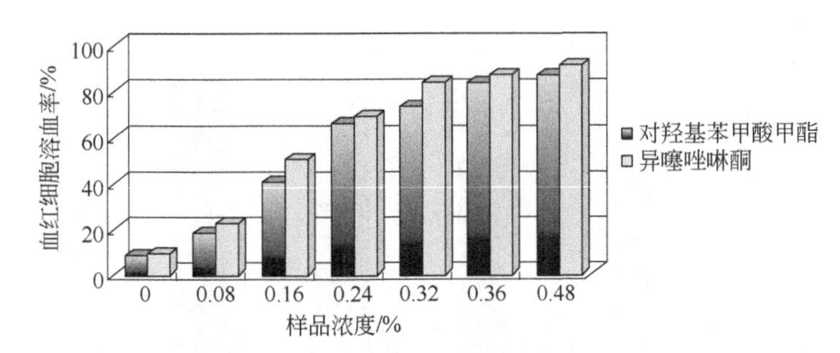

图 5-5　抗刺激组方对防腐剂的刺激防护功效

（抗刺激防护组方通过红细胞溶血实验测试其对羟基苯甲酸甲酯和异噻唑啉酮刺激性的抑制作用）

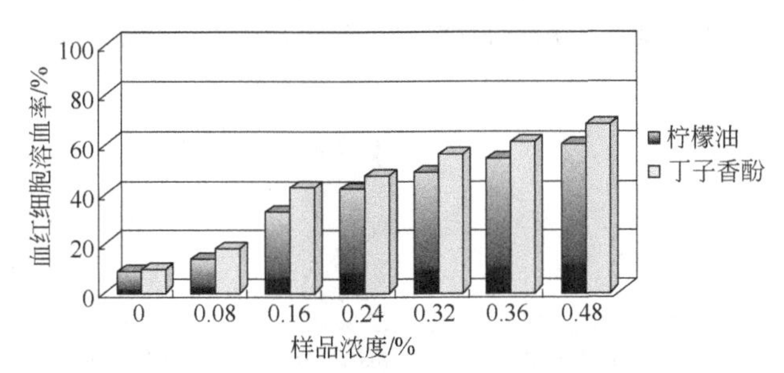

图 5-6　抗刺激组方对香精香料的刺激防护功效

（抗刺激防护组方通过 RBC Test System 测试系统测试其对柠檬油和丁子香酚两种香料香精刺激性的抑制作用）

带来的损伤问题。因此此时应采用即时舒缓皮肤护理产品。

舒敏功效组方基于中医“整体、辨证、综合”的思想，分析皮肤敏感形成原因，由扭刺仙人掌茎、麦冬根、苦参根等多种珍贵中药材通过科学组方复配而成，可明显降低皮肤敏感和瘙痒现象，提高皮肤的耐受性，对因瘙痒引起的损伤具有显著的修复作用。此组方符合中医“外固表、内养血”的原则，符合特禀体质局部治标的特点，满足皮肤的养生需求，符合化妆品法规要求。组方中苦参有清除皮肤内毒素杂质的功效，其丰富的本草营养可促进受损血管神经细胞的生长和修复，恢复皮下毛细血管细胞的活性；仙人掌味淡性寒，具有行气活血、消炎解毒、排脓生肌的作用。其舒缓止痒功效途径分别为：隔离过敏原，降低致敏原自身刺激性；抑制组胺等炎症介质释放；增强机体屏障功能；修复毛细血管和皮肤破损。

① 有效抑制透明质酸酶活性，结果见图 5-7。

② 对磷酸组胺所致瘙痒的有效抑制作用，结果见图 5-8。

3．配方（除功效体系外其他部分）设计思路

皮肤敏感人群使用的皮肤护理产品应依据配方安全、简单原则进行产品设计。一方面，对于防腐体系设计，筛选更安全、低刺激性的防腐体系；另一方面，配方成分中应含有保湿、抗刺激、舒缓、屏障修复等功效性成分，以减少敏感问题的发生。

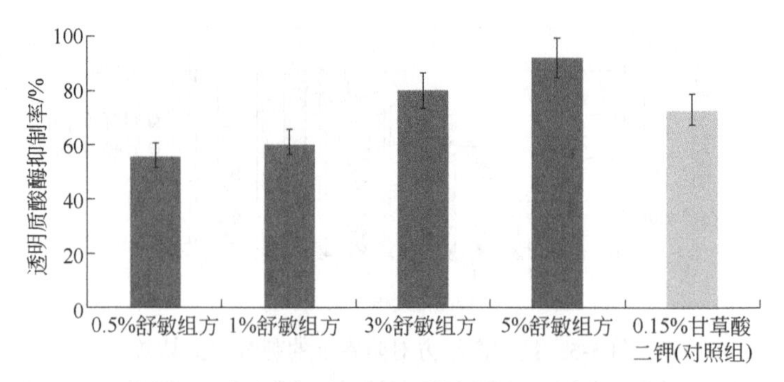

图 5-7 舒敏组方对透明质酸酶的抑制影响

（通过透明质酸酶实验测定不同添加量下舒敏组方对透明质酸酶的抑制率）

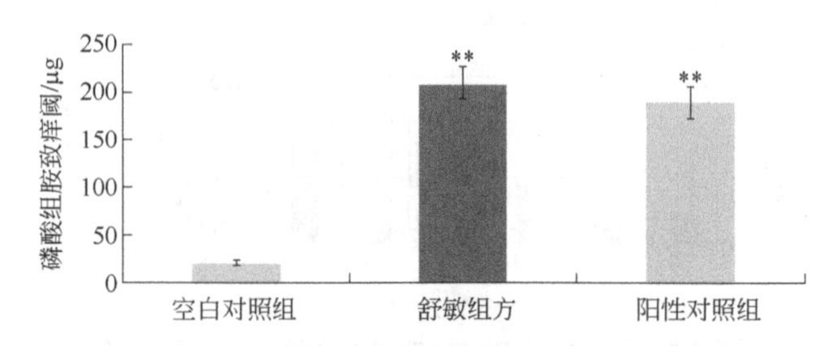

图 5-8 舒敏组方对磷酸组胺致痒的抑制作用

（**表示采用 SPSS Dunnett-*t* 检验分析，舒敏组方与空白对照组呈极显著性差异，即 $P<0.01$）

（1）舒敏胶配方示例　敏感症状发生时，凝胶类配方产品由于其携带方便，对于即时缓解皮肤敏感症状有一定的优势。舒敏胶配方见表 5-3。

表 5-3　舒敏胶配方

组相	原料名称	质量分数/%
A	水	加至 100
	丙烯酸（酯）类/C_{10}～C_{30}烷醇丙烯酸酯交联聚合物	1.00
B	水	10.00
	丁二醇	4.00
	甘油	3.00
	透明质酸钠	0.05
C	燕麦肽	3.00
	β-葡聚糖	1.00
	海藻糖、麦冬根提取物、扭刺仙人掌茎提取物、苦参根提取物	5.00
D	pH 调节剂	适量
	辛酰羟肟酸	适量

舒敏胶可有效缓解皮肤瘙痒问题，功效测试结果见图 5-9。

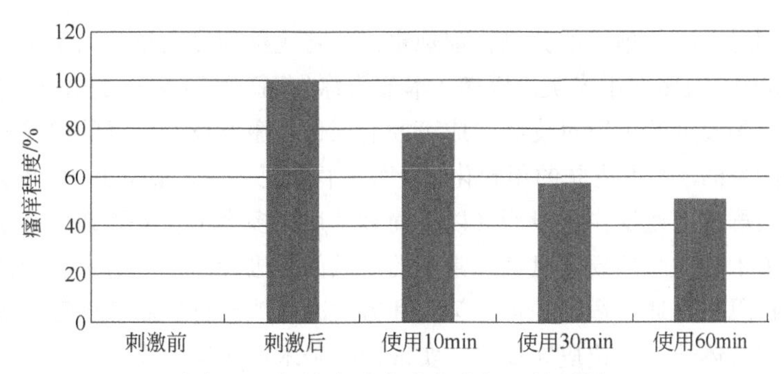

图 5-9 舒敏胶对皮肤瘙痒问题的缓解

（实验采用 5.0%的辣椒素刺激志愿者皮肤，致使皮肤过敏，然后涂抹舒敏胶，通过主诉瘙痒程度来判定不同时期皮肤的相关状态）

（2）补水舒缓面膜配方示例 面膜是敏感人群消费的重要产品品类之一，一方面面膜可以起到即时强效补水的作用，另一方面面膜的使用可以在短时间内进行皮肤的健康护理，降低长时间涂抹带来的接触性问题，可以有效地在皮肤的日常护理过程中减小刺激敏感问题发生的概率，实现拮抗刺激、皮肤屏障保湿护理的作用。补水舒缓面膜配方见表 5-4。

表 5-4 补水舒缓面膜配方

组相	原料名称	质量分数/%
A	水	加至 100
	卡波姆	0.20
B	丁二醇	4.00
	甘油	3.00
	1,2-戊二醇	2.00
	EDTA 二钠	0.10
	透明质酸钠	0.05
C	尿囊素	0.10
	海藻糖、扭刺仙人掌茎提取物、木薯淀粉	5.00
	β-葡聚糖	1.00
D	pH 调节剂	适量
	辛酰羟肟酸	适量

第二节 轻医美后皮肤养生与护肤品开发

医疗美容是指运用药物、手术、医疗器械以及其他具有创伤性或者不可逆性的医学技术方法对人的容貌和人体各部位形态进行的修复与再塑的美容方式。根据我国原卫生部对于医美项目的分级管理规定，可将医美项目大致分为手术类和非手术类项目。其中，很多非手术类的医美（本节简称“轻医美”）项目是借助激光、超声、微针、化学剥脱剂等手段对皮肤造成可控的损伤，激发皮肤自身的修复机制，从而达到焕肤的目的，实现皮肤的年轻化。轻医美有着见效快、损伤小、时间短的特点。此类医美人群在上述操作手段后（以下简称术后）多会出现皮肤敏感症状。本节通过对轻医美术后皮肤的损伤机理和常见的皮肤问题进行分析，给出科学的轻医美术后皮肤养护思路，通过适当的护理策略和方案减轻或改善皮肤敏感等不良反应，增加良好的护肤体验、加速皮肤修复，实现轻医美术后人群的皮肤养生。

一、轻医美后皮肤生理及常见问题

轻医美人群术后皮肤多表现为干燥、红肿、灼热、瘙痒、刺痛等不适症状。

（一）轻医美项目对皮肤的损伤机理

轻医美项目在实现皮肤年轻化的同时，不可避免地会对维持皮肤正常生理功能的结构和要素造成破坏和损伤。

1．光类损伤

激光类美容是利用激光粉碎黑色素、血红素等达到美化皮肤的作用或利用激光在真皮纤维层的有效热损伤作用，引发机体启动修复再生细胞的功能，实现皮肤的年轻化（见图 5-10）。激光类美容的热效应、光化作用、压强作用等在皮肤表面形成微创伤口，对皮肤的损伤表现为以下几方面：①高温及压强作用炭化、气化屏障成分；②局部瞬时高温导致蛋白、酶类失活；③细胞损伤；④局部炎症反应。

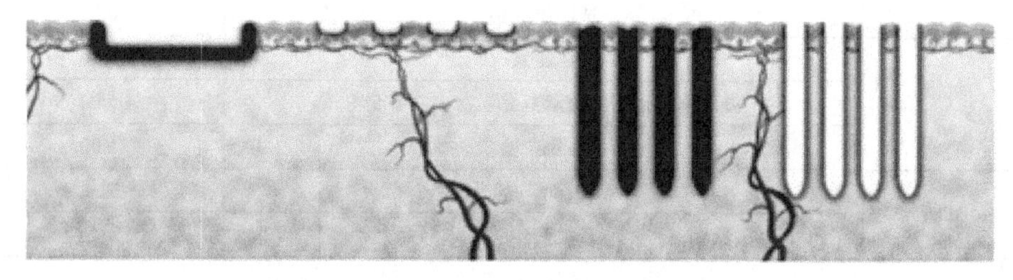

图 5-10　激光类美容致皮肤损伤机理示意

2．超声/射频类损伤

超声刀或射频是通过给皮肤的目标组织进行电加热，促使皮下组织收缩拉紧或再生从而实现皮肤年轻化。超声刀或射频美容是物理性的美容方式，在手术过程中，会产生局部高温热效应，对皮肤的损伤表现为以下几个方面：①皮肤水分散失增加；

②活性细胞及结构损伤；③活性细胞酶失活；④局部炎症反应。

3．微针/注射类损伤

微针/注射类美容是指微细针状器械实施皮肤软组织刺激或处理，以期获得治疗或美容作用的医疗技术，可伴有药液或有效成分同步施予或导入，以期增强治疗或美容作用（见图5-11）。微针及注射类因为针状器械破坏了组织、细胞，形成微创伤口，对皮肤的损伤表现在以下几个方面：①引发屏障功能性下降；②引发局部炎症反应；③真皮层毛细血管通透性发生改变；④损伤细胞片段引发机体免疫性反应。

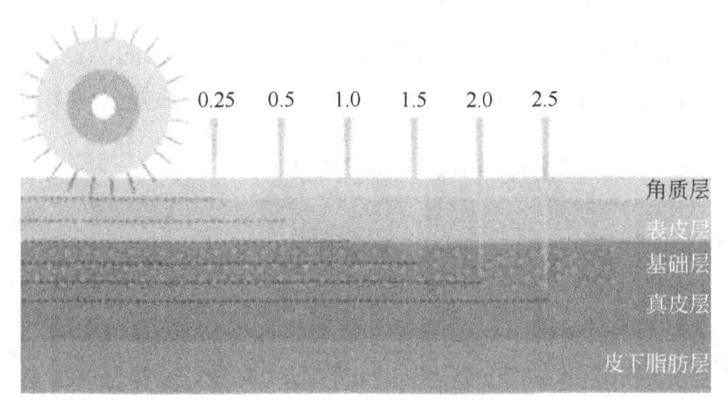

图5-11　微针类美容原理示意

轻医美通过对皮肤不同结构的损伤，多方面影响皮肤的屏障保护功能、表皮黑素细胞的防晒功能、活性表皮层的增殖分化功能、皮脂膜的保湿作用以及其他一些类脂的抗炎作用，从而引起皮肤红斑、水肿，甚至渗血、色素沉着、瘢痕形成，使皮肤变得干燥、脱屑、易感染。轻医美手段对皮肤各层的影响见表5-5。

表5-5　轻医美手段对皮肤各层的影响

皮肤各层	构成要素	轻医美的损伤	产生影响
皮脂膜	起保湿作用的神经酰胺，起抗炎作用的亚油酸、亚麻酸等脂质成分，起抗氧化作用的角鲨烯	破坏脂质成分	降低皮脂膜的保湿、抗炎、屏障等作用
角质层	屏障脂质成分、屏障结构蛋白、屏障代谢相关的酶	脂质破坏、蛋白变性	屏障结构破坏，皮肤防护能力减弱
活性表皮层	（基底层、棘层、颗粒层） 角质形成细胞、细胞间链接、细胞间质	细胞损伤、结构破坏	活性表皮层机能下降，屏障修复与更新受阻
		包括基底层水通道蛋白（AQP3）的破坏	皮肤水合下降、细胞迁移以及皮肤愈合受阻
		包括基底黑素细胞破坏	皮肤光防护能力减弱
皮肤微循环	微血管	微血管扩张充血，血管周围炎性细胞浸润	产生红斑、肿胀，甚至水疱

（二）轻医美后的皮肤问题

不同的轻医美项目对维持皮肤正常生理功能的结构和要素造成不同程度的破坏，且由于患者本身的敏感状态、操作人员的技术水平、治疗参数的设置等因素的影响，轻医美术后会伴随不同程度的不良反应。轻医美术后皮肤的并发症根据其是否常见或严重程度可归结为：普遍症状、轻度并发症、中度并发症及重度并发症。一般普遍症状如红斑、干燥、肿胀、刺痛、瘙痒等；一般轻度并发症如痤疮、粟粒疹、紫癜、接触性皮炎、水疱等；一般中度并发症如感染、色素改变、麻药毒性、发疹性角化棘皮瘤；一般重度并发症包括肥厚性瘢痕、睑外翻、散播性感染。其中一些不可逆的中重度并发症比较少见，很难通过一般的护理手段进行症状的改善及治疗；而一些轻医美术后不可避免的普遍症状可通过适当的护理手段，改善皮肤的不良反应，提高医美人群术后的体验感，加速皮肤的修复。常见医美项目术后不良反应照片如图 5-12 所示。

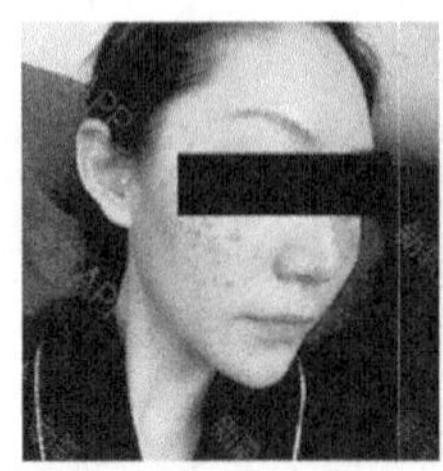
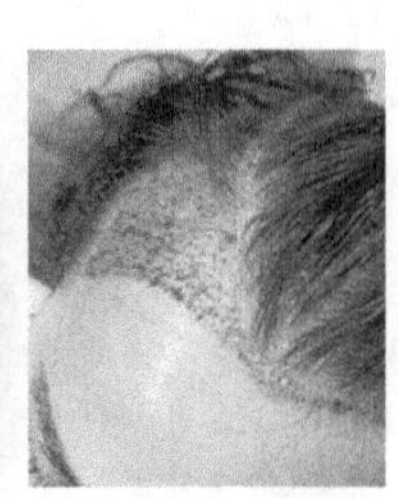
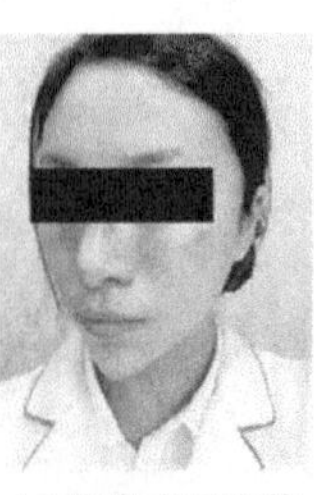

(a) 皮秒术后症状　(b) 植发术后症状　(c) 隆鼻术后症状　(d) 微针术后症状　(e) 点阵激光术后症状

图 5-12　常见医美项目术后不良反应照片

轻医美术后皮肤养生主要针对轻医美术后皮肤的不良症状改善，帮助缓解各个阶段皮肤出现的干燥、敏感、不适、高不耐受等症状，加速皮肤修复，增强皮肤防护力等。

1．皮肤干燥

一方面轻医美操作手段中光电热效应会引起皮肤水分的快速、大量蒸发，水分的大量蒸发可以缩短轻医美术后的热缓解时间。热缓解时间为组织接受激光能量后，组织温度降低到最高温度的一半时所用的时间，与目标组织大小成正比。另一方面轻医美操作手段中光电热效应或机械性破坏皮肤屏障会导致皮肤水分的大量损失，导致皮肤干燥。而轻医美操作手段中皮肤损伤后的“清创”过程需要在高湿环境下进行。轻医美术后的皮肤干燥问题表现在屏障损伤皮肤保水能力下降，皮肤“缺水”加重屏障结构损伤，皮肤敏感性增加，皮肤修复能力降低。

2．损伤期不适症状

一些轻医美项目术后皮肤较长时间内会出现急性损伤期的不适症状，比如瘙痒、刺痛、红肿等，这些症状主要是由皮肤急性损伤、炎症反应发生、过敏原入侵、血管反应性增强等引起，从而影响面部美观及个人生活。

3．皮肤结构损伤

轻医美手段会引起皮肤中的结构及功能蛋白、酶、脂质等的变性或失活，其中最集中的表现为皮肤屏障的破坏，同时还会损伤活性表皮层（指角质层以下的颗粒层、棘层和基底层的总称），导致活性表皮层细胞损伤或死亡，细胞致密性下降，同时引发机体的炎症反应。而活性表皮层亦是形成皮肤屏障功能物质的组织基础，皮肤屏障修复过程中所需的物质（如兜甲蛋白、丝聚合蛋白、转谷氨酰胺酶1等）均在活性表皮层中合成表达，活性表皮层的损伤会导致皮肤屏障修复受阻。

4．皮肤防护能力减弱

皮肤屏障的破坏、基底黑素细胞的损伤会导致皮肤整体防护能力减弱，对外界刺激因素的防护能力减弱，尤其是紫外线对医美术后皮肤的损害性是极其大的，因为医美术后皮肤对紫外线耐受性差，晒后表现为红肿、疼痒等症状，从而易加重皮肤的炎症反应，易引起晒后色素沉着。

二、轻医美后皮肤养生思路

（一）轻医美后皮肤的中医养生思路

1．三因制宜理论

轻医美术后皮肤护理可以与中医的三因制宜理论相结合，轻医美人群皮肤的护理需要考虑三个维度的因素：第一是轻医美人群不同个体的术后皮肤状态差异；第二，轻医美人群术后皮肤状态处于动态变化过程中，不同时期皮肤状态的差异；第三，轻医美人群于不同医美机构（操作者水平、操作条件、操作仪器不同）术后皮肤状态的差异。因此，需要结合不同个体、不同轻医美项目、不同时期的轻医美术后皮肤针对性地开发设计方案，提供适宜的皮肤护理养生方案。

2．治未病理论

轻医美人群的皮肤养生可以借鉴中医的治未病理论，术前增健皮肤可有效降低术后皮肤的不良反应，即通过术前皮肤养生，降低或减少术后皮肤问题；术后给皮肤提供即时、适当的处理手段，抑制或减缓皮肤不良反应的发生；当轻医美术后人群已出现不良反应症状时，通过合理有效的方式进行皮肤问题的改善，如给轻医美术后人群长期使用屏障修复类产品，避免皮肤逐渐发展成为敏感性皮肤。

3．标本兼治理论

轻医美人群术后皮肤养生需要与中医的标本兼治理论相结合，既要关注轻医美术后皮肤损伤后皮肤表观症状，也要挖掘出现皮肤损伤症状的根本原因，即皮肤损伤的本质。开发的轻医美术后护理产品既要解决皮肤的表观不适症状，又要修复皮肤本质的损伤，达到标本兼治的效果。

中医理论对轻医美术后皮肤护理的具体指导意义见表5-6。

表 5-6　中医理论对轻医美术后皮肤护理的指导意义

<table>
<tr><th>中医理论</th><th colspan="2">具体因素/途径</th><th>护理指导</th></tr>
<tr><td rowspan="5">三因制宜</td><td>个体差异</td><td>不同个体轻医美术后的不良反应差异较大，因此皮肤的修复周期及主要不良反应症状也不一致，所以轻医美术后皮肤护理需要根据个体表现辨证施治</td><td>术前如果个体本身皮肤屏障功能较弱，那该个体轻医美术后皮肤的损伤较一般皮肤更重，因此医美术后皮肤不良反应剧烈。对于不同个体可采取术前或术后加长使用屏障修复类产品的周期，针对性地护理皮肤</td></tr>
<tr><td rowspan="2">医美项目、操作水平、操作条件、操作仪器等差异</td><td>①不同轻医美项目的术后护理步骤存在差异</td><td>①依靠热效应提拉紧致皮肤类的项目，如热玛吉，术后不可以即时冷敷，会影响美容疗效；②利用激光粉碎功能起到去除色素、红血丝等的医美项目，术后可以通过即时冷敷，加速皮肤热缓解，减轻不良反应</td></tr>
<tr><td>②不同仪器或不同参数设置术后皮肤的不良反应也会存在差异</td><td>不同仪器或不同参数设置对皮肤损伤的深度会有所差异，需要根据具体项目分析损伤的皮肤深度，针对性地提出修复方案</td></tr>
<tr><td rowspan="2">不同阶段、不同皮肤状态差异</td><td>①医美术后短期（1～7 天）皮肤的不良反应程度。</td><td>医美术后 1～7 天（尤其是 1～3 天）内皮肤处于高不耐受状态，因此需要设计绝对安全的产品，产品功效以保湿、舒缓为主，促进皮肤修复</td></tr>
<tr><td>②医美术后长期（7 天后）皮肤的状态</td><td>医美术后长期（7 天后）修复，则以舒缓、修复皮肤为主，比如屏障修复类产品的使用，修复皮肤屏障功能，避免皮肤发展成为敏感肌</td></tr>
<tr><td rowspan="4">治未病</td><td rowspan="2">术前增健皮肤</td><td>①术前皮肤已处于干燥状态</td><td>术前皮肤状态导致对于医美损伤的反应及修复能力不同，如皮肤过度干燥可能会导致医美损伤加重自愈延迟。所以医美前可以考虑通过术前改善皮肤干燥或敏感状况，预防干燥引起的术后强烈不良反应</td></tr>
<tr><td>②术前皮肤已处于敏感状态</td><td>术前皮肤已处于敏感状态时，皮肤对于医美项目的耐受能力较一般人群更差，医美术后出现不良反应的程度更加严重，可以通过术前加长使用屏障修复类产品的周期，增健皮肤后再开展医美手术</td></tr>
<tr><td rowspan="2">术后护理，避免术后反应强烈</td><td>①术后预防干燥、红肿、瘙痒等不适症状加重</td><td>术后可以通过密集补水，即时舒缓、镇静类产品的使用，预防术后不良反应的加重</td></tr>
<tr><td>②术后预防感染</td><td>术后通过积极的皮肤防护护理，可以降低皮肤术后出现感染的概率</td></tr>
<tr><td rowspan="2">标本兼治</td><td>皮肤表现的症状</td><td>轻医美术后皮肤的不良反应，如皮肤表现干燥、红肿、瘙痒、刺痛等不适症状</td><td>轻医美术后出现的不适症状可以通过密集补水、舒缓冷霜类等产品达到即时、快速补水或缓解症状的作用</td></tr>
<tr><td>皮肤损伤的本质</td><td>皮肤出现不适症状的根本原因在于皮肤屏障破坏，皮肤免疫反应、炎症反应、血管反应等增强，设计可以修复屏障，具有降低血管、炎症反应功效的产品，从根本上缓解皮肤敏感状态</td><td>通过对皮肤损伤本质的认识，提出皮肤护理方案：①针对皮肤损伤类，设计修复类产品；②针对皮肤免疫、炎症反应增强，设计舒缓产品；③针对皮肤天然保湿系统的破坏，设计促进保湿系统恢复的产品</td></tr>
</table>

（二）轻医美术后皮肤护理思路

1．立体保湿

造成轻医美术后皮肤干燥的原因有两方面：一方面是由于轻医美手段的热效应引起的皮肤表面水分的大量流失；另一方面在于皮肤天然保湿系统的破坏，表现在皮肤屏障的破坏、皮肤水通道蛋白的破坏、皮肤炎症反应引起的透明质酸降解等。

（1）热效应加速水分散失　激光类、射频类、超声类医美手段焕肤的基础是医美手段产生的局部高温热效应，而皮肤局部热效应不可避免地会引起皮肤水分的大量散失。因此，医美术后需要即时密集地给皮肤补充大量水分，以有效缓解皮肤干燥症状。

（2）皮肤天然保湿系统的破坏　皮肤固有的天然保湿系统是维持皮肤水平衡的重要结构，皮肤的角质层（砖墙结构）是皮肤保湿系统锁水的结构基础，可比为皮肤的“水坝”；皮肤中的水通道蛋白（AQP3）是一种跨膜蛋白通道，帮助细胞快速调节自身体积和内部渗透压，转运尿素和甘油等物质进出皮肤，可比作皮肤的“水渠”；真皮层源源不断地向皮肤表皮层输水，可比作皮肤的“水源”。轻医美术后皮肤的天然保湿系统的损伤可归结为以下三个方面。

①“水坝”不固　皮肤屏障是维持皮肤含水量的重要结构基础，在皮肤天然保湿系统中发挥“水坝”的重要功能。而轻医美手段的热效应或机械损伤会造成屏障脂质及蛋白的破坏，导致皮肤屏障结构致密性下降，皮肤屏障的锁水能力下降，皮肤出现干燥症状。另外，皮肤屏障中的天然保湿因子（NMF）在皮肤天然保湿系统中也发挥“水坝”的重要功能，可以帮助皮肤锁住水分，减少水分的流失。NMF的重要来源是丝聚蛋白的酶解，而轻医美的热效应会导致蛋白变性及酶失活，从而导致这一过程受阻。综上，皮肤屏障的破坏及 NMF 形成途径的破坏均会导致皮肤“水坝”不固。

②“水渠”破坏　皮肤中的水通道蛋白（AQP3）帮助细胞快速调节自身体积和内部渗透压，转运尿素和甘油等物质进出皮肤，是维持皮肤水合作用的一个关键因素；水通道蛋白还与细胞的迁移以及皮肤的创伤愈合密切相关，与脂质和水分的渗透有重要的相关性。在皮肤的天然保湿系统中发挥“水渠”的重要功能。水通道蛋白维持分子空间构象的次级键能比较低，不稳定，容易受物理、化学因素影响，破坏其空间构象，使其理化性质发生变化，稳定性降低并失去其生理学功能。热效应可使水通道蛋白变性，失去皮肤水合作用，影响皮肤修复速率，使皮肤干燥、脱屑、敏感。

③“水源”损失　轻医美手段对皮肤的损伤会引发皮肤局部炎症反应，一方面当皮肤存在炎症时，温度偏高，促进水分的散失。另一方面透明质酸在真皮层中起到关键的保水作用，透明质酸酶活性升高，加速透明质酸酶裂解，降低真皮层保水

能力，引起皮肤“水源”损失。

因此轻医美术后保湿护肤品的开发不仅要即时地给皮肤补充水分，还要兼顾皮肤天然保湿系统的修复，通过多靶点功效体系的设计，实现固水坝（修复皮肤屏障或促进丝聚蛋白表达）、通水渠（促进水通道蛋白表达）、护水源（抑制炎症反应或降低透明质酸活性）等多途径立体保湿。

2．改善皮肤敏感状态

轻医美后高度敏感性皮肤的发生是一种累及皮肤屏障、神经血管、免疫炎症的复杂过程。于内在和外在因素的相互作用下，皮肤屏障功能受损，外部抗原与局部免疫细胞的相互作用导致表皮对皮肤神经末梢的保护能力减弱，感觉神经传入信号增加，皮肤对外界刺激的反应性增强，进而可引发皮肤免疫炎症反应（见图5-13）。

（1）皮肤屏障破坏　皮肤屏障是皮肤抵御外界刺激入侵的重要结构基础，轻医美引起的皮肤屏障结构破坏，会导致外界过敏原、环境刺激等更容易进入皮肤，引入皮肤的免疫炎症反应。

（2）血管反应增强　轻医美术后对皮肤的损伤，会导致血管周围出现炎性细胞浸润，血管通透性增加，引发皮肤泛红、红斑、水肿等症状。

（3）炎症反应增强　轻医美术后造成的皮肤损伤一方面会导致皮肤出现不同程度的炎症反应，治疗面积越大，炎症反应越强烈；另一方面由于皮肤结构损伤，防御力下降，外界过敏原和环境刺激因素入侵，也易引发皮肤炎症反应增强，加重皮肤损伤，使皮肤不易修复。

综上，改善轻医美术后的皮肤敏感现象需要综合改善皮肤屏障功能、降低血管通透性、降低皮肤炎症反应等多条途径护理。从中医角度出发，对轻医美术后皮肤的高度敏感状态进行辨证，可归结到肌表不密、感受外邪、热毒蕴结、邪扰皮肤，可通过御屏固表、祛风散邪、清热解毒、镇静安肤整体改善皮肤的敏感状态。

3．修复皮肤结构损伤

轻医美皮肤损伤表现为皮肤表皮结构（包括皮肤屏障及活性表皮层）的损伤。

（1）屏障损伤（砖墙结构）　轻医美热效应引起屏障结构蛋白变性、脂质破坏或流失，皮肤屏障受损。

（2）活性表皮层损伤　轻医美术后不仅会引起皮肤屏障结构的破坏，而且还会损伤活性表皮层，活性表皮层是形成皮肤屏障功能的重要结构基础，导致屏障修复力不足；活性表皮层受损，角质形成细胞增殖与分化受阻，导致皮肤屏障修复受阻。

（3）炎症反应加重损伤　轻医美术后的皮肤炎症反应包括两方面，一方面是医美手术后组织损伤，引起局部炎症反应；另一方面是医美术后刺激物、有害菌入侵，引发皮肤炎症反应。

中医认为皮肤受损，血行不畅，皮损部位失去濡养，活性表皮修复所需的物质基础不足，导致活性表皮活力得不到恢复，最终影响皮损部位的修复。皮肤损伤过

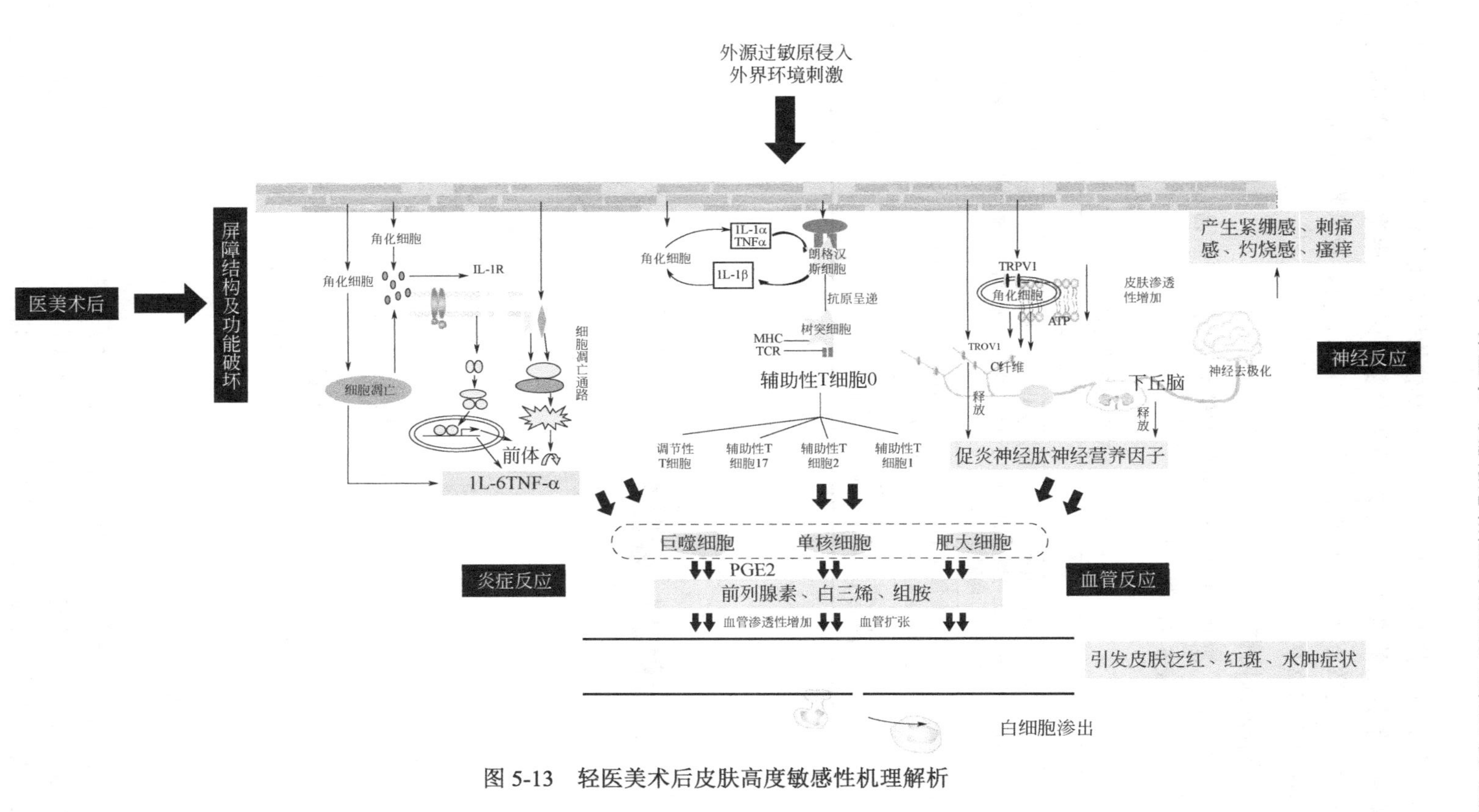

图 5-13　轻医美术后皮肤高度敏感性机理解析

程中除了外界风、热外邪入侵之外，皮损部位的瘀滞还会化热生风，产生风、热，从而影响皮肤损伤的修复，导致皮损不易修复。因此，促进表皮的修复是医美术后护肤品设计的功效方向，可通过活血化瘀、清热解毒、疏风散热、养阴生津的中医治则加速皮肤的修复。

4．增强皮肤防御力

轻医美术后，皮肤屏障破坏，光防护能力减弱，皮肤易发生光损伤。光损伤皮肤的主要途径见表 5-7、图 5-14。

表 5-7　皮肤光损伤途径

反应类型	对皮肤的损伤
氧化应激反应	过量的 ROS 一方面会对生物大分子（如核酸、脂质及蛋白质等）造成氧化损伤，另一方面可激发细胞内信号传导，激活基质金属蛋白酶（MMPs）的表达，并能促进皮肤的非酶糖基化反应
基质金属蛋白酶	基质金属蛋白-1（MMP-1）又称胶原酶-1，可降解Ⅰ、Ⅱ、Ⅲ、Ⅶ和Ⅺ型胶原蛋白及蛋白多糖，破坏真皮层的组织结构，加速皮肤衰老
非酶糖基化反应	真皮层中的胶原蛋白和弹性蛋白是最易被糖化的蛋白，其被糖化后，还会发生交联、硬化，失去弹性，使皮肤出现衰老症状

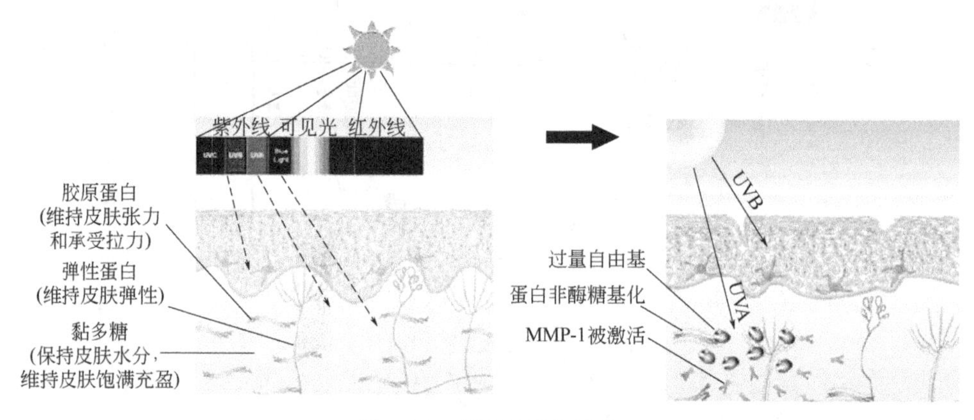

图 5-14　皮肤光损伤示意

轻医美后有效的光防护途径包括：①抗氧化，清除过量自由基；②有效抑制 MMP-1 活性，保护皮肤胶原蛋白；③有效抑制非酶糖基化，保护真皮层结构蛋白。轻医美后预防光损伤，有利于维持皮肤稳态。

三、轻医美后皮肤护理策略

轻医美以及一些美容皮肤项目的多样性、术后症状的复杂性、消费者皮肤状态的差异性等会导致医美操作手段周期内出现各类问题，严重困扰着医美机构与医美消费者。医美机构的主要诉求体现在确保医美项目疗效、服务与体验感的提升，避免“医疗事故”等方面；而消费者的诉求体现在对医美项目过程中不适感的忍耐程度低、希望缩短“损容性阶段”、医美术后皮肤尽快恢复正常等方面。

（一）对症施治

轻医美术后不同个体、不同轻医美项目、不同时期皮肤的表现较难总结出普遍性的一致规律，因此轻医美术后皮肤问题护理需要根据症状进行对症施治。轻医美术后的护肤产品开发需要对轻医美术后的普遍症状进行共性总结，从而开发出专一对症的产品，迎合大部分轻医美术后人群的护肤需求。

（二）因人施治

轻医美术后人群的护肤指导需要结合个人的皮肤表现包括其动态变化规律来推荐使用产品，不同个体的不同阶段的皮肤表现存在差异，因此轻医美术后人群的推荐产品护理方案需要因人而异。

（三）分期护理

轻医美术后皮肤损伤的发展基本经历了从高度敏感状态到敏感状态再到正常态的发展过程。轻医美操作手段周期内的不同阶段，皮肤的状态处于动态变化过程中，因此普通日化产品或单一类型的产品难以满足轻医美操作手段周期内的护肤需要，根据轻医美操作手段周期内的不同阶段的皮肤状态针对性地设计轻医美辅助护理产品，实现分期护理有利于维持轻医美项目疗效、增强轻医美护理体验、增加轻医美护理舒适感。

四、轻医美后皮肤养生护肤品开发案例

轻医美术后皮肤养生方案主要针对轻医美术后皮肤的不良症状改善，帮助轻医美术后缓解各个阶段皮肤出现的干燥、敏感、不适、高不耐受等症状，加速皮肤修复，增强皮肤防护力等。以激光类轻医美人群为例，一般激光类轻医美人群术后皮肤较长一段时间内会存在干、红、热、肿、痛、痒等症状，皮肤表现为干燥、敏感、修复缓慢、防护力差、皮肤耐受性差等特点，激光美容后皮肤处于由高度敏感状态到敏感状态再到正常状态的动态恢复过程中。因此，激光美容后皮肤在完全恢复至正常态之前的特殊阶段，皮肤需要针对性的护理。

（一）激光美容术后皮肤养生护肤品设计原则

1．产品设计原则

针对激光美容后干燥、敏感、皮肤屏障功能弱等问题，激光美容后产品设计应遵循以下几个原则：

① 激光美容后皮肤处于由高度敏感状态到敏感状态到正常状态的动态的恢复过程中，因此医美后养生护肤品的设计应该按照医美护理后不同阶段及皮肤需求设计产品。

② 针对激光美容后皮肤损伤的机理，进行针对性功效产品设计，产品功效体系设计应针对单一问题。

③ 激光美容后皮肤损伤具有多面性，激光美容后皮肤需要不同功能产品之间配搭使用，从而整体解决问题。

④ 激光美容后护肤品的设计还要遵循皮肤生理特点及皮肤生理规律。

⑤ 产品原料应筛选天然来源、安全风险小的物质，降低配方安全风险及刺激性。

⑥ 产品尽量使用小包装，避免二次污染，分期护理使用，产品包装应取用方便。

2．配方设计原则

因为激光美容人群有急性期的不适反应症状、皮肤屏障功能弱等问题，产品配方设计及原料筛选总体遵循安全、简单原则。

① 配方成分尽量简单、单一。

② 尽量选用公认安全性较高的原料。

③ 配方中尽量避免使用不必要的添加成分，如香精、色素等成分。

④ 不使用含有剥脱性的原料，如羟基乙酸等。

⑤ 防腐体系尽量选用安全、低刺激的防腐剂，并在满足基本防腐能力的基础上，尽量降低防腐剂的添加量。

（二）激光美容后皮肤养生护肤品开发方案

激光美容后引起的皮肤破坏是多维度的，且皮肤处于动态变化过程中，因此激光美容后皮肤护理方案（见图 5-15）需要结合具体时期的具体皮肤问题、问题原因进行针对性的产品开发与设计。多剂型产品搭配结合使用，满足不同阶段皮肤的护理需求；多靶点功效体系设计全面解决激光美容后的多重皮肤损伤问题；科学搭配不同产品的组合使用，解决不同时期、不同维度的皮肤问题。

皮肤经过激光美容的急性损伤后，一般认为激光美容后 7 天内（尤其是 1～3 天）皮肤表现较多的不适症状，主要在于激光手术对于皮肤的结构及功能造成了一定损伤，导致皮肤炎症、免疫反应、血管通透性增加，因此对激光美容后 7 天内辅助护理的产品的安全性要求极高，产品需保证安全、高效。激光美容 7 天后，皮肤虽然不适症状已明显消退或者减轻，但是皮肤仍处于敏感状态，皮肤尚未完全修复，皮肤耐受性仍然较差，因此激光美容后依然要针对性地设计修复产品。激光美容后的整个修复周期内，皮肤干燥都是贯穿始终的普遍症状，因此针对激光美容造成的皮肤水分的丢失、皮肤屏障的破坏、水通道蛋白的变性等问题设计全面的保湿产品也是十分必要的。

（三）激光美容后皮肤养生护肤品设计

1．产品设计思路

激光美容后人群对产品的需求主要为保湿、舒缓、修复，为了解决皮肤干燥，

图 5-15　激光美容后皮肤护理方案

亟需密集补水，同时为满足日常护理需求，故设计补水保湿次抛精华液、补水保湿舒缓面膜；对于急性损伤期的不适症状，亟需舒缓、镇静，故设计舒缓修护冷霜，搭配修复精华油共同修护；为承载不同活性成分物质，同时帮助激光美容后人群恢复皮肤屏障功能，设计一款修复霜满足人群需求。

补水保湿舒缓面膜：它是激光美容后人群消费的一类重要保湿产品品类，一方面面膜可以起到即时强效补水的作用；另一方面激光美容后面膜的使用可以减少涂抹型产品引起的面部接触，降低激光美容后感染的概率，实现术后即时、强效、安全的保湿。

舒缓修护冷霜：激光美容后皮肤易出现灼热、刺痛、瘙痒等不适症状，即时缓解激光美容后皮肤出现的不适症状，可以改善激光美容消费人群的体验感，避免因为过度的不适症状，给激光美容后人群造成生理或情绪的困扰。

补水保湿次抛精华液：激光美容的光电热效应或机械性破坏皮肤屏障会导致皮

肤水分的大量损失，引起皮肤干燥。激光美容后的皮肤需要安全、强效的保湿产品。一方面可以达到强效保湿锁水的功效；另一方面小包装、次抛设计也可以减少防腐剂的应用，减少多次重复使用引起感染的风险。精华液的剂型设计使产品达到强效保湿效果，是非常适合激光美容后皮肤补水的日常护肤产品。

修复霜：激光美容后引起的皮肤屏障破坏是多维度的，因此激光美容后皮肤屏障修复产品需要综合考虑激光美容后皮肤屏障破坏的多个维度进行产品设计。针对基底层进行修复需承载更多活性物质，故选择修复霜剂型；对基底层进行修复的同时，也需要从外部补充结构脂质，帮助皮肤快速恢复屏障功能；另外，采用液晶结构形成类皮肤屏障结构，从而促进皮肤屏障结构形成。

修复精华油：基于物质透皮吸收规律，油剂护肤具有安全、高效的特点。①油剂易于透过角质层发挥功效；②油剂发挥作用时需要经过重新油水分配，所以具有缓释效果，避免过量集中渗透；③油剂相对简单的体系，可避免引入刺激源。因此对于激光美容高不耐受皮肤修复精华油的设计是非常必要的。

2．功效设计思路

（1）激光美容后保湿功效的设计思路　激光美容后皮肤干燥的原因在于激光热效应引起的皮肤水分大量蒸发及皮肤天然保湿系统的破坏。

① 激光的热效应可使水通道蛋白变性，进而导致水通道蛋白失去皮肤水合作用，影响皮肤修复过程。

② 激光的光热效应可导致酶蛋白发生变性，导致 NMF 的生成代谢障碍。

③ 激光美容手术中一方面光电热效应会引起皮肤表面大量水分蒸发，另一方面会导致皮肤局部出现不同程度的局部炎症反应，加速水分挥发、透明质酸降解，引起皮肤干燥。

针对上述激光美容后皮肤干燥的原因，基于“调治于内而美于外”的中医辨证思想，笔者课题组创新提出了“补・清・固・养”的整体保湿理念，依据“君、臣、佐、使”的组方原则，取金钗石斛补液生津之功，采苦参清热消炎之效，纳紫松果菊固水护屏之蕴，撷库拉索芦荟、宁夏枸杞滋阴润养之益，通过优化组方配比，实现最佳协同增效，解决了激光美容后的皮肤干燥问题。

■　**有效提高水通道蛋白（AQP3）、丝聚蛋白的表达**

通过免疫荧光测定角质形成细胞中水通道蛋白（AQP3）的表达，通过 RT-PCR 检测丝聚蛋白（FLG）的表达，保湿功效的组方受试浓度为 0.05%，实验结果见图 5-16。

通过透明质酸酶实验测定保湿功效的组方对透明质酸酶的抑制率。**表示采用 SPSS Dunnett-*t* 检验分析，保湿功效组方与配方基质呈极显著性差异，即 $P<0.01$，实验结果见图 5-17。

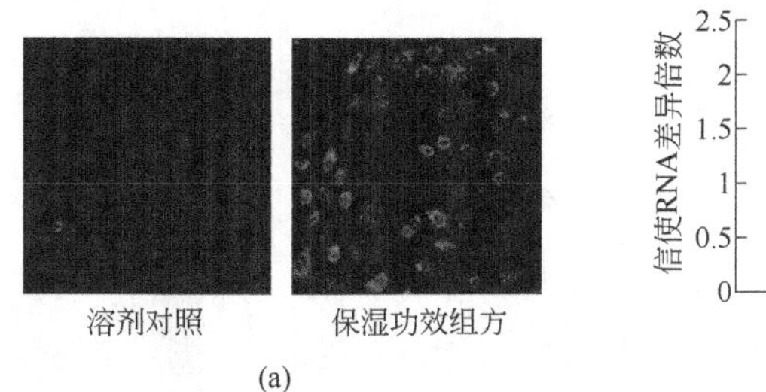

(a)

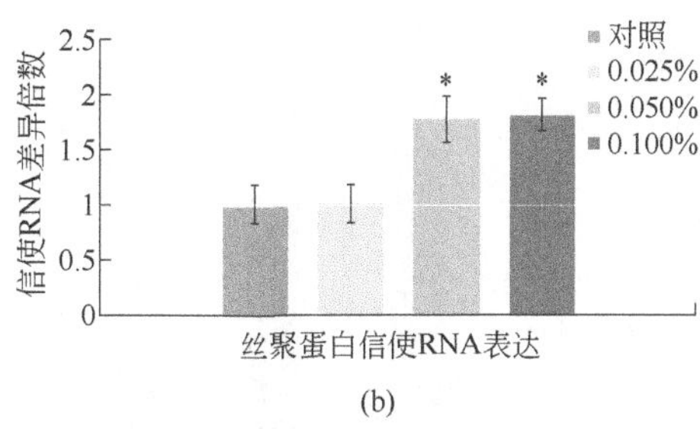

(b)

图 5-16　保湿组方对水通道蛋白（a）、丝聚蛋白信使 RNA（b）表达的影响

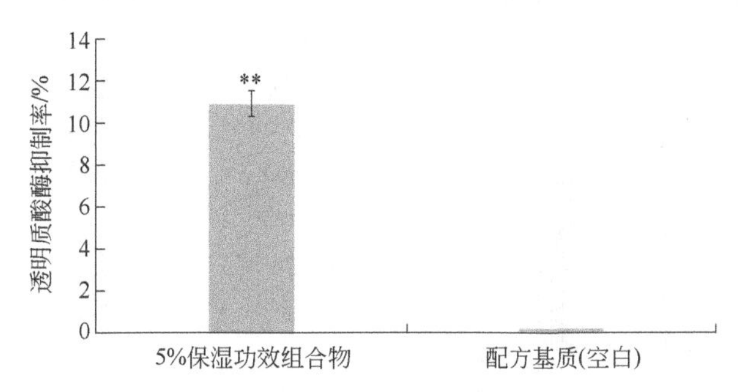

图 5-17　保湿组方对透明质酸酶抑制影响

（2）激光美容后皮肤舒缓功效的设计思路　从中医角度出发，对皮肤的高度敏感状态进行辨证，可归结到肌表不密、感受外邪、热毒蕴结、邪扰皮肤。

舒敏功效组方是基于中医“整体、辨证、综合”的思想，分析皮肤敏感形成的原因，从“玉屏风散方”等传统组方中汲取灵感而形成的一款具有舒敏功效的植物组方功效原料。遵循药性搭配、七情配伍及“君、臣、佐、使”的组方原则。舒敏功效组方以黄芪为君，取其御屏固表之效；以天麻、防风为臣，采其祛风散邪之妙；以金盏花为佐，纳其清热解毒之益；以合欢为使，撷其镇静安肤之蕴，巩固屏障，舒缓皮肤，解决红、肿、痒等敏感性皮肤问题。

■　**有效抑制炎症因子/介质（IL-1α，IL-6，TNF-α，PEG2）释放**

利用角质形成细胞模型，在 Elisa 法检测 UVB 辐照条件下，炎症因子/介质的释放情况，进而评价舒敏功效组方的功效，实验结果见图 5-18。

■　**有效降低敏感状态毛细血管通透性**

利用外源性组胺致动物皮肤瘙痒模型来检测舒敏组方使动物耐受组胺的能力，进而评价舒敏功效组方的止痒和抗敏功效，实验结果见图 5-19。

■　**有效抑制组胺引发的瘙痒**

利用动物模拟抗体和抗原结合发生 I 型超敏反应，引发局部毛细血管通透性

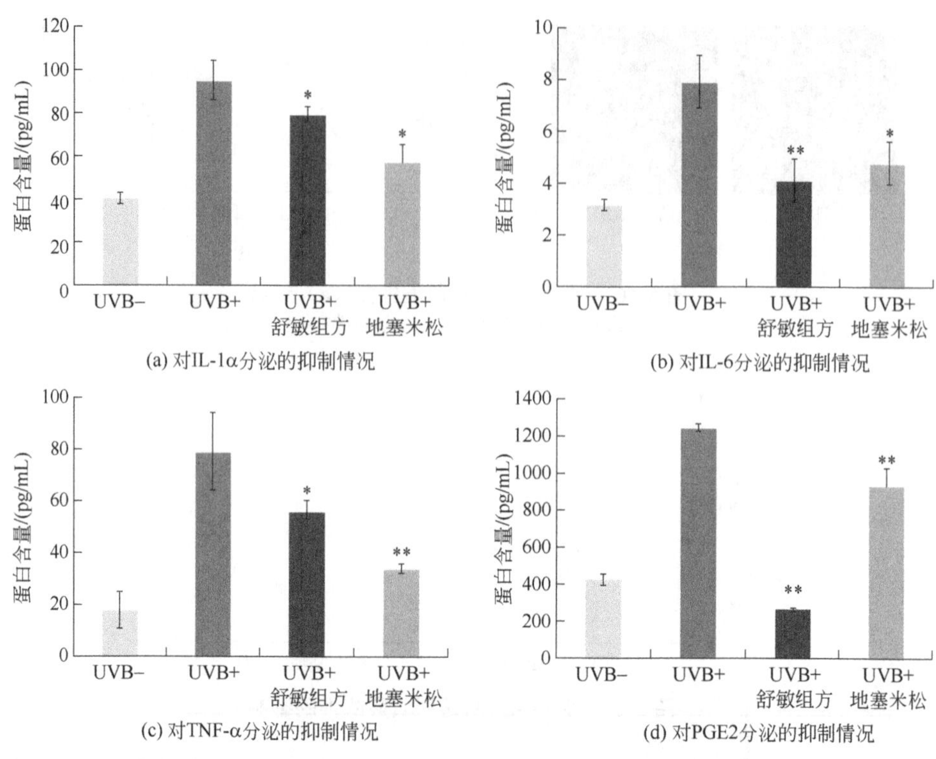

图 5-18 舒敏功效组方对炎症因子/介质（IL-1α，IL-6，TNF-α，PEG2）释放的影响

［*和**分别表示采用 SPSS Dunnett-t 检验分析，舒敏功效组方与空白对照组呈显著性差异（$P<0.05$）和极显著性差异（$P<0.01$）］

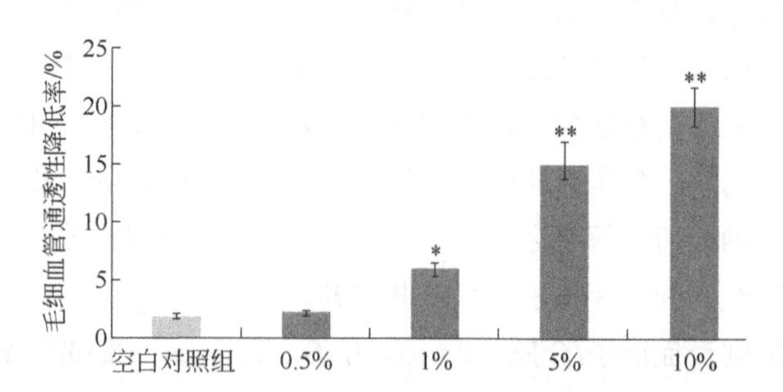

图 5-19 不同添加量下舒敏功效组方对毛细血管通透性的影响

［*和**分别表示采用 SPAA Dunnett-t 检验分析，舒敏功效组方与空白对照组呈显著性差异（$P<0.05$）和极显著性差异（$P<0.01$）］

显著增加这一过程，评价舒敏功效组方的抗敏功效，实验结果见图 5-20。

（3）激光美容后修复功效设计思路　激光会引起皮肤结构及功能的损伤：皮肤屏障（砖墙结构）的结构蛋白及脂质的破坏或流失；除了屏障损伤外，激光美容后还会引起活性表皮层的损伤，活性表皮层是形成皮肤屏障的重要结构基础，激光美

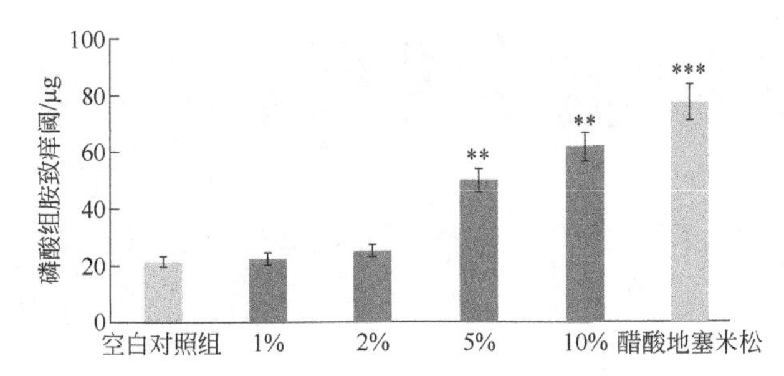

图 5-20　不同添加量下舒敏功效组方对组胺引起的瘙痒的影响

[**和***分别表示采用 SPAA Dunnett-*t* 检验分析，舒敏功效组方与空白对照组呈显著性差异（**为 $P<0.01$，***为 $P<0.001$）]

容后活性表皮层损伤，物质代谢减缓，皮肤屏障修复受阻；激光美容后皮肤组织损伤及术后刺激物、有害物入侵，引发皮肤炎症反应，炎症反应进一步加重皮肤损伤。激光美容后表皮包括皮肤屏障的修复，一方面主要依赖于皮肤自身的修复机制，通过修复活性表皮层，增强皮肤的屏障自修复机制，加速皮肤屏障的修复；另一方面通过降低皮肤局部的炎症反应，避免炎症反应加重皮肤损伤，加速皮肤的愈合。

中医认为，敏感性皮肤的发生可责之于素体禀赋不耐，腠理不密，与不正确使用或使用不正规化妆品或药品、过度护肤、不恰当美容操作、患有其他皮肤旧疾等有关，导致腠理空虚，玄府失固，风、热、湿毒之邪侵犯肌表。按照中医君、臣、佐、使的组方原则，以红花为君，活血化瘀，改善局部皮肤气血运行；以栀子花为臣，清热凉血，促进皮肤损伤修复，红花与栀子花相使为用；以杭白菊为佐，疏风散热，兼生津养阴，配合君臣药治疗兼症；以绿萼梅为使，养阴生津，滋润皮肤，促进皮肤损伤修复，杭白菊与绿萼梅相使为用，形成清热活血功效的修复组合物。全方通过活血化瘀、清热凉血、疏风散热、养阴生津的中医治则，起到增强活性表皮层机能，加速皮肤屏障修复，达到标本兼顾修复皮肤屏障的目的。

■　修复表皮层结构

该测试基于 3D 表皮模型 EpiKutis，通过十二烷基硫酸钠（0.3%SLS 孵育 30min 后，清洗）刺激构建的 SLS-EpiKutis 损伤模型，采用表面给药的方式，均匀涂布于皮肤模型表面（损伤后给药，孵育 24h），通过检测模型组织形态学结构变化（HE 切片），进而评价待测样品的屏障损伤修复功效，实验结果见图 5-21。

■　促进 PPAR-α、LOR、FLG 的表达

该测试基于 3D 表皮模型 EpiKutis，通过十二烷基硫酸钠（0.3%SLS 孵育 30min 后，清洗）刺激构建 SLS-EpiKutis 损伤模型，采用表面给药的方式，均匀涂布于皮肤模型表面（损伤后给药，孵育 24h），通过 RT-PCR 检测模型组织中过氧化物酶增殖激活受体（PPAR-α）、兜甲蛋白（LOR）、丝聚蛋白（FLG）的 mRNA 表达量，进而评价待测样品的屏障损伤修复功效，实验结果见图 5-22。

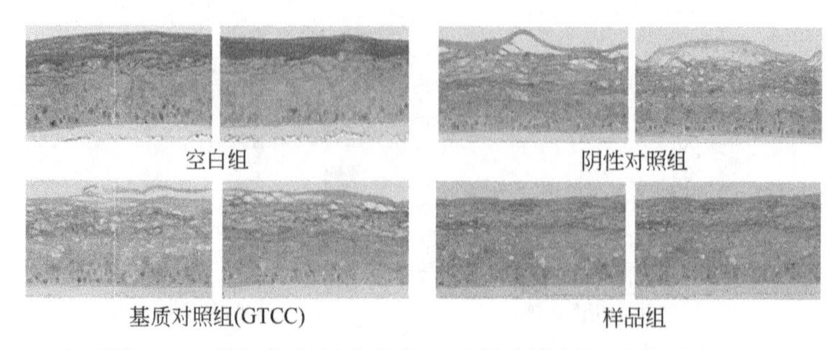

图 5-21　使用修复组合物前、后的表皮组织形态学变化

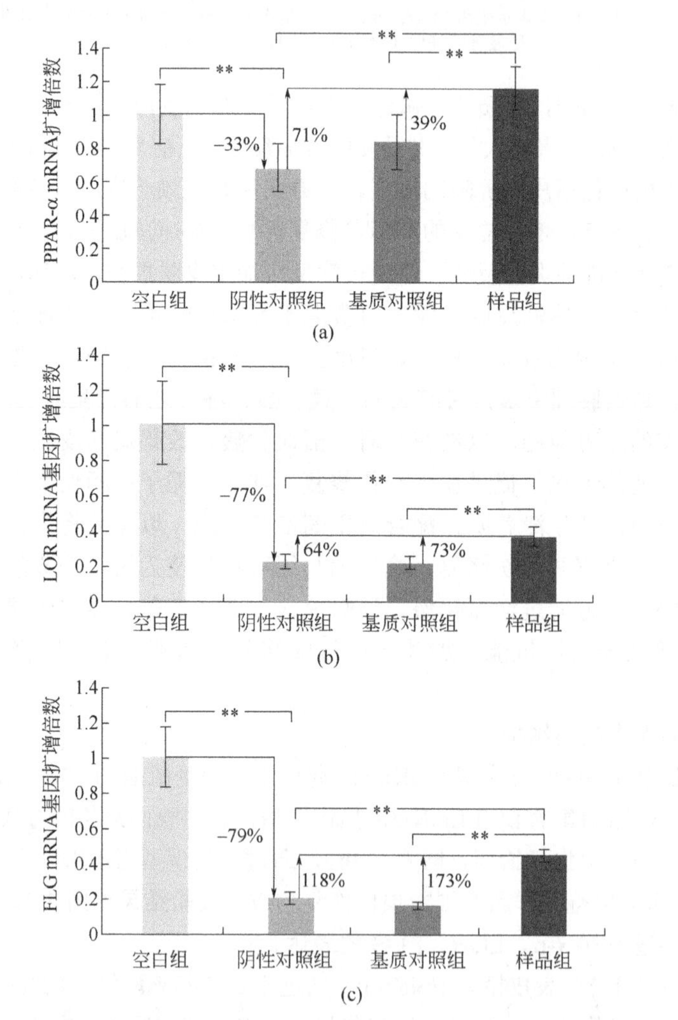

图 5-22　修复组合物对 PPAR-α（a）、LOR（b）、FLG（c）表达的影响

3．配方设计思路

除上述功效体系外，配方的基础体系设计也很重要，如乳化体系、防腐体系等。

补水保湿舒缓面膜：为了规避常规防腐剂风险，选用多元醇体系防腐，该体系除了起到防腐作用外，还可起到保湿作用，同时由于面膜为一次性包装产品，可降低多元醇的添加量以降低刺激性（保湿舒缓面膜配方示例见表 5-8）。

舒缓修护冷霜：医美术后人群会出现灼热、瘙痒等不适症状，水凝胶体系具有天然的凉感，搭配少量清凉剂可帮助缓解不适症状，同时为了补充油溶成分，并规避乳化剂的添加，选用油凝胶体系，从而形成双凝胶体系，搭配多种植物活性成分，达到舒缓镇静作用（舒缓修护冷霜配方示例见表 5-9）。

补水保湿次抛精华液：针对医美人群日常皮肤干燥问题设计的补水保湿次抛精华液，配方需达到有效、安全、简单三方面要求，添加高含量的多种分子量透明质酸钠，与植物提取物共同由内到外达到高效补水作用；由于产品包装设计为一次性包装，故防腐体系采用丁二醇及 1,2-戊二醇体系，最大程度降低刺激性；产品配方组成简单，原料多选用单一物质成分，降低配方风险（补水保湿次抛精华液配方示例见表 5-10）。

修复霜：针对医美术后人群皮肤屏障功能受损问题，配方采用液晶乳化体系，其液晶结构能够在皮肤表面形成类似皮肤砖墙结构，帮助皮肤修复屏障功能；按特定比例补充结构脂质（神经酰胺、饱和脂肪酸、胆固醇），直接补充皮肤结构脂质，恢复皮肤屏障功能（修复霜配方示例见表 5-11）。

修复精华油：配方采用纯油剂体系，无防腐，更安全，更适用于高不耐受皮肤人群，精华油的配方设计应注重精华油的肤感调整，产品不黏腻，易吸收，在此基础上进行油脂的筛选（修复精华油配方示例见表 5-12）。

（1）保湿舒缓面膜配方示例

表 5-8　保湿舒缓面膜配方

组相	原料名称	质量分数/%
A	水	加至 100
	卡波姆	0.20
B	丁二醇	4.00
	甘油	3.00
	1,2-戊二醇	3.00
	EDTA 二钠	0.10
	透明质酸钠	0.05
C	海藻糖	2.00
	β-葡聚糖	3.00
	膜荚黄芪根提取物、防风根提取物、金盏花花提取物、合欢花提取物、天麻根提取物	4.00
	泛醇	0.30
D	pH 调节剂	适量

（2）舒缓修护冷霜配方示例

表 5-9　舒缓修护冷霜配方示例

组相	原料名称	质量分数/%
A	水	加至 100
	卡波姆	0.50
B	丁二醇	3.00
	甘油	3.00
	EDTA 二钠	0.10
	透明质酸钠	0.05
C	双凝胶乳化剂	4.00
	辛酸/癸酸甘油三酯	3.00
	异硬脂醇异硬脂酸酯	4.00
	聚二甲基硅氧烷	2.00
	抗氧化剂	适量
D	pH 调节剂	适量
	膜荚黄芪根提取物、防风根提取物、金盏花花提取物、合欢花提取物、天麻根提取物	5.00
	薄荷醇	0.001
	辛酰羟肟酸	适量

（3）补水保湿次抛精华液配方示例

表 5-10　补水保湿次抛精华液配方示例

组相	原料名称	质量分数/%
A	水	加至 100
	丁二醇	5.00
	甘油	3.00
	1,2-戊二醇	3.00
	EDTA 二钠	0.10
	高分子量透明质酸钠	0.50
	低分子量透明质酸钠	0.30
	金钗石斛茎提取物、库拉索芦荟叶提取物、苦参根提取物、宁夏枸杞果提取物、紫松果菊提取物	5.00

（4）修复霜配方示例

表 5-11　修复霜配方

组相	原料名称	质量分数/%
A	水	加至 100
	卡波姆	0.60
	甘油	3.00
	EDTA 二钠	0.10
B	液晶乳化剂	4.00
	异硬脂醇异硬脂酸酯	3.00
	聚二甲基硅氧烷	4.00
	牛油果树果脂	2.00
	鲸蜡硬脂醇	0.50
	向日葵籽油、红花花提取物、栀子花提取物、菊花提取物、梅花提取物	5.00
	神经酰胺	0.1
C	抗氧化剂	适量
	pH 调节剂	适量
	辛酰羟肟酸	适量

（5）修复精华油配方示例

表 5-12　修复精华油配方

组相	原料名称	质量分数/%
A	辛酸/癸酸甘油三酯	加至 100
	油菜甾醇类、鲸蜡硬脂醇	0.50
B	红没药醇	0.10
	向日葵籽油、红花花提取物、栀子花提取物、菊花提取物、梅花提取物	5.00
	生育酚（维生素 E）	0.10
	异硬脂醇异硬脂酸酯	30.00
	聚二甲基硅氧烷	20.00

■　**舒缓修护冷霜五维度改善敏感皮肤状态**

30 位年龄在 20～55 岁自我报告皮肤敏感的受试者，随机分为两组，分别在面部使用舒缓修护冷霜和膏霜基质，采集受试者使用反馈结果。舒缓修护冷霜在止痒、祛红、消肿、紧绷感、刺痛感五个维度上均可有效改善皮肤敏感状态（见图 5-23）。

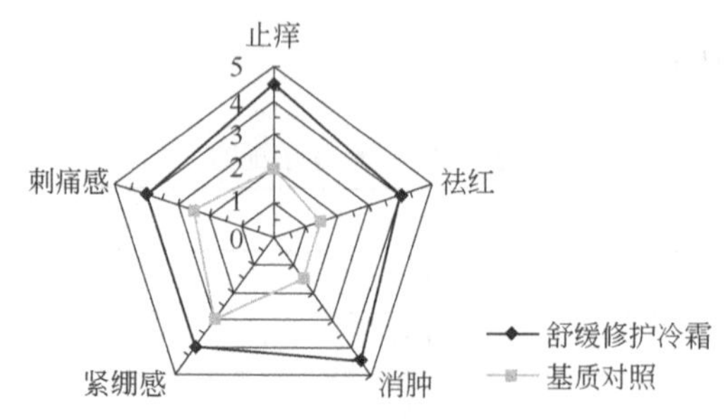

图 5-23　舒缓修护冷霜改善皮肤敏感

■　**修复精华油加速医美后皮肤修复（见图 5-24）。**

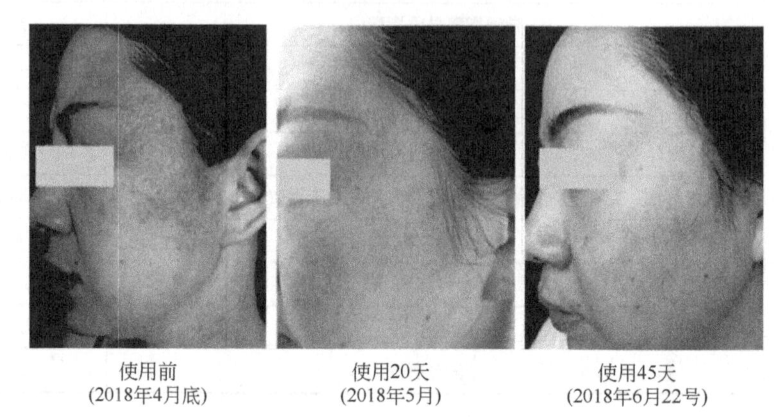

图 5-24　修复精华油志愿者试用（彩图见后文插图）

第六章 毛囊皮脂腺问题皮肤的护理养生与护肤品开发

06 Chapter

毛囊是生长毛发的皮肤器官，分布在除了手掌、脚掌和嘴唇以外的全身体表皮肤。皮脂腺是附属于皮肤的一个重要腺体，产生皮脂，主要分布于头、面以及胸背上部。皮脂腺导管开口于毛囊，毛发密度越高的地方皮脂腺的数目就越多。毛囊常见问题有毛囊闭合、毛囊阻塞、毛囊炎症等。毛囊出现问题的同时，也会使皮脂腺油脂的分泌、排泄出现障碍，会导致痤疮、脂溢性皮炎等皮肤问题。痤疮是一种常见的发生于毛囊皮脂腺的慢性损容性皮肤疾病，其中青少年是高发人群。痤疮的发生和痤疮遗留下的瘢痕会给患者的身心带来极大的影响。与其他部位皮肤相比，头皮的薄度仅次于眼周，细腻敏感，且头皮部位毛发生长茂盛，分布着大量的毛囊、皮脂腺，更易发生毛囊、皮脂腺的功能障碍。因此，本章针对毛囊皮脂腺引发的痤疮问题和具有特殊结构的头皮部分的护理养生做系统介绍。

第一节 寻常痤疮皮肤养生与护肤品开发

痤疮，又称青春痘、粉刺或暗疮，是一种累及毛囊皮脂腺的慢性炎症性皮肤病，多见于头面部、前胸部、后背等皮脂腺较丰富的部位，主要以粉刺、丘疹、脓疱、结节和囊肿等多种类型的皮疹为特征。各个年龄段人群均可发生，但多发于青春期男女，具有一定的损容性，给患者身心健康带来较大影响。中医学称本病为“粉刺”

或“肺风粉刺”。

本节从寻常痤疮的发生因素、临床表现、诊断和分型护理的养生方案入手，根据痤疮的发生机理，提出相应的皮肤养生思路，并对寻常痤疮提供健康指导和可行的护肤方法，希望广大痤疮患者能够认识到痤疮是一种皮肤病，而不是简单的生理过程，要分型护理，必要时让医生进行治疗，从而达到控制和治愈痤疮的目的。

一、痤疮的发生

现代研究表明，痤疮是多因素综合作用的结果，其发生主要与性激素水平、皮脂大量分泌、痤疮丙酸杆菌增殖、毛囊皮脂腺导管的角化异常及炎症等因素相关。

体内内分泌主要是雄激素分泌水平增高，促使皮脂分泌活跃、增多。毛囊皮脂腺开口被阻塞是发病机制中的重要因素。在毛囊闭合的情况下，痤疮丙酸杆菌大量繁殖，导致炎症，形成炎性丘疹。在闭塞的毛囊皮脂腺内部，大量皮脂、大量脓细胞把毛囊皮脂腺结构破坏，受损皮肤进一步恶化，形成脓包、结节、囊肿，甚至使皮肤结构破坏形成疤痕。痤疮形成过程如图 6-1 所示。

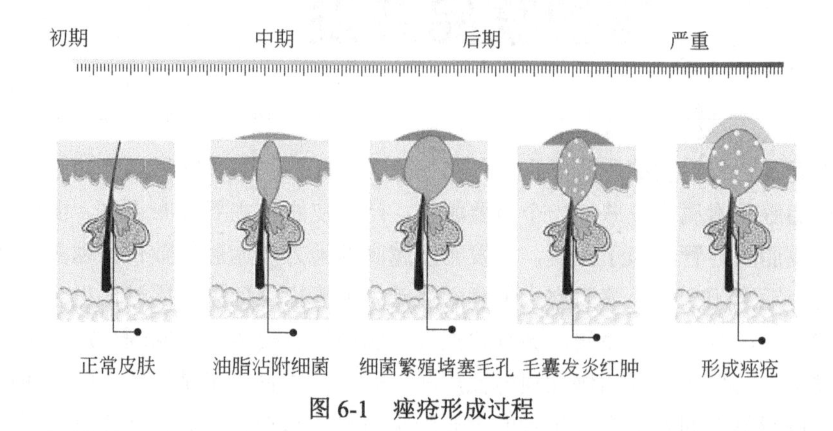

图 6-1　痤疮形成过程

1．皮脂分泌过多

皮脂腺的快速发育和皮脂过量的分泌是痤疮发生的基础。从青春期发病、青春期后减轻或自愈、月经前后痤疮加重可见，雄性激素在痤疮的发病中起重要作用。皮脂腺的发育和分泌受雄性激素的支配，睾酮、硫酸脱氢表雄酮（DHEAs）、脱氢表雄酮（DHEA）和雄烯二酮等雄性激素在皮脂腺细胞内经Ⅰ型 5-α 还原酶的作用转变为活性更高的二氢睾酮，它与皮脂腺细胞内的特异性激素受体结合，从而调控皮脂腺的增生、分化与皮脂分泌。当雄性激素的水平、雄性激素受体的数量和敏感性、雄性激素和雌性激素受体的比例以及 5-α 还原酶水平的活性等发生异常改变时，则会影响雄激素对皮脂腺的调控，从而影响皮脂的分泌。开始分泌的皮脂为鲨烯、蜡酯和甘油三酯的混合物和少量的胆固醇、胆固醇酯及游离脂肪酸。

此外，高血糖指数和高血糖负荷饮食可能通过胰岛素样生长因子-1（IGF-1）等相关生化指标，进而合成二氢睾酮（DHT），促进皮肤油脂分泌，进而加重痤疮（见图 6-2）。同时 IGF-1 升高可刺激雷帕霉素靶蛋白复合体 1（mTORC1），mTORC1 通过促进细胞增殖改变皮脂的平衡，进而参与痤疮的发病机制。IGF-1 能上调细胞转录因子 SOX9 的表达，激活 P13K-Akt 信号通路从而促进皮脂腺分泌皮脂，对痤疮发生有重要作用。

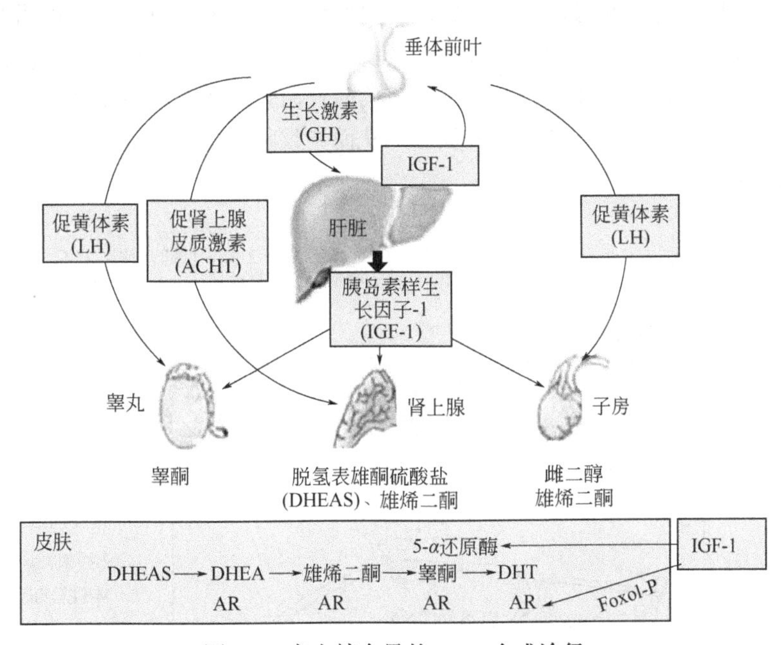

图 6-2　高血糖介导的 DHT 合成途径

2．毛囊皮脂腺导管角化异常

毛囊皮脂腺导管角化过度，导管口径变小、狭窄或阻塞，则影响毛囊壁脱落的上皮细胞和皮脂的正常排出，形成粉刺。

3．微生物感染

早期的痤疮并无感染，皮脂在痤疮丙酸杆菌（PA）（其次为卵圆形糠秕孢子菌及表皮葡萄球菌）脂酶的作用下，水解甘油三酯为甘油和游离脂肪酸，游离脂肪酸刺激毛囊和毛囊周围发生非特异性炎症反应，可诱导产生趋化因子、补体、反应氧自由基和白介素-1 等炎性介质，吸引中性粒细胞进入粉刺之细菌感染引起炎症，出现丘疹、脓疱、结节和脓肿。

4．免疫学因素及炎症反应

发生痤疮时，人体由 B 细胞主导的体液免疫和由 T 细胞主导的细胞免疫都有参与。免疫球蛋白 G（immunoglobulin G，IgG）表达水平在患有痤疮人的血清中被检测到升高，且与痤疮皮肤损伤程度呈正相关，说明其发病中存在体液免疫；当发生细胞免疫时，毛囊中微生物的大量繁殖，刺激免疫细胞激活，使毛囊皮脂腺产生炎症并增强炎症。毛囊里皮脂腺发生闭塞，毛囊结构会被很多皮脂以及脓细胞破坏，进而损坏皮肤造成囊肿甚至会产生疤痕。经研究发现，在痤疮病人的血清中有高水平的 IgG，并且可以发现体内含有针对 *P.acnes* 的循环抗体。而且在痤疮早期经由其组织学表现可以显示：在血管周围有淋巴细胞来浸润，海绵水肿在表皮出现并伴随聚集淋巴细胞，这和在过敏性质接触皮炎里的迟发性超敏反应相同，说明痤疮是由抗原诱导发生的迟发性质的超敏反应，其抗原是毛囊中寄生的细菌或者被分解的分子量较小的角蛋白。脂质过量和毛囊痤疮丙酸杆菌大量增殖，会刺激免疫细胞共同形成机体对非正常皮肤的异常免疫反应，从而导致临床上的痤疮，具体痤疮炎症反应见图 6-3。

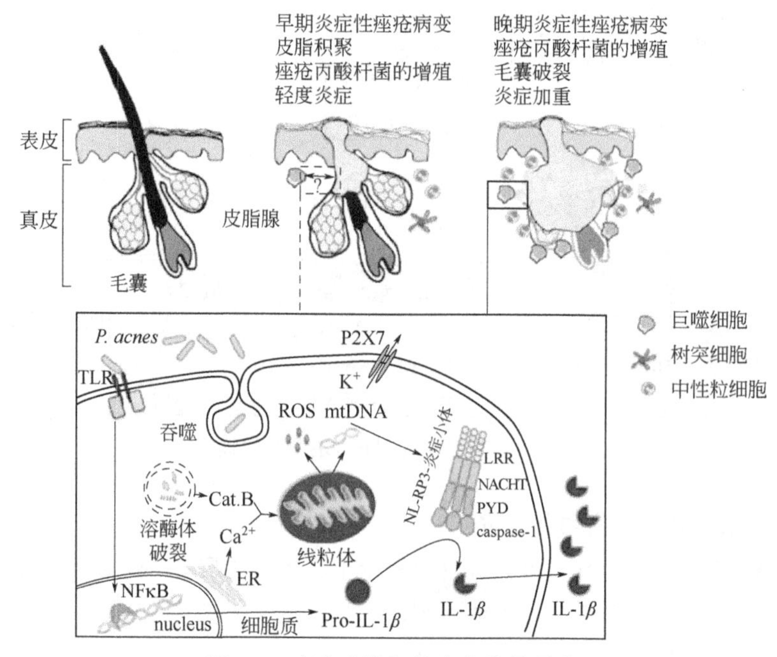

图 6-3　痤疮皮肤相关炎症信号通路

二、痤疮的临床表现与分级

1．痤疮的临床表现

皮损好发于额部、面颊部和鼻颊沟，其次是胸部、背部、肩部。初发损害为与毛囊一致的圆锥形丘疹，顶端呈黄白色，由毛囊内皮脂与毛囊内脱落的角化细胞构成，其顶端因黑色素沉积形成黑体粉刺，可挤出头部黑色而其下呈白色半透明的脂栓，是痤疮的早期损害。稍重时黑头粉刺形成炎症丘疹，顶端可有米粒至绿豆大的脓疱。炎症继续发展，则可形成大小不等的暗红色结节或囊肿，挤压时有波动感，破溃后常形成窦道和瘢痕。通常以粉刺、炎症性丘疹及脓疱最为常见，少数较重者可以出现结节、囊肿和脓肿。皮损一般无自觉症状，炎症明显可伴有疼痛。针对寻常痤疮主要为以下四种类型。

（1）点状样痤疮　面部呈现的小点状散在小白点接近于皮肤色，如用手挤压，可挤出条状或米粒大的黄白色、半透明的脂肪栓。这是毛囊皮脂腺口被角质细胞堵塞，角化物和皮脂充塞其中，与外界不相通，形成闭合性粉刺，看起来为稍稍突起的白头。毛囊皮脂腺内被角化物和皮脂堵塞，且开口处与外界相通，形成开放型粉刺，表现为点状的小黑点。

（2）丘疹性痤疮　最常见的皮肤损害，以发炎的小丘疹为主，高出皮肤，大小有如米粒到豌豆大，较密集，有的也较坚硬，颜色是淡红色或深红色，有时在丘疹中央可以看到黑头或顶端发黑的皮脂栓，有时则会发生痒或疼痛感。

（3）脓疮性痤疮　以脓疮表现为主，高出皮肤有绿豆大小，顶部形成白头脓疱，底部色浅红或深红，触之有痛感，脓液较为黏稠，治愈后常遗留或浅或深的瘢痕。

（4）结节性痤疮　当发炎部位较深时，脓疮性痤疮可发展成壁厚的结节，大小不等，颜色呈浅红色或深红色，表现不一，有的显著隆起而成为半球形或圆锥形，可长期存在或逐渐吸收；脓液破溃后形成明显的疤痕和色素沉着。

2．痤疮分级

至今已经提出了 20 多种痤疮严重程度分级方法，大致可分为照相法、皮损计数法和分级法 3 类，以此指导临床治疗和评价新药疗效。目前较为常用的分级方法分别是 Pillsbury 法及国际改良分类法参考标准，详见表 6-1。

表 6-1　Pillsbury 法及国际改良分类法参考标准

级别	Pillsbury 法	国际改良分类法
Ⅰ级	黑头粉刺，散发至多发，炎性皮疹散发	粉刺为主，有少量丘疹及脓疱，总病灶少于 30 个
Ⅱ级	Ⅰ级+浅在性脓疱，炎性皮疹数目多，限于面部	有粉刺及中量丘疹和脓疱，总病灶为 30～50 个
Ⅲ级	Ⅱ级+深在性炎性皮疹，可发生于面及胸背部	大量的丘疹和脓疱，有大的炎性皮损，总病灶为 51～100 个，结节、囊肿<3 个
Ⅳ级	Ⅲ级+囊肿，易形成瘢痕，发生于上半身	结节/囊肿或聚合性，总病灶>100 个，结节/囊肿>3 个

此外，依据痤疮严重程度不同，可分为轻度、中度和重度，临床表现见图 6-4。

3．痤疮愈后痘印分型

皮肤经痤疮的形成、发生、愈后等过程后，可能伴随以下症状，比如：皮肤组织实质性损伤导致的增生、凹陷，血管通透性和血管的变化引起的肤色变化。根据痤疮愈后的皮肤症状，将其愈后痘印进行分型，见表 6-2。

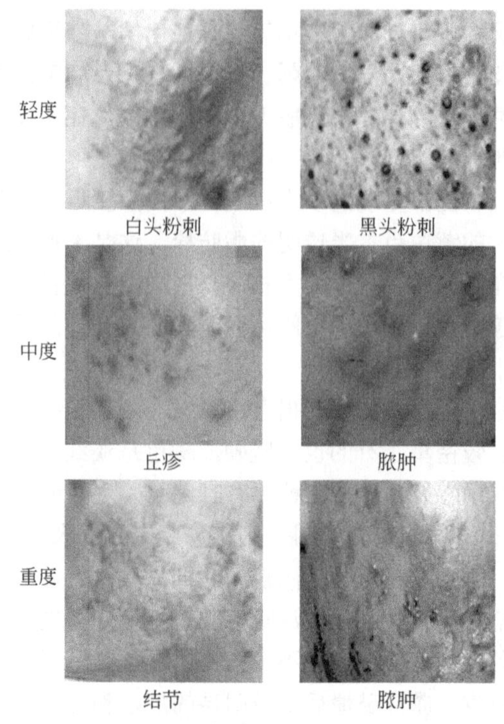

图 6-4　不同程度痤疮的临床表现

表 6-2　痘印分型

类别	特点
鲜红血管型	炎症明显，表面无凸起
炎症后色素沉着	颜色较暗，消退较慢
复发型（活火山）	痤疮消除后，在同一位置复发（炎症仍存在）
凹陷型（死火山）	炎症导致基底层严重破坏，皮肤表面出现凹陷
增生型	突出于皮肤表面，形成结节、瘢痕

三、痤疮的影响因素

影响痤疮形成的因素多种多样，主要因素大致有：遗传因素、微量元素摄入不足、饮食习惯、心理因素和消化功能、空气污染、外用化妆品长期刺激皮肤并使毛孔堵塞、矿物油类的接触以及长期处在冷热温差较大的空调环境中等。

1．遗传因素

对大量人群、家系、双生子的研究表明，遗传因素是构成痤疮发病易感性的重要因素之一。毛囊导管角化过度受遗传控制，由于皮脂分泌率与毛囊角化相关，遗传因素通过控制皮脂生成来控制毛囊角化。基因的突变导致了上皮和毛囊角化过度，同时皮下有炎性细胞浸润。遗传因素通过控制维 A 酸的代谢进而调节毛囊皮脂腺导管的角化。

2．微量元素摄入不足

有研究表明，痤疮患者锌低，它可能会影响机体维生素 A 的利用，促使毛囊皮脂腺的角化。含锌化合物具有良好的抗痤疮性能，因为它可以减少痤疮病变的炎症和抑制皮脂的产生，不仅可外用，也可口服。锌的口服形式，通常是硫酸锌或更好吸收的葡萄糖酸锌，被推荐用于治疗中度和重度痤疮，其效果相当于四环素，如米诺环素或土霉素。另外，口服含乳铁蛋白、锌和维生素 E 的胶囊制剂对轻度至中度寻常痤疮的疗效已得到证实。在外用中，锌化合物由于其抗炎特性以及通过阻断 *P. acnes* 脂肪酶和降低游离脂肪酸水平来减少 *P. acnes* 细菌数量的能力，被广泛用于化妆品配方中。

3．饮食习惯

在食用低血糖指数饮食、不食用牛奶或乳制品的旧石器时代，痤疮是不存在的。痤疮应被视为一种由人类文明驱动的疾病，如肥胖、2 型糖尿病和西方饮食诱发的癌症。有研究表明，高血糖指数和高血糖负荷饮食可能通过胰岛素样生长因子-1（IGF-1）等相关生化指标，进而合成二氢睾酮（DHT），促进皮肤油脂分泌，进而加重痤疮（见图 6-5）。研究证明胰岛素/IGF-1 信号传导在 SREBP-1 介导的皮脂生成中的重要作用，高血糖碳水化合物可以增强痤疮胰岛素/IGF-1 信号传导。同时，流行病学和生化证据支持牛奶和乳制品作为胰岛素/IGF-1 信号传导和痤疮加重的增强剂作用。牛奶增强了高血糖碳水化合物的信号效应，牛奶蛋白消耗引起的胰岛素、胰岛素样生长因子-1 和亮氨酸信号增加，促进痤疮的发展。

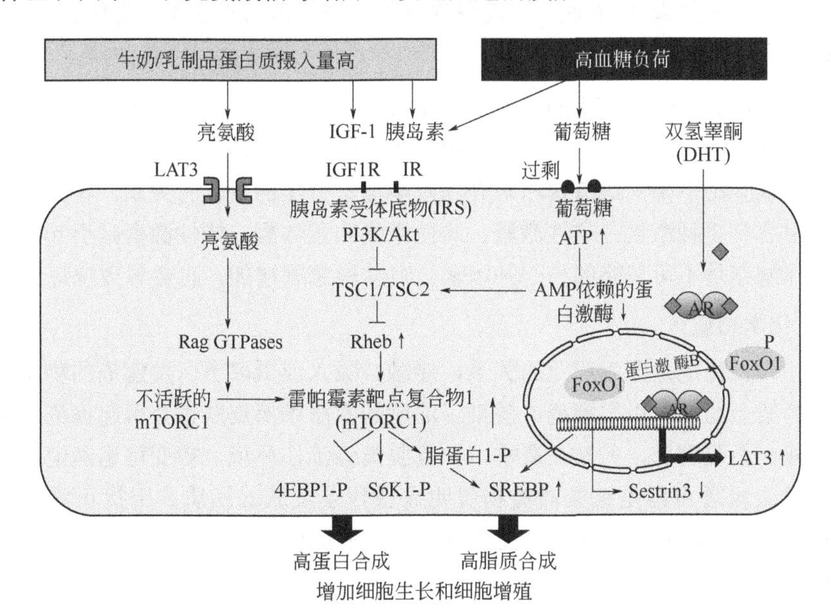

图 6-5 饮食与痤疮的关系

4．**心理因素**

心态不平和，精神紧张、焦虑、抑郁、烦躁，精神创伤，也是引发痤疮患者病情加重的主要原因。当神经被应激、压力等因素刺激后，可刺激垂体-肾上腺轴，引起肾上腺源性雄激素分泌增加，从而加重病情，持续的精神紧张可能是寻常痤疮病情延长的原因之一。

5．**环境因素**

另外，痤疮病发情况也会受到环境因素影响，如灰尘黏附于脸部皮肤而不及时清理、空气污染程度、日晒时长及紫外线强度、冷热环境的变化以及环境湿度等都可能加重痤疮的病情。

6．**作息及生活压力**

无规律的生活习惯，如熬夜、睡眠不足以及生活压力过大都会导致皮肤抵抗力下降，降低皮肤自我修复力能力，不仅易于爆发痤疮还会使痤疮恶化。

7．**皮肤护理不当**

动物实验证明许多化妆品、香波以及各种不同内含的防晒剂有致粉刺的作用，长期用于有痤疮素质者可引起闭合性粉刺。有文献报道护肤品或彩妆使用不当，也会阻塞毛孔引起痤疮。如：头发刘海过长、常用太油的发胶，会引起额头局部痤疮，这里痤疮累及前额和颞部，为较为一致的毛囊性丘疹，偶伴脓疱；如果使用乳液、粉底不合适，或上妆太厚，也常会因堵塞毛孔而使双颊出现痤疮；此外，皮肤清洁消毒剂中的制菌物质，皂类内含的脂肪盐均是有致粉刺作用的物质。有人发现过多地使用肥皂，如每天 4～6 次，可能使病变加重并播散到不常见的部位。

8．**月经周期**

易长痤疮的女性，痤疮的出现通常是有周期性的，约在月经周期之前 7～10 天及月经期间痤疮易复发并加重，这是因激素分泌量的变动而引起的。这期间的变化与雌性激素分泌下降、雄激素相对升高及孕激素分泌的变化有关系。在月经周期中发挥作用的有 3 种激素：雄性激素、雌性激素和黄体酮。雄性激素是引起痤疮的主因，黄体酮亦是不可忽略的另一种因素，黄体酮急剧增加，也会导致痤疮的发生。

9．**化学物质**

有些人长痤疮是因为职业的关系，接触、吸入或摄取了引发痤疮的物质，例如油炸或烤架上的烟气引发痤疮，浸染了油脂的衣服摩擦皮肤也会引起痤疮。皮疹常突然出现在面及胸部，尤其在夏季，一旦脱离该工作环境，病变可迅速消退。这类痤疮的发生机理可能是这些油类物质明显替代了皮肤的脂质并干扰正常的角化过程。引起角化过度和毛囊角栓，随后发生毛皮脂腺的炎症。

10．**机械性摩擦**

机械性作用（包括压力、摩擦、挤压或吸引等物理因素）可加重原有痤疮或引起新的痤疮病变。例如衣服、腰带、吊裤带等的摩擦，驾驶员背部皮肤和椅背的摩擦可引起发疹。国外报道的“嬉皮士痤疮”皮损，即发生在嬉皮士戴的额带的下方。类同的现象也可发生在因各种职业需要而戴头盔者、足球运动员顶球的额部以及小提琴手的颈颊部，后者主要是颊部托琴处受机械性刺激所致。机械性痤疮发生机理主要是因为上述物理因素可以激发毛囊的炎症反应。

以上因素，可能对一些人有所侧重，也可能是综合因素的结果。

四、痤疮的解决方案

以皮肤表观生理学为指导，结合现代化技术，以痤疮人群共性问题出发，提供针对性的解决途径，即减少皮脂分泌、改善毛囊角化、抑制痤疮相关病原菌群过度生长及减轻炎症等环节。

1．减少皮脂分泌

皮脂腺属于皮肤的附属器官，也是雄激素表达的靶细胞，主要受到雄激素的调控。通过影响雄激素和雄激素受体（AR）来调控皮脂分泌量，控制痤疮进一步恶化。目前雄激素及AR调节皮脂分泌的主要原因：①AR提高成纤维细胞生长因子受体2（FGFR2）的活性，这是皮脂腺发育和分泌平衡的关键；②AR通过增加皮脂固醇调节元件结合蛋白的表达（SREBPs）增加皮脂腺的皮脂分泌；③雄激素在调节痤疮发展的过程中干扰胰岛素生产因子-1（IGF-1）的活性，使得IGF-1诱导皮脂腺细胞SREBP-1表达与脂肪的合成，且能影响AR活性。同时，易发痤疮患者也需要在饮食上严格注意，高血糖负荷饮食和牛奶/乳蛋白可增加胰岛素信号转导，这反过来也对AR活动产生实质性的影响。

2．改善毛囊角化

痤疮患者皮肤皮脂分泌过负荷后，导致毛囊导管径变小，通畅度减弱，最终导致毛囊皮脂腺导管急性闭塞，毛囊导管厚度增加，出现角化异常。通过疏通毛囊导管，减弱角质细胞的粘连性，减轻毛囊漏斗部的狭窄，使得皮脂顺利通过，改善皮脂瘀积状态，降低毛囊厚度，从而改变毛囊角化，疏通皮肤代谢，促使皮脂腺代谢产物及时排除，来缓解皮肤代谢不畅引发的痤疮问题。

3．抑制痤疮相关病原菌群过度生长

P.acne 是体表的正常菌群之一，但痤疮患者 *P.acne* 数量明显多于正常人群。痤疮炎症主要是由 *P.acne* 过度增殖引起的，它在痤疮的发病中起着举足轻重的作用。研究发现，利用 *P.acne* 在鼠耳郭皮内注射后，可以构建动物炎症痤疮模型。痤疮患者应用抗生素治疗后不但可以取得明显疗效，且治疗后可以减少 *P.acne* 的数量，亦说明了它在痤疮治疗中的作用。此外，有报道通过使用抗菌性物质来抑制痤疮患者毛囊中的金黄葡萄球菌、马拉色菌的含量，在治疗痤疮皮肤方面也取得了良

好的成效。

4．减轻炎症反应

毛囊中过度增殖的痤疮丙酸杆菌分泌脂酶、趋化因子、金属蛋白酶、卟啉等，启动固有免疫、获得性免疫有关的炎症级联反应，产生自由基损伤毛囊上皮角质形成细胞，导致毛囊上皮屏障功能下降。当毛囊及毛囊周围炎症显著时，毛囊壁的功能进一步下降，出现不同程度的毛囊壁破裂，皮脂、角蛋白、细菌、坏死细胞碎片等落入真皮，作为异物诱导真皮炎症反应，形成囊肿及结节。使用抗炎类物质控制皮肤的炎症级联反应，阻断炎症进一步恶化，破坏皮肤毛囊皮脂腺结构，来减少疤痕的产生，对痤疮治疗是行之有效的解决方案。

五、痤疮皮肤护理策略

通过长期的研究，科研人员已逐步掌握了粉刺的成因，对痤疮皮肤的护理方法也进行了多方面探索。目前，抗痤疮类化妆品已经成为市场上最热销的产品之一。同时，必须强调的是，痤疮是一种皮肤病，必须由皮肤科医生来治疗，抗痤疮类化妆品只是起到辅助性作用。

临床一般按照痤疮的严重度不同选用不同的方法和药物。轻度痤疮可单选用外用类的抗痤疮类护肤产品，中度痤疮在外用护肤产品的同时，选用口服制剂，重度痤疮可选用抗痤疮药物或口服制剂合并使用来治疗，这类痤疮患者需要专业的皮肤科医生针对性的治疗。

（一）痤疮的治疗方案

1．外用药

（1）维 A 酸类

作用机制：外用维 A 酸类药物具有改善毛囊皮脂腺导管角化、溶解微粉刺和粉刺、抗炎、预防和改善痤疮炎症后色素沉着和痤疮瘢痕等作用。此外，还能增加皮肤渗透性，在联合治疗中可以增强外用抗菌及抗炎药物的疗效。

适应证及药物选择：外用维 A 酸类药物可作为轻度痤疮的单独一线用药、中度痤疮的联合用药以及痤疮维持治疗的首选。常用药物包括第一代的全反式维 A 酸和异维 A 酸及第三代维 A 酸药物阿达帕林和他扎罗汀。阿达帕林具有更好的耐受性，通常作为一线选择。

使用方法及注意事项：建议睡前在痤疮皮损处及好发部位同时应用。药物使用部位常会出现轻度皮肤刺激反应，如局部红斑、脱屑，出现紧绷和烧灼感，但随着使用时间延长往往可逐渐耐受，刺激反应严重者建议停药。此外，维 A 酸药物（主要是一代维 A 酸）存在光分解现象，并可能增加皮肤敏感性，部分患者在开始使用 2～4 周内会出现短期皮损加重现象，采取较低起始浓度（如果有可选择浓度）、小范围试用、减少使用次数以及尽量在皮肤干燥情况下使用等措施，有助于提高患者依从性及避免严重刺激反应的发生，同时配合使用皮肤屏障修复剂并适度防晒。

（2）抗菌类药物　痤疮丙酸杆菌是诱导痤疮发生的主要因素之一，故对其进行抗菌治疗是痤疮治疗的常用方法。常用的局部抗菌治疗药物包括外用过氧化苯甲酰、抗生素等。

① 过氧化苯甲酰　过氧化苯甲酰是具有杀灭痤疮丙酸杆菌作用的氧化剂，属于角质溶解剂，适用于丘疹性、脓疱性痤疮，可作为炎性痤疮首选外用抗菌药物，可以单独使用，也可联合外用维A酸类药物或外用抗生素使用。药物有2.5%～10%不同浓度及洗剂、乳剂或凝胶等不同剂型可供选择。使用中可能会出现轻度刺激反应，建议从低浓度开始及小范围试用。药物对衣物或者毛发具有氧化漂白作用，应尽量避免接触。另外，过氧化苯甲酰释放的氧自由基可以导致全反式维A酸失活，二者联合使用时建议分时段外用。

② 抗生素　具有抗痤疮丙酸杆菌和抗炎作用的抗生素可用于痤疮的治疗。常用外用抗生素包括红霉素、林可霉素及其衍生物克林霉素、氯霉素、氯洁霉素及夫西地酸等。外用抗生素由于较少出现刺激反应，理论上适用于丘疹、脓疱等浅表性炎性痤疮皮损，但由于外用抗生素易诱导痤疮丙酸杆菌耐药，故不推荐作为抗菌药物的首选，不推荐单独或者长期使用，建议和过氧化苯甲酰、外用维A酸类或者其他药物联合应用。

（3）外用中草药　中草药从清热解毒、活血化瘀、消炎止痛、排脓、祛瘀生新等角度入手，对痤疮有良好的治疗效果。如薏苡仁提取物制成的痤疮霜具有消炎、排脓、止痛作用，对治疗面部痤疮、改善皮肤粗糙有良好效果。植物来源的中草药作为防治痤疮的功效物，已经越来越受到广大消费者的青睐。

常用中草药如下。

丹参：丹参的主要作用成分是丹参酮，它对革兰氏阳性菌有明显的抑制作用，对痤疮棒状杆菌也有较强的抑制作用，并具有抗雄性激素的作用和温和雌激素样的作用。同时，其水溶性成分丹参素对细胞免疫有抑制作用，可参与痤疮的免疫调节。

丁香：丁香散发的香气中含有丁香酚，有极好的空气消毒功效，对多种致病性真菌、球菌、链球菌及肺炎、痢疾、绿脓、大肠、伤寒等杆菌以及流感病毒有抑制作用。丁香乙醇提取物对金黄色葡萄球菌、白色念珠菌具有较强的抗菌作用。

大黄：大黄的有效成分是大黄素，其抑制厌氧菌的作用略高于甲硝唑。实验证明，大黄在体内外条件下均可抑制炎性介质白三烯B的生物合成，是花生四烯酸酯氧酶的抑制剂，可以减少痤疮的炎症反应，进而减少痤疮的皮损疤痕等。

黄芩：黄芩中的黄芩苷活性成分，外用涂抹痤疮皮肤后，可以抑制皮脂腺中二氢睾酮的生成，并对痤疮杆菌有良好的杀灭作用。同时，它还具有痤疮机体免疫作用。

五味子：五子果实、种子、根、藤茎、叶等药用部位主要包含木脂素类、挥发油类、三萜类、多糖类及黄酮类化合物，其中木脂素类为五味子中的主要特征性活性成分，通过对五味子药理学研究发现，五味子木脂素类成分具有抗氧化、抗肿瘤、抑菌抗炎等良好作用，且有报道对革兰氏阳性菌具有明显的抑制作用，其效果优于抗生素。

金银花：金银花主要含绿原酸、咖啡酸等酚酸和黄酮等活性成分，对金黄色葡萄球菌、溶血性链球菌、绿脓杆菌等都有明显抑制作用；金银花提取物能促进淋巴细胞转化，增强白细胞的吞噬功能，提高机体的免疫能力；此外，金银花能促进肾上腺皮质激素的释放，对炎症有明显抑制作用。常与蒲公英、紫花地丁、野菊花等合用，能增强解毒消肿作用。对于痈疽疖毒、红肿疼痛，无论溃脓还是未溃脓者，使用金银花均能起到极佳效果。代表方有“五味消毒饮”等。

有些中草药有着综合的作用，如丹参抑制皮脂过度分泌、抑菌控油、消炎等，而且针对痤疮的肌肤状态，按照中医药君臣佐使等组方原则组成的方剂，特色更加突显，详见本节的案例。

2．中医外治痤疮疗法

中医针对痤疮的治疗方法多种多样，外治法中除中药粉湿敷、面膜法外，本小节还介绍针灸、刺络拔罐的方法，这也是笔者多年收效满意的临床概要总结经验的分享，供专业人士参考。

（1）分型论治

肺胃蕴热型，多见于少男少女。颜面、胸背散在皮疹，针尖至芝麻大小色红，或有小脓包、顶端有黑头，或伴轻度痒痛，伴口渴喜饮，兼见口干渴，大便秘结，小便短赤；舌质红，苔薄黄，脉滑。

气郁血瘀型，多见于女性。面色晦暗，毛孔粗重，颜面等部位皮疹经年不消，久治难愈，色红或暗，红肿坚实；多伴有月经不调，经行血块，经行腹痛，经期皮疹加重；舌质暗红，或见瘀斑瘀点，脉沉细涩。

痰湿结聚型，多见于男性。皮肤粗糙，颜面及下颌部皮疹反复发作，经久不消，渐成黄豆或蚕豆大小肿物，肿硬疼痛或按之如囊，日久融合，凹凸不平，或部分消退而遗留瘢痕。

（2）针刺三步法

① 第一步针刺　选用 0.25mm×25mm 毫针局部从痤疮外侧向根部中心方向针刺，体针取曲池、合谷、足三里、三阴交。肺胃蕴热加内庭；血瘀加血海、太冲；痰郁结聚加丰隆；便秘加支沟。留针 30min，每周 3 次，12 次为 1 疗程，连续治疗 2 疗程。

② 第二步刺络拔罐　患者取俯伏位，尽量暴露项背部，大椎、肺俞、膈俞，常规消毒，用已消毒的三棱针点刺 2～3 下，迅速用闪火法在点刺处各拔一罐，留罐 5min，出血量共计 3～5mL 为宜，起罐后用消毒干棉球擦净血迹。7 日 1 次，4 次为

1 疗程，连续治疗 2 疗程。

③ 第三步面部闪罐 取小罐，用闪火法在面部易生痤疮部位迅速拔吸，反复三次，不留罐，隔日 1 次，10 次为 1 疗程，连续治疗 2 疗程。注意拔罐力度和停留时间，不留印痕为度。

上述方法可以一起使用，也可结合辨证选用。肺胃蕴热型结合刺血、面部闪罐。血瘀型以针刺、痤疮局部放血、闪罐为主。痰郁结聚型以针刺、闪罐为主。

局部针刺可以疏通局部气血，活血祛瘀。同时依据中医理论辨证选穴。督脉是人体“阳脉之海”，督脉上的大椎为手足三阳与督脉之交会穴，即为诸阳之会，具有宣肺泻火、清热散壅的作用，膈俞为血之会，肺俞可以理肺气，穴位点刺放血，使血去热退，对清泄上焦火热之邪尤为适宜，在点刺处拔罐以利于血出，加强疗效。诸穴共同起到消肿散结、泻热解毒、祛瘀邪、通经络的作用，从而祛阴中之阳邪，使火热之邪不再上熏于头面，则痤疮快速吸收得以痊愈。局部闪罐可疏通局部经络，去其红、痒、痛等不适症状。

此外，治疗期间患者忌食肥甘厚味，饮食以清淡为主，多吃蔬菜、水果；生活要有规律，调整好心情；忌用含激素产品、磨砂产品、护肤水和粉质化妆品等，可以使用洗面奶洁面，乳液、含有丹参酮提取物的凝胶产品等护肤品。

3．化学剥脱法

化学剥脱主要采用果酸、水杨酸及复合酸等，具有降低角质形成细胞的黏着性、加速表皮细胞脱落与更新、刺激真皮胶原合成和组织修复以及轻度抗炎作用，减少痤疮皮损，同时改善皮肤质地，临床上可用于轻中度痤疮及痤疮后色素沉着的辅助治疗。

有研究表明，果酸中的α-羟基酸具有加快表皮死细胞脱落、促进表皮细胞更新、改善皮肤屏障功能等功效，可渗透皮肤毛孔并起到清洁皮肤毛孔的作用，它可以减少角质堆积，减轻毛囊皮脂腺导管角化过度，对痤疮丙酸杆菌具有一定的抑制作用，故采用果酸治疗中度痤疮具有见效快、疗效好和不良反应少等优点，同时具有改善肤质的作用。此外，果酸亦可联合中药、胶原蛋白和丹参酮等对痤疮进行治疗，其疗效均明显优于单纯给予果酸治疗，且果酸浓度与疗效呈正相关。

（二）痤疮的防治建议

按照“内服外用”整体养生护理的同时，需将健康教育、科学护肤及定期随访贯穿于痤疮治疗始终，以达到治疗、美观、预防于一体的防治目的。

首先需合理饮食，限制高糖和油腻饮食及奶制品尤其是脱脂牛奶的摄入，少吃脂肪、糖类和辛辣等刺激性食物，避免食用油炸食物。多吃一些新鲜的水果，保持规律饮食、大便通畅。关于饮食部分的保养建议，详见本书第七章第五节食养与祛痘。

其次要科学护肤，保持脸部清洁，但不能过度清洗，忌挤压和搔抓。清洁后，要根据患者皮肤类型选择相应护肤品配合使用。在使用维 A 酸类、过氧化苯甲酰等药物或物理、化学剥脱时易出现皮肤屏障受损，需选择舒敏保湿类护肤品。应谨慎使用和选择粉底、隔离、防晒等化妆品，尽量避免化妆品性痤疮发生。对于皮肤油腻、粉刺，在炎症没有发生的阶段做好洁面工作和正确的防控方法非常关键。

最后，注意毛巾、枕巾和内衣要避免化纤产品，纯棉、真丝最好。要调整生活规律，保证充足的睡眠，避免熬夜，保持大便通畅。

此外，痤疮尤其是重度痤疮患者易出现焦虑和抑郁，需配合心理疏导。

六、痤疮皮肤养生护肤品开发案例

痤疮皮肤人群的皮肤存在油脂分泌过旺、痤疮显现以及痘印难以消除等诸多阶段性的问题，而痤疮问题的发生也是多因素综合作用的结果。因此对于痤疮皮肤人群的皮肤护理品也需要针对未出现痤疮、痤疮出现时以及痘印消除阶段分别进行相应的产品设计。痤疮皮肤养生方案主要是帮助痤疮皮肤人群在痤疮皮肤不同护理阶段进行相应的护理品选择，帮助痤疮皮肤人群科学、有效地缓解由痤疮带来的诸多问题。

（一）痤疮皮肤养生护肤品设计原则

1．产品设计原则

痤疮皮肤护理产品设计要针对痤疮皮肤的生理病理特点，从痤疮皮肤油脂控制和角质代谢的源头着手，从高效控油、软化角质、杀菌消炎、修复再生、补水保湿和提升免疫力等方面对痤疮皮肤进行全程护理。对于皮肤护理产品的要求是护理原料成分安全性有保障，产品对皮肤温和无刺激；起效快，且效率高；严禁添加抗生素和激素等违禁成分；修复皮肤，提升自身免疫力，改善痤疮的病理状况。

2．配方设计原则

痤疮人群皮脂分泌旺盛，角质代谢异常，从而引发炎症反应，故针对痤疮人群的配方设计应注意以下几个原则：

① 配方设计需做全面考虑，从油脂分泌旺盛的未长痘人群到后期祛痘印的修复均需做产品设计。

② 配方尽量简单，避免成分过多对皮肤造成负担。

③ 油脂的添加应格外注意，避免皮肤油脂堆积，同时需注意控制水油平衡。

④ 配方剂型尽量选用乳剂或水剂型。

⑤ 配方尽量温和，安全无刺激。

（二）痤疮皮肤养生护肤品开发方案

针对痤疮皮肤人群皮肤状况的不同阶段，提出了如图 6-6 所示的痤疮皮肤养生护肤品方案。

护理时期	痤疮未显现期	痤疮症状发生期	痤疮症状消除期
皮肤问题	皮肤易出油，易显粉刺	痤疮显现，长痘	痤疮消除，痘印出现
问题原因	① 皮脂分泌旺盛 ② 皮肤角质剥脱异常，容易堵塞毛孔	① 油脂分泌过多，堵塞毛孔 ② 痤疮丙酸杆菌过度繁殖 ③ 毛囊炎症反应 ④ 毛囊导管角化异常	① 炎症反应出现(红痘印) ② 炎症反应导致色素沉着(黑痘印) ③ 皮肤组织受损出现疤痕(痘坑)
解决办法	① 抑制油脂过度分泌 ② 保持水油平衡 ③ 适当促进角质更新 ④ 预防毛孔堵塞 ⑤ 预防化妆品致痘	① 抑制油脂过度分泌 ② 疏通堵塞毛孔 ③ 抑制毛囊炎症反应 ④ 抑制痤疮丙酸杆菌过度繁殖 ⑤ 促进毛囊角化细胞正常分化	① 抑制炎症反应 ② 抑制黑色素沉着 ③ 促进肌肤更新 ④ 修复肌肤组织
护理产品	水油平衡乳	丹参净痘精华素	积雪草祛痘印面膜
产品特点	一水一油组合，维持肌肤水油平衡，添加配方安全保障成分，避免化妆品致痘	无油配方适合痤疮肌肤植物祛痘成分安全高效	密集护理，修复肌肤
护理步骤	未长痘时使用水油平衡乳，帮助维持肌肤水油平衡，维持肌肤健康状态	长痘时长痘处点涂丹参净痘精华素或全脸使用产品	一周三次在痘印处或全脸使用

图 6-6　痤疮皮肤养生护肤品方案

（三）痤疮皮肤养生护肤品设计

1．产品设计思路

痤疮的产生包括内源性因素和外源性因素两方面。内源性痤疮的主要原因与激素水平、皮脂代谢情况以及皮肤表面丙酸杆菌繁殖等因素有关。而外源性痤疮主要是由外界刺激所引发，包括化妆品成分直接堵塞毛孔，形成闭合性粉刺，或是外界刺激成分干扰毛囊皮脂腺导管的上皮增生，或是化妆品部分油脂替代皮肤的正常脂质并干扰正常的角化过程，引起角化过度和毛囊角栓，随后发生毛皮脂腺的炎症，等等。因此，针对痤疮皮肤人群的护肤产品设计应从以下角度考虑：①调控皮肤油脂含量；②维持皮肤表面水油平衡，保证皮脂腺、角化细胞等正常代谢；③杀菌消炎，抑制痤疮症状；④痤疮部位皮肤修复再生、补水保湿，并提升皮肤免疫力等。通过对痤疮产生前、后各个阶段选取合理的护肤策略，对痤疮皮肤进行全程护理。

2．功效设计思路

（1）水油平衡护肤产品的设计思路　一方面，痤疮皮肤人群在痤疮发生前皮肤多处于油脂分泌过旺的状态，堵塞毛囊口，引发痤疮丙酸杆菌等微生物大量增殖。另一方面，由于表皮水油比例失衡，皮肤角化导管分化异常，易诱发痤疮。因此，通过平衡皮肤表面的水油平衡，促进皮肤正常细胞代谢更新，可有效抑制痤疮问题的发生。

水油平衡护肤品可在水相中添加促进角化细胞温和再生和具有保湿效果的物质成分，油相成分由于其透皮吸收效果优良，可深入毛囊深处，进行皮肤油脂分泌的调控。水油平衡护肤品的功效成分可围绕水相和油相分别进行设计。

水油平衡护肤品中水相组方可采用具有协同增效作用的果酸组成的复合物，一方面具有促进角化细胞温和再生的功能，另一方面可提供皮肤补水保湿功效。水油平衡护肤品中油相组方以中医“君臣佐使”的组方思想为指导，采用中医经典处方，应用先进的生物技术，本着清热解毒、活血化瘀疏通经络的原则，从丹参、丁香、火棘果、药蜀葵、黄芪、甘草多味名贵中药提取分离得到活性物质。水油平衡护肤品通过维持痤疮易感人群皮肤的水油平衡，调控油脂分泌，补水保湿，促进角化细胞温和更新，维持皮肤健康状态。

（2）抑制痤疮产品的设计思路　痤疮问题的产生途径可归纳为：①皮肤皮脂分泌过量；②毛囊角化过度，堵塞毛孔；③痤疮相关病原菌感染，并以痤疮丙酸杆菌为主；④油脂降解导致痤疮炎症损伤。因此，可通过多条机理途径抑制痤疮问题的发生，如：①抑菌、控油、消炎；②促透吸收、疏通毛孔；③改善毛囊角化；④调和修复皮肤。5α-还原酶可参与还原酶催化睾酮转为二氢睾酮（DHT），后者与皮脂腺细胞的雄激素受体结合发挥作用，促进皮脂腺发育并产生大量皮脂，因此可通过抑制 5α-还原酶活性降低皮肤皮脂的分泌。毛囊中存在多种微生物如痤疮丙酸杆菌、金黄色葡萄球菌等，可分解皮脂毛囊中的甘油三酯、产生游离脂肪酸，导致形成痤疮炎症性损害。因此可通过抑制痤疮丙酸杆菌等微生物降低痤疮的严重程度。

抑痘组方按照中医“君、臣、佐、使”组方原则，取丹参抑菌、控油消炎之效，纳丁香、黄芩促透吸收疏通毛孔之功，采当归活血化瘀、改善毛囊角化之力，收甘草、积雪草调和、修复之益，科学炮制完成，本着清热解毒、活血化瘀、疏通经络的原则，实现“安全、有效”祛痤疮。

抑痘组方可有效抑制 5α-还原酶活性如图 6-7 所示。

抑痘组方可有效抑制 5 种痤疮相关病原菌如图 6-8 所示。

（3）消除痘印产品的设计思路　痤疮发生后往往出现以下三种问题：①由于炎症反应出现红痘印；②由炎症反应导致色素沉着，形成黑痘印；③皮肤组织受损出现疤痕，即人们所说的痘坑或痘印。因此，对于痤疮皮肤问题后期产生的皮肤问题的护理产品应采用具有抑制炎症性反应、抑制黑色素沉着、促进皮肤更新及表皮修

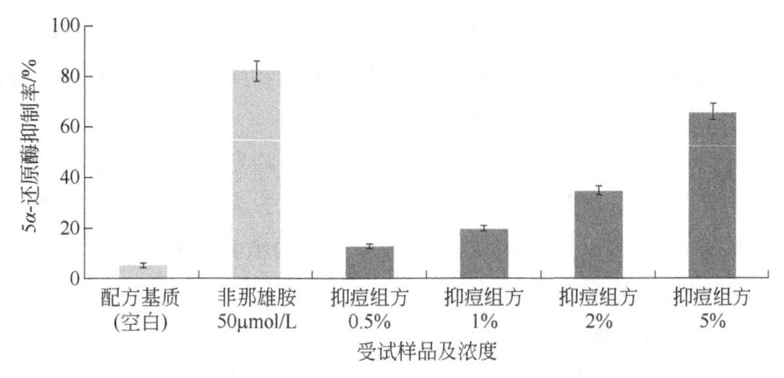

图 6-7　抑痘组方对 5α-还原酶活性的抑制效果

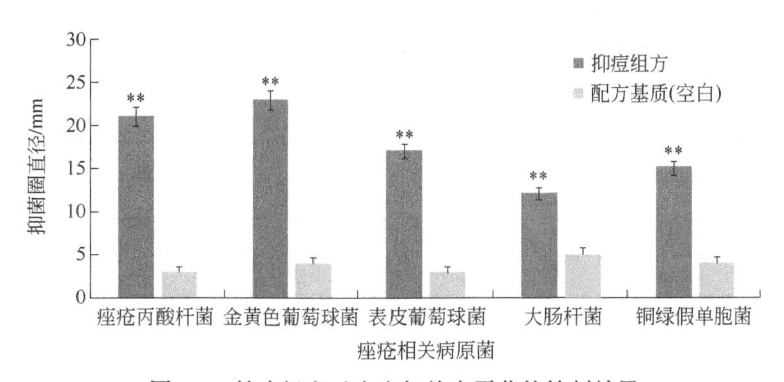

图 6-8　抑痘组方对痤疮相关病原菌的抑制效果

［**表示采用 SPSS Dunnett-*t* 检验分析，抑痘组方与配方基质（空白）试验组呈极显著差异，即 $P<0.01$］

复功效的成分。此类消除痘印产品可添加具有一定抗炎修复功效的植物提取成分作为活性物，达到消除痘印的功效。

积雪草（*Centella asiatica*）清热利湿、消肿解毒，可促进皮肤生长、舒缓镇静皮肤，早已被中医用于皮肤外用功效植物。积雪草的汁液可以舒缓和愈合伤口，对于敏感娇嫩性皮肤，更具有舒缓、减少刺激和治愈的功效。蕴含丰富的积雪草精华和甘草精华，为皮肤提供充足的水分和养分，深沉滋润，增强皮肤柔软度与弹性，改善皮肤暗淡、发黄现象，使皮肤细腻、白嫩、有弹性，实现亮白补水的双重作用。其祛疤痕的机理包括：①促进成纤维细胞生长；②促进胶原合成和上皮细胞生长；③抑制炎症，具有消炎作用。因此，消除痘印型产品可在其配方中添加积雪草等具有修复皮肤、消除炎症等作用的植物提取成分，从而达到去除痘印、呵护皮肤的功效。

3．配方（除功效体系外其他部分）设计思路

痤疮类皮肤易出油，毛孔堵塞，配方设计时应注意避免油脂的过量添加，控制皮肤水油平衡。

针对未长痘皮肤，皮脂分泌旺盛，皮肤角质剥脱异常容易堵塞毛孔，可设计一款水油平衡乳，加入少量油脂，保持皮肤的水油平衡，加入植物抑痘成分，抑制油脂过度分泌；针对角质剥脱异常问题，加入多种植物或发酵来源果酸成分，温和去角质，促进角质更新，预防毛孔堵塞。

针对已长痘皮肤，油脂分泌过多，导致毛囊炎症反应，配方设计上应注意避免油脂的加入。可设计一款祛痘组合物精华素，其配方为无油型配方，更适用于此类人群，配方成分简单，降低皮肤负担。配方中加入的植物提取物能够抑制皮脂分泌，消炎抑菌，植物祛痘成分更加安全高效。

对于有痘印皮肤，配方设计应注重修复皮肤，抑制炎症反应导致的黑色素沉着，可设计一款积雪草祛痘印面膜加入积雪草提取物，帮助修复皮肤，同时搭配少量的美白成分，密集修复皮肤。

（1）水油平衡乳配方示例（见表 6-3）

表 6-3　水油平衡乳配方

组相	原料名称	质量分数/%
A	鲸蜡硬脂醇、鲸蜡硬脂基葡糖苷	2.00
	辛酸/癸酸甘油三酯	3.00
	牛油果树（*Butyrospermum parkii*）果脂	1.00
	氢化聚异丁烯	2.00
	聚二甲基硅氧烷	1.50
	辛酸/癸酸甘油三酯、丹参根提取物、丁香花蕾提取物、膜荚黄芪根提取物、火棘果提取物、药蜀葵根提取物、甘草根提取物、卵磷脂	3.00
	鲸蜡硬脂醇	0.50
B	水	加至 100
	卡波姆	0.20
	甘油	4.00
	丁二醇	3.00
	黄原胶	0.10
	海藻糖	2.00
	尿囊素	0.20
	1,3-丙二醇、甘油、水、乳酸钠、羟基乙酸、蔗糖、尿素、柠檬酸钠、苹果酸、酒石酸、透明质酸钠	5.00
	EDTA 二钠	0.05
C	氢氧化钠	适量
	辛酰羟肟酸	适量

■　水油平衡乳有效促进老化角质剥脱

19 名受试者通过半脸试验进行双盲测试，连续使用样品 7 天，每天早晚各使用一次。第 7 天时，通过 Corneofix F20 水分测试膜对受试者脸颊区域皮屑进行采集，再通过 Visioscan VC98 对采集的皮屑进行拍照分析，结果如图 6-9 所示。

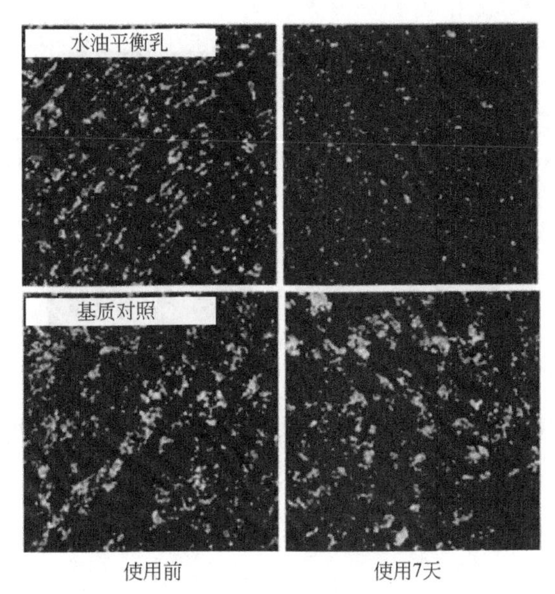

图 6-9　受试者脸颊区域皮屑采集图（彩图见文后插图）
（不同颜色代表不同的角质厚度；深蓝、浅蓝、绿、橙、红依次表示角质由薄到厚）

（2）祛痘组合物精华素配方示例（见表 6-4）

表 6-4　祛痘组合物精华素配方

组相	原料名称	质量分数/%
A	水	加至 100
	丙烯酸（酯）类/C_{10}～C_{30}烷醇丙烯酸酯交联聚合物	0.30
B	甘油	3.00
	尿囊素	0.20
	透明质酸钠	0.05
C	1,3 丁二醇/10-羟基癸酸	1.00
	丁二醇、丹参根提取物、丁香花蕾提取物、黄芩根提取物、当归根提取物、甘草根提取物、积雪草提取物	5.00
D	氢氧化钠	适量
	辛酰羟肟酸	适量

■　**祛痘组合物精华素有效减少皮脂过量分泌**

采用人体 VISIA 面部图像分析系统（Porp 模式），观察受试者脸部使用产品前、后皮脂分泌情况。皮脂分泌过多，反映在 Prop 模式下即为亮、白状态，如图 6-10 所示。

■　**祛痘组合物精华素改善毛囊角化**

采用人体 VISIA 面部图像分析系统（Red 模式），观察受试者脸部使用祛痘组合物精华素前、后毛囊厚度的情况，评估其改善毛囊角化的功效。毛囊角化严重，毛囊周围呈淤积的状态，反映在 Red 模式下即为颜色深、红，如图 6-11 所示。

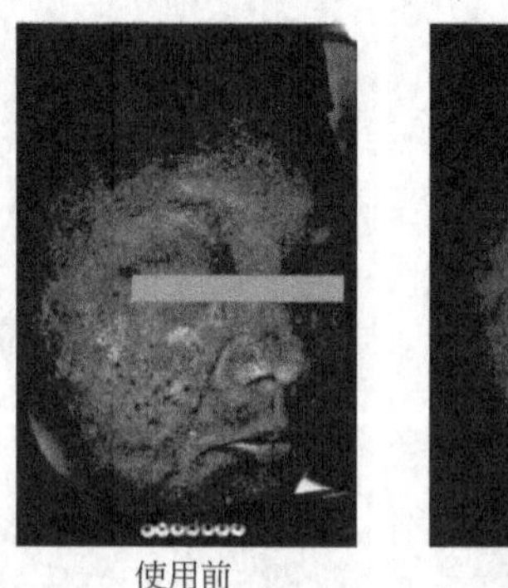
使用前

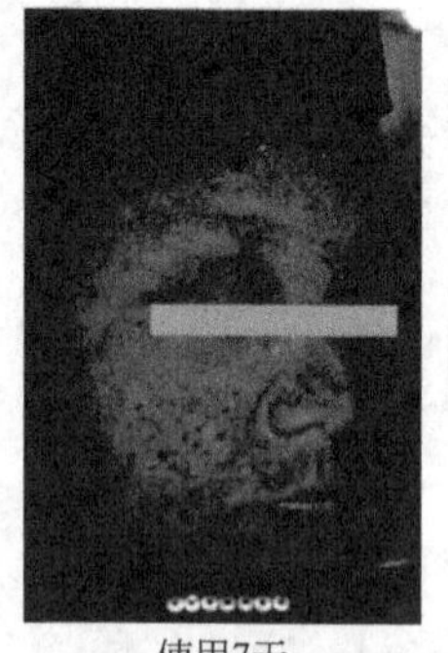
使用7天

图 6-10　受试者使用祛痘组合物精华素后脸部皮脂分泌明显减少

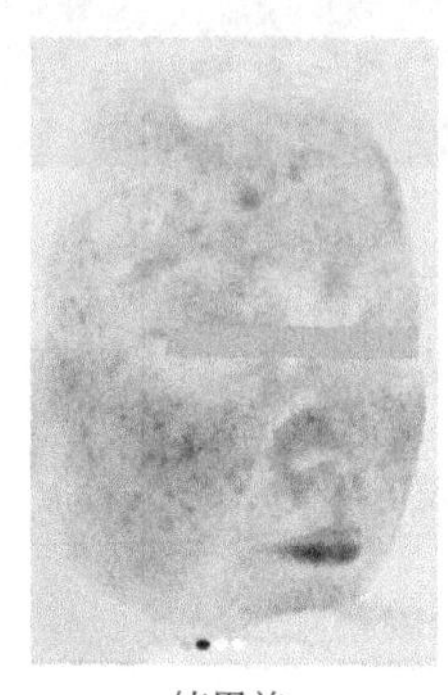
使用前

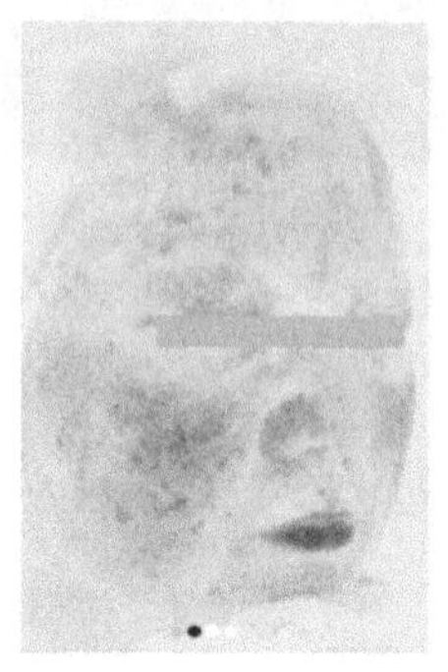
使用7天

图 6-11　受试者使用祛痘组合物精华素后脸部毛囊角化明显改善
（彩图见文后插图）

■ **祛痘组合物精华素改善痤疮症状**

采用人体 VISIA 面部图像分析系统（Normal 模式），直观评估受试者脸部使用祛痘组合物精华素前、后痤疮的改善情况。

第二节　头部皮肤养生与护理品开发

头皮是皮肤的一部分，与其他部位的皮肤具有相同的生理结构，由表皮层、真皮层和皮下组织所构成。但是，头皮与其他部位皮肤不同的是，头皮的薄度仅次于眼周，并且头皮部位毛发生长茂盛，分布着大量的毛囊、皮脂腺，同时富含血管神经。故头皮常会出现皮脂分泌失衡、屏障受损等一系列问题。针对头皮出现问题的机理，我们提出了三因制宜、标本兼修的护理思路，并针对头皮干燥、头皮敏感瘙痒等问题给出护理建议。同时，本节最后给出了头皮养生护理品的方案举例，使读者可根据自身情况选择更好的头皮护理方式。

一、头部皮肤生理及常见问题

（一）头部皮肤结构

头皮是身体皮肤的一部分，与其他部位的皮肤具有相同的生理结构，由表皮层、真皮层和皮下组织所构成。表皮层位于最外层，主要作用是保护真皮层和皮下组织。真皮层包括乳头层和网状层，其中含有胶原纤维、网状纤维、弹力纤维、基质和各种细胞。乳头层内分布着丰富的毛细血管网和感觉神经末梢。网状层主要由粗大的胶原纤维束和弹性纤维束组成，决定了皮肤的弹性和韧性，分布有较大的血管淋巴管以及汗腺、毛囊、皮脂腺等。皮下组织位于真皮下方，与肌膜等相连，内含血管、淋巴管、神经和汗腺。毛囊为包绕毛根周围的鞘状结构，由内毛根鞘、外毛根鞘、毛基质、毛乳头和皮脂腺组成。毛乳头是毛球的基底部向内凹陷的部分，有毛母细胞和黑素细胞。毛母细胞最终将分化形成毛囊的内根鞘、毛小皮、毛皮质以及毛髓质细胞。黑素细胞可以合成黑色素，决定了头发的颜色。皮脂腺是由腺泡与短的导管构成的全浆分泌腺，皮脂腺导管开口于毛囊。皮脂腺分泌的皮脂主要含有角鲨烯、蜡酯和甘油三酯，具有滋润皮肤和毛发、防止干燥的作用。

与其他部位皮肤相比，头皮的生理结构又有许多特点：①厚度较薄，是仅次于眼部，身体第二薄的皮肤；②皮脂腺、汗腺、毛囊数量多、密度大，油脂等分泌物多；③新陈代谢快，代谢周期短，油脂等分泌更快；④皮下组织中富含血管神经。

由于头皮的生理结构具有上述特点，使得皮肤更容易出现一些问题：①皮脂腺、汗腺、毛囊数量更多，代谢周期更短，油脂等分泌物更多，分泌速率更快，更容易滋生微生物，产生头屑、瘙痒等问题；②皮肤更薄，对外界刺激更敏感，容易产生干燥、瘙痒等问题，衰老速度也更快；③头部皮肤富含血管神经，更容易受到情绪、压力等的影响。

（二）头皮常见问题及其原因

头皮常见的问题有干燥、敏感、油腻、瘙痒、头屑等。头皮问题并不是单一的表现形式，例如头皮出油一般会伴随瘙痒、头屑和脱发等。导致头皮问题的因素有很多，除了遗传因素之外，内分泌失调、微生物、外界刺激、季节变化等也是常见因素。结合头皮的结构，可将头皮问题发生的原因总结为皮脂分泌与微生态失衡、皮肤屏障损伤、外部环境损伤三个主要因素。

1．皮脂分泌与微生态失衡

皮脂膜是由皮脂腺分泌的皮脂、汗腺分泌的汗液、角质细胞片状脂质乳化而成的一层非常薄的膜，正常状态下可保护人们的头皮健康。而皮脂腺分泌旺盛，皮脂分泌过多，嗜脂性的马拉色菌以皮脂作为营养源而大量繁殖，则破坏了头皮微生态平衡，导致头屑问题。

大多数马拉色菌是脂质依赖性的，能够通过分解皮脂腺产生的皮脂而在人体皮肤上生存和繁殖。目前认为，球形马拉色菌和限制性马拉色菌是引起头皮屑的主要相关菌。它们通过分泌脂肪酶，能够将皮脂中的甘油三酯、饱和脂肪酸分解为促炎性的不饱和脂肪酸。而这些物质渗透进入角质层不但能够引起头皮的瘙痒感，而且能够与 *N*-甲基-D-天冬氨酸（NMDA）受体结合使钙离子内流，导致角质层细胞的增生和角化异常而引起头皮片状鳞屑产生。

多数研究认为，头皮屑多发于皮脂腺分泌旺盛的人群中，头皮屑的产生是皮脂分泌增加和马拉色菌增殖两者相互作用的结果。

2．皮肤屏障损伤

头皮屏障功能的改变，可能是由于头皮受到较长期损伤（如过度清洁烫染、用力抓挠等）后，激发皮肤深处炎症反应的信号通路，从而导致头皮炎症。这一系列屏障功能紊乱，会导致表皮细胞异常分化和增生而引起脱屑。另外，由于皮脂分泌过于旺盛而不及时清洁、生活习惯问题（共用梳子、枕巾）等而引起头皮马拉色菌的增殖，具有刺激性的马拉色菌代谢产物则会破坏头皮屏障功能。

微生态与头皮屏障功能互相影响。当头皮屏障功能受损后，一方面外来刺激物更容易渗透进入角质层中，引起头皮发生炎性反应及不正常的脱屑；另一方面屏障受损导致头皮 pH、抗菌肽分泌量等变化，可能引起头皮微生物组成及微生物活性的改变。此外，在头皮角质层中存在大量皮脂腺脂质，这些脂质可能破坏了表层细胞间脂质的组织结构，促使皮肤脱屑，并且可能有利于马拉色菌在角质层中的定植。

3．外部环境损伤

健康的生活方式是保证头皮健康的重要因素。吸烟、饮酒、饮食辛辣、高热量都会增加对头皮的刺激，损害头皮健康；紫外线、化学药剂等会导致氧化损伤，从而引起头皮衰老；熬夜和情绪不佳会导致内分泌失调，进而影响皮脂腺分泌和毛囊健康。某些美发产品所带来的物理、化学性刺激等也易引发头皮的炎症。长此以往，将造成头皮微生物失去平衡，导致头皮问题的发生。想要拥有一头健康美丽的秀发，离不开我们日常对头皮的呵护。

头皮的皮脂和微生态、头皮屏障的损伤、炎症反应及外部环境的损伤牵一发而动全身，联动地影响头部皮肤状态。除导致头皮屑这一较为直观的症状外，也影响头皮出油及油分的构成，与头皮瘙痒、头皮屏障的损伤、引发炎症反应或细胞毒性进一步加深等问题息息相关。

二、头部皮肤养生思路

（一）头皮问题的中医辨证论治原则

头皮作为头发生长的土壤，其生态环境的良好是头发健康生长的根本。俗话说

“牵一发而动全身”，保养身心、营造健康的头皮环境，才能生出一头柔顺美丽的秀发。因此，健康护发要从头皮养护开始。

1．三因制宜

头皮问题的发生、发展受多方面因素的影响。如时令气候、地理环境等，尤其是患者个体的体质因素影响更大。因此，在调理头皮时必须把这些方面的因素考虑进去，对具体情况作具体分析，区别对待，以制定出适宜的治疗方法。

2．标本兼修

养秀发从头发和头皮的角度看，头发是其标即外在的表现，头皮是其本即内在根本。养护头发头皮既要重视头发之外在的滋养，又要注意调理其头皮这一根本养护，提高头皮养生护理意识，认识影响头皮健康的因素，检查分析自身头皮状态，内外兼修才能达到真正的健康护理。此外注意食膳的调养和生活方式的改善，也与头皮护理有着相辅相成的关系。

（二）头皮护理的原理和思路

1．头皮干燥的护理

健康的皮肤由于表皮通透屏障功能，以及皮肤表面皮脂腺所分泌脂质的覆盖使皮肤水分维持在一定的含量。当表皮屏障功能受到破坏时，体内水分会经角质层丢失，从而引发或加重皮肤干燥状况。体内外影响角质层结构与功能的因素均可影响表皮通透屏障功能，进而引发皮肤干燥。

缓解头皮干燥可以通过补充小分子保湿剂（如天然保湿因子等）、在皮肤表面形成保护膜（如大分子多糖等）、修复受损的皮肤屏障结构、恢复屏障功能等途径实现。

2．头皮刺激的护理

表面活性剂是洗发、护发产品的主要成分，具有皮肤刺激性。表面活性剂含有疏水基团和亲水基团，疏水基团一般为非极性的脂肪烃链，与脂质的碳链结构相似，可以进入脂质结构中，影响皮肤脂质的排列状态，使脂质流动性增加，促使外界刺激物渗透皮肤。表面活性剂作用于角质形成细胞的细胞膜，可破坏细胞膜膜结构，形成空腔，造成细胞膜通透性增加，使得更多刺激物进入细胞内，并引起炎症反应。上述刺激可以通过阻止刺激源、增强机体屏障功能、保护和修复受刺激的细胞膜等途径来解决。

3．油性头皮的护理

皮脂腺的活跃性受精神状态、植物性神经系统和基因的影响，同时也与人的生活习惯、卫生状况有关。皮脂的分泌主要受雄性激素、睾酮、脱氢异雄酮、雄甾烷二醇的控制，男性和女性的体内都存在数量不等的这些物质。

油性头皮在生理方面的表现特征主要是毛孔扩张、角化过度、皮肤微生物增多

（包括痤疮丙酸杆菌、棒状菌、葡萄球菌）、皮脂分泌过多、毛囊炎症、皮脂腺扩大等，容易病变并形成囊肿。对于皮脂腺和毛囊而言，酶使它们变得活跃。采用具有控制酶活性效果的控油香波、护发素等来清洁头皮能够起到收敛头皮毛孔、调节皮脂腺的分泌和排泄、抑制油脂分泌的作用，从而降低头发的油腻感，恢复头皮健康。

4．头皮瘙痒的护理

外部刺激会引起头皮的过敏现象，从而导致头皮瘙痒、红肿等不适。头皮菌群失衡，有害菌大量滋生，亦会出现头痒的现象。此外，头皮屏障功能改变，激发皮肤深处炎症反应的信号通路，从而导致头皮炎症，也会引发头皮瘙痒。通过减轻头皮过敏现象、抑制马拉色菌生长、调控头皮油脂分泌、修复头皮屏障、恢复头皮正常代谢等均可减轻头皮瘙痒。

5．头皮屑的护理

头皮屑是一种典型的慢性、易复发、较常见的头皮问题，相比正常头皮，头皮上或头发里出现薄片状的皮屑即为头皮屑。正常情况下，表皮细胞脱落与细胞再生处于动态平衡，完全角化成熟的角化细胞聚集组成直径小于 0.2mm 肉眼不可见的团块脱落，肉眼可见的角化细胞团块则被视为头皮屑，其病理检查表现为角化细胞角化不全、过度生长、排列不齐等，鳞屑在显微镜下可观察到残留的细胞核。除片状脱屑外，头皮屑主要的临床表现为瘙痒、头皮干燥紧绷感强、刺痛等。

头皮屑的影响因素众多并相互影响，“微生态-屏障功能-皮脂分泌”这个平衡一旦有一环发生变化，很有可能发生连锁反应，引起头皮屑的发生。目前对于头皮屑的治疗方法主要集中在使用抗真菌洗剂以达到抑菌（马拉色菌）去屑效果。随着头皮屑机理研究的不断深入完善，去屑方式也应进行相应的改变，除了洗去头皮屑及抑制多余的微生物外，还应注重头皮角质层屏障功能的修复及皮脂的影响。

三、头部皮肤护理策略

头皮养生护理按照中医治未病的思想，就是用一定的方法，如外用洗、护、养、梳理、按摩经络（穴位），内服食膳以及生活方式的改变等方法调理头皮，达到头皮洁净、舒适，头发柔顺飘逸，头发色、质正常的健康状态。

头皮养生护理分为防护（未病先防）和养护（既病防变）两个部分。防护针对的是健康人。健康的头皮要注重“防”，如防止头皮干燥、头皮脱屑、头皮瘙痒等。护理头皮时要注意，如有的人头皮头发容易干燥不适，在洗头发时就要注意不要用碱性过大的洗发产品，加重干燥症状的发生，尤其注意头皮的滋养，避免干燥症状的恶性循环。养护针对的是有皮肤问题人群的头皮状态，要进行“养”，包括头痒、头皮屑多、头油、脱发等头皮问题。如头皮屑多的人，注意去屑的同时还要修护滋养头皮，从根源上解决产生头皮屑的问题。营造健康的头皮环境，能对头皮起到养生保健护理的作用，养出一头柔顺飘逸的秀发。在解决头皮已出现的问题、恢复头皮健康后，防患于未然，提前预防，从而更长久地保持头皮健康、头发秀丽。头皮养生护理策略详见表 6-5。

表 6-5 头皮养生护理策略

阶段	头皮问题	解决方法	推荐物质
基础护理	头皮干燥	①补液生津 ②固水护屏 ③养润滋阴	石斛、桃胶、银耳等
	头皮刺激	①维持皮肤脂质有序性，巩固屏障 ②保护细胞膜 ③抑制炎症因子释放	仙人掌、桃胶等
	脂质分泌多，易氧化	①清除自由基 ②防止脂质过氧化	桂花、迷迭香、川芎
解决头皮问题	油性头皮	①抑制睾酮 5α-还原酶 ②调节头皮油脂代谢平衡 ③减少头皮油脂分泌量	丹参、丁香等
	头皮瘙痒	①减轻头皮敏感 ②调节油脂分泌平衡 ③抑制马拉色菌生长 ④恢复头皮屏障	仙人掌、黄芪、防风等
	头皮屑	①调节头皮微生态 ②恢复头皮屏障 ③调节油脂分泌平衡	红豆蔻、姜、侧柏等
头皮抗衰与赋能	微循环不畅	①补血活血 ②益气固表 ③补益滋阴	当归、黄芪、女贞子等
	头皮松弛	①养血活血 ②补益滋养	灵芝、人参、牡丹籽等

四、头皮养生护理品开发案例

头皮具有皮肤薄、皮脂腺等附属器多等特点，易敏感、出油、瘙痒、脱屑等。洗护产品是最常用的头发、头皮护理产品，能够清除多余油脂，改善瘙痒、脱屑等问题。而为了保持头皮清爽，可能会过度清洁，导致头皮更加敏感，皮脂分泌增加，加重头皮不适感。洗护产品中含有较多表面活性剂，也会对头皮产生负担。因此，对头皮的基础护理，要在保证干净卫生的前提下，尽可能降低清洁频率，避免过度清洁。同时，也可以在洗护产品中添加一些抗刺激的成分，减轻表面活性剂对头皮的刺激程度。

头发生长于头皮，需要头皮源源不断地输送营养，头皮的健康情况直接影响着头发的状态。通过温养头皮，补充营养物质，可以在护理头皮的同时改善头发干枯、毛糙、无光泽等问题。

（一）头皮养生护理品设计原则

1．产品设计原则

针对头皮皮肤特点及头皮护理中的常见问题，头皮养生护理品的产品设计应遵循以下几个原则：

① 由于头部皮肤结构特点，易受外界刺激导致敏感，产品设计应考虑产品整体安全性。

② 由于头皮部位的特殊性及复杂性，影响头皮的环境因素较多，产品设计应注意品类的精简，避免过多护理手段加重头皮负担。

③ 头皮护理不应单一关注头皮状态，发丝的状态可通过多方面直接影响头皮状态，故需要由发丝到头皮的全面养护。

④ 头皮护理产品在产品包装上应注重使用的方便性，滴管、泵头类产品更方便取用。

2．配方设计原则

由于头皮部位的特殊性和使用的特殊性，配方设计应兼顾以下几点：

① 配方尽量选用低刺激成分，避免破坏头皮环境。

② 由于头皮具有皮肤薄、毛囊多等特点，原料筛选时应注意避免高渗透性物质的添加。

③ 配方剂型设计需方便日常使用，同时尽量简化使用步骤。

（二）头皮养生护理品开发方案

头部皮肤具有自己的特点，易敏感、瘙痒、脱屑，头皮的健康状况也影响着头发的状态，因此头皮护理方案（见图 6-12）应结合头皮问题及其皮肤特点进行针对性的设计。头皮油脂、汗液分泌快，分泌量多，清洁产品使用频率高，用量也大，因此在方案中设计清洁产品是必不可少的。而清洁产品中的表面活性剂有皮肤刺激性，头皮由于厚度较薄，对外界刺激更为敏感。头皮护理时，清洁应注意适度，同时选择较为温和的配方。只通过清洁，并不能完全解决头皮的问题。就如同面部护理除了基础的洁面，还需要敷面膜、涂护肤油、按摩等一样，头皮护理也需要精华、按摩霜、护发油等配合使用。需要注意的是，头皮上密布着头发，在头皮上使用护肤品是非常不方便的，因此在设计产品时还应特别注意剂型、包装材料等使用的方便性。

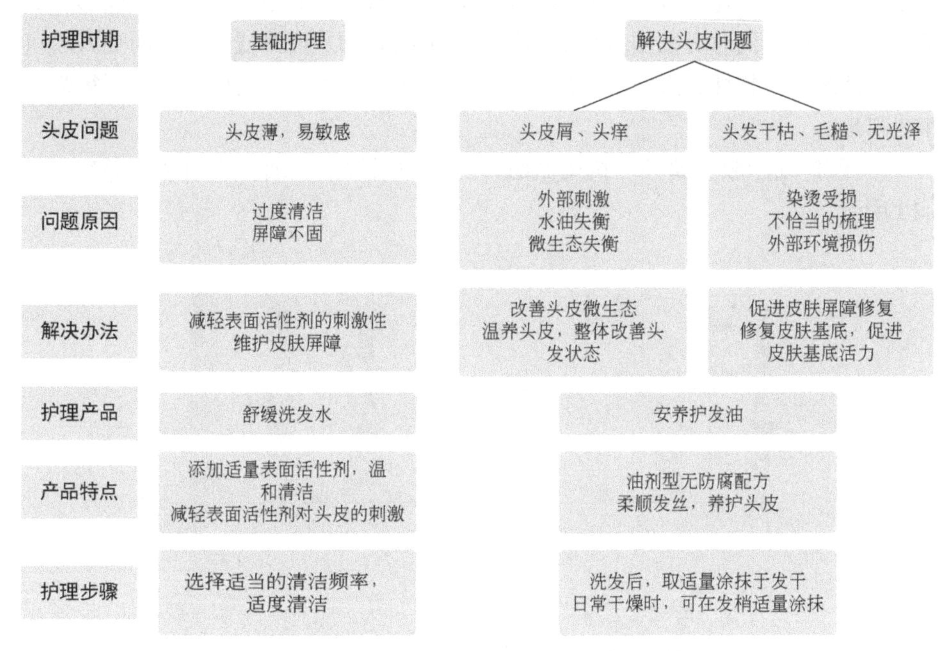

图 6-12　头皮养生护理品方案举例

（三）头皮养生护理品设计

1．产品设计思路

头皮护理主要涉及两方面，一方面是头皮的清洁，另一方面为头皮的养护。针对头皮清洁应做到适当清洁，同时由于头皮皮肤较为敏感，清洁头皮的同时应注意头皮的抗刺激性，抗刺激洗发水在清洁头皮及发丝的同时，能够帮助头皮抵御洗发水中表面活性剂带来的刺激性；对于头皮的养护，应注意保证其水油平衡，以及使用的方便性。使用护发油可达到头皮养护的作用，将护发油作用于发丝，利用发丝的虹吸作用于头皮皮肤，保证其通过适量的油脂达到养护头皮作用，同时护发油中的活性成分能够帮助调节头皮微生态，从而多方面多维度开发头皮养生护理品。

2．功效设计思路

（1）抗刺激功效的设计思路　清洁是保持头皮健康的前提，洗发水是最常见的发用清洁类产品，其中的主要成分表面活性剂易引起皮肤急性刺激，产生刺痛、瘙痒、红肿、干燥等问题。表面活性剂引起刺激的主要原因是损伤细胞膜结构和由此导致的细胞膜渗透性的改变。此外，破坏皮肤脂质有序性、引发炎症反应也是表面活性剂导致皮肤刺激的原因。

结合上述表面活性剂引起皮肤刺激的机理，可设计抗刺激组方将桃胶和仙人掌进行组合，从不同途径综合抵御表面活性剂的刺激。桃胶中大分子多糖能够起到成膜防护的作用，同时可以拮抗表面活性剂形成络合物从而降低刺激，而仙人掌可通过保护细胞膜完整性、抑制表面活性剂引起的炎症因子释放这两个途径抵御表面活性剂刺激。

① 保护细胞膜完整性　抗刺激组方对表面活性剂致细胞膜刺激的影响　如图6-13所示。

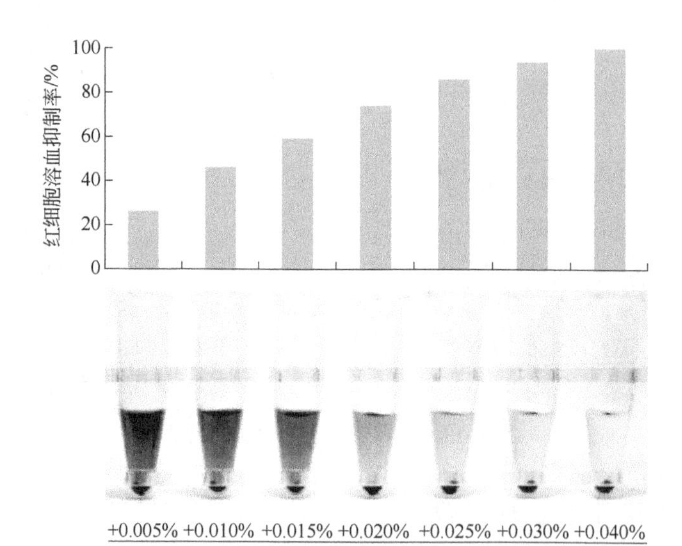

图6-13　抗刺激组方对表面活性剂致细胞膜刺激的影响
（通过红细胞溶血凝血试验测试抗刺激组方对红细胞溶血的抑制率）

② 抑制炎症因子释放　抗刺激组方对表面活性剂致炎症因子释放的影响如图6-14所示。

③ 维持皮肤脂质有序性　抗刺激组方对皮肤脂质有序性的影响如图6-15所示。

（2）温养头皮功效的设计思路　随着对于头发、头皮的研究，人们逐渐认识到头发是死的，头皮是活的，头发的营养源自头皮，所以想要一头健康的秀发，头皮的健康是至关重要的。头皮需要不断地补充营养，如果头皮和头发营养不良，头发便会变得焦黄、脱落和分叉。

按照“君臣佐使”组方原则设计温养头皮组方，君药大高良姜（又名红豆蔻）辛温，具有温中燥湿之功，可以温养头皮；臣药红头姜辛散温通，能助君药温养头皮之效；佐以芝麻，补益滋养。全方通过温养头皮，补益滋养，滋润修复头皮，同

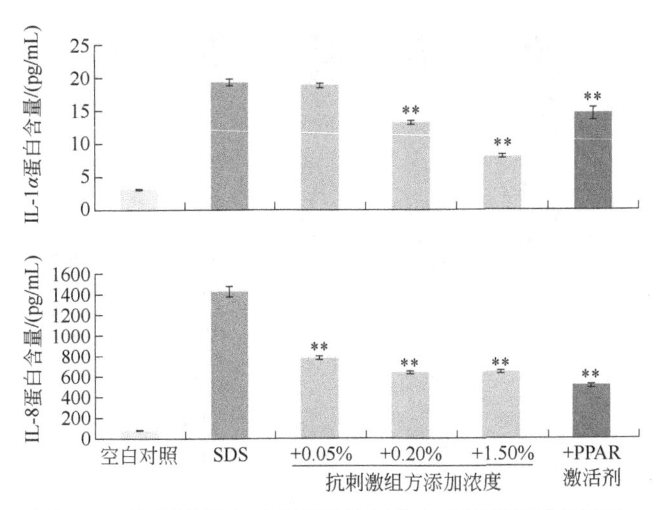

图 6-14　抗刺激组方对表面活性剂致炎症因子释放的影响

（IL-1α、IL-8 是表面活性剂刺激角质形成细胞后释放的特定炎症因子。通过 ELISA 法测定 3D 表皮模型中 IL-1α、IL-8 含量；试验结果采用 t 检验，**表示具有极显著差异，$P<0.01$）

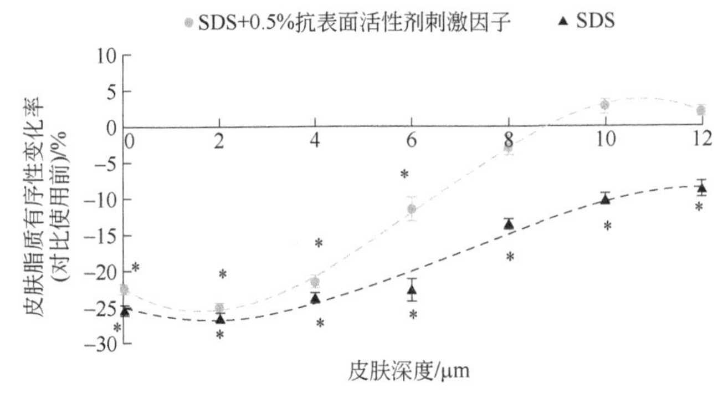

图 6-15　抗刺激组方对皮肤脂质有序性的影响

（正常皮肤细胞间脂质呈整齐、紧密、有序排列状态，表面活性剂会造成脂质排列紊乱，脂质有序性降低，破坏皮肤屏障。通过拉曼光谱测试抗刺激组方对皮肤脂质有序性的影响；纵坐标越接近 0，说明脂质排列越有序；试验结果采用 t 检验，*表示具有显著性差异，$P<0.05$）

时提亮头发光泽，改善头发干枯、毛躁等现象。

① 改善头皮微生物分布　温养头皮组方对头皮微生物分布的影响如图 6-16 所示。

② 提高头皮微生物多样性　温养头皮组方对头皮微生物多样性的影响如图 6-17 所示。

③ 提亮头发光泽度　温养头皮组方对头发光泽度的影响如图 6-18 所示。

④ 补充脂质，修护毛鳞片　温养头皮组方对毛鳞片的影响如图 6-19 所示。

⑤ 整体改善头发、头皮状态　温养头皮组方对头发、头皮的整体改善情况如图 6-20 所示。

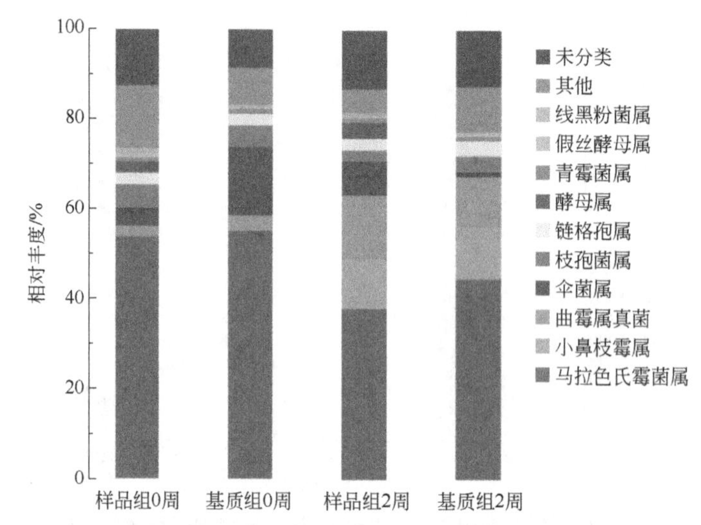

图 6-16 温养头皮组方对头皮微生物分布的影响（彩图见文后插页）

（采用高通量测序测定温养头皮组方使用前后头皮微生物分布变化）

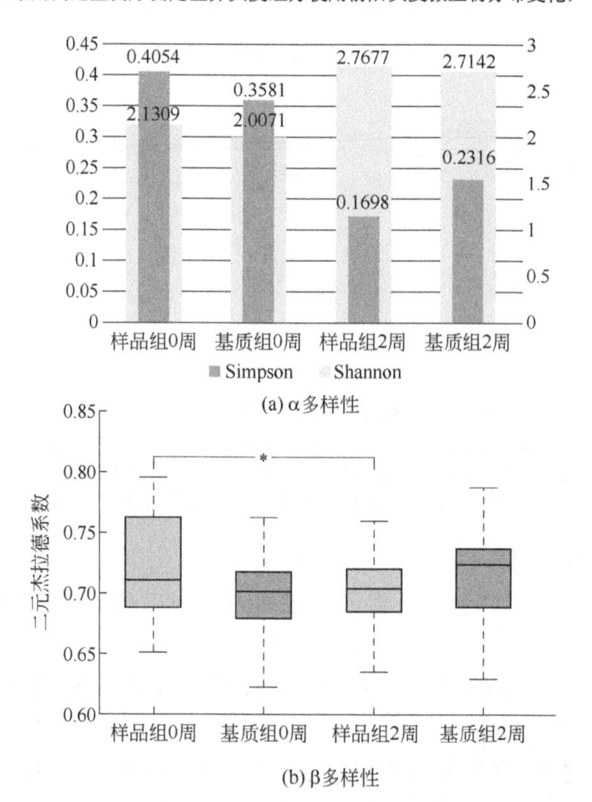

图 6-17 温养头皮组方对头皮微生物多样性的影响

（α 多样性表征一个生态环境下群落的物种数目，其大小直接反应多样性的高低；Shannon 指数值越大，Simpson 指数值越小，物种多样性越高。β 多样性指不同生态环境下群落之间物种组成的相异性，其大小没有实际意义，只从统计学上分析差异性）

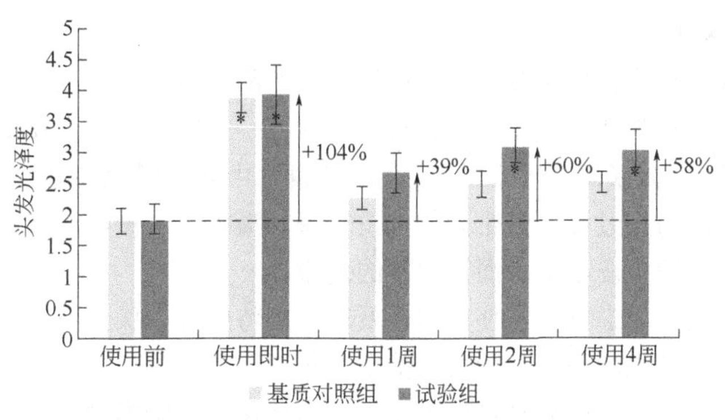

图 6-18　温养头皮组方对头发光泽度的影响

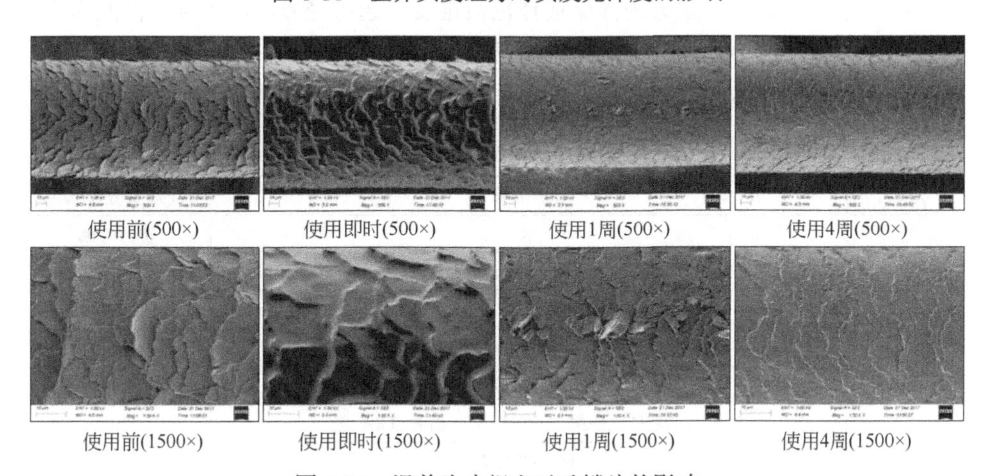

图 6-19　温养头皮组方对毛鳞片的影响

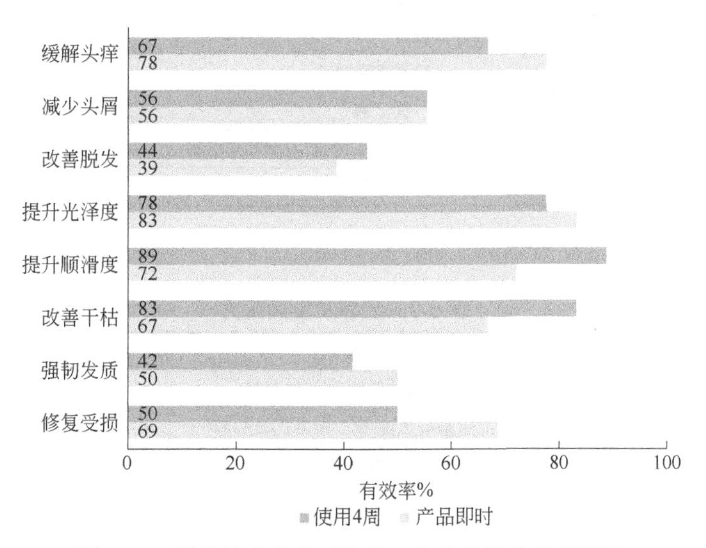

图 6-20　温养头皮组方对头发、头皮的整体改善情况

3．配方设计思路

头皮护理产品应按低刺激、低渗透物质、产品简单的配方设计原则设计产品，同时兼顾产品的功效性，故设计两款头皮护理品——舒缓洗发水及安养护发油。

舒缓洗发水：为了降低产品的刺激性，洗发水中表面活性剂的添加量尽量降低，达到适当清洁，防止过度清洁带来的头皮干燥、瘙痒、刺激等症状，同时配合添加抗刺激成分，保护头皮不受表面活性剂的刺激。

安养护发油：考虑到头皮使用部位及环境的特殊性，头皮不能过于油腻，但同时还需保持头皮的水油平衡，故采用护发油剂型，使产品作用于发丝，通过发丝的虹吸最终作用于头皮，同时油剂的剂型无防腐残留，搭配多种植物提取物共同调节头皮微生态，产品基质配方的油脂选择也很重要，选用轻质、易挥发的油脂作为基质油，产品能够在养护头皮的同时柔顺发丝。

（1）舒缓洗发水配方示例（见表 6-6）

表 6-6　舒缓洗发水配方

组相	原料名称	质量分数/%
A	水	加至 100
	月桂醇聚醚硫酸酯钠	10.00
B	椰油酰胺丙基甜菜碱	5.00
	椰油酰胺 MEA	1.50
	乙二醇二硬脂酸酯	2.00
	聚二甲基硅氧烷醇、十二烷基苯磺酸 TEA 盐	2.00
	聚季铵盐-7	0.10
C	柠檬酸	适量
	EDTA 二钠	0.20
	二甲基苯磺酸铵	1.50
D	氯化钠	适量
	环糊精、桃树脂提取物、仙桃仙人掌茎提取物	2.00
	防腐剂	适量

（2）安养护发油配方示例（见表 6-7）

表 6-7　安养护发油配方

组相	原料名称	质量分数/%
A	环五聚二甲基硅氧烷/环己硅氧烷	加至 100
	环五聚二甲基硅氧烷/聚二甲基硅氧烷醇	15.00
B	辛基聚甲基硅氧烷	4.00
	聚二甲基硅氧烷	10.00
C	生育酚乙酸酯	0.50
	向日葵籽油、大高良姜提取物、姜根提取物、芝麻籽提取物	5.00

第七章　饮食皮肤养生

07 Chapter

《黄帝内经·素问·五常政大论》曰："大毒治病，十去其六；常毒治病，十去其七；小毒治病，十去其八；无毒治病，十去其九。谷肉果菜，食养尽之，无使过之，伤其正也。"主张"谷肉果菜，食养尽之"，强调饮食调养，使正气恢复，邪气尽去，也体现了中医对食疗养生的重视。

针对由于某些病症或人体内分泌紊乱、代谢失衡造成的皮肤问题，在使用外用护肤产品的同时，更应该结合使用内服产品，通过内服从根本上解决皮肤问题。如失眠导致的皮肤表面微血管血液循环淤滞、皮肤粗糙、色素沉积；卵巢早衰导致的激素紊乱引起的皮肤晦暗无光泽、易长斑、色素分布不均、油脂分泌异常、毛孔粗大、皮肤衰老松弛等。

饮食皮肤养生，是以中医食疗或食养的方式，利用食物、药食同源的中药有针对性地用于某些皮肤病证的治疗或辅助治疗，调整阴阳，使之趋于平衡。通过对机体内部调节，由内而外，达到解决皮肤问题、改善皮肤状态的效果。本章从助睡眠、卵巢保养角度，探讨助睡眠以及卵巢保养与皮肤养生的关系，提出相应的产品设计方案；并进一步阐述了解决皮肤美白、痤疮、敏感问题的食养方案。

第一节　睡眠与皮肤养生

睡眠在人类整个生命周期中占约 1/3 的时长，能消除疲劳、恢复体力、保护大脑、稳定情绪、增强免疫、促进生长发育，与人类的高级思维、学习记忆密不可分。《黄帝内经》中的《灵枢·大惑论》就指出："卫气者，昼日常行于阳，夜行于阴，故阳气尽则卧，阴气尽则籍。"中医非常重视睡眠的重要性，因此"饮食有节，起居有常，不妄劳作"是古代养生理论的金标准。

现代医学证明，失眠影响的不仅是人们的身体健康，还影响人们的皮肤康美。睡眠不足、睡眠质量差会使内在老化迹象增加、皮肤屏障功能降低，对外表满意度降低。更直观的理解是，如果经历了一段时间的失眠，人们很容易发觉自己会出现黑眼圈、皮肤粗糙、气色差等多种皮肤问题。

一、睡眠状态与皮肤的关系

睡眠与皮肤康美密切相关，解决失眠问题、提高睡眠质量，也是保证皮肤健康美丽的一大法宝。皮肤的真皮以及皮下组织微血管提供给肌肤足够的营养是皮肤红润光泽或是光滑的保证。睡眠不足的人，通常会出现皮肤表面微血管血液循环瘀滞现象，导致皮肤变得颜色晦暗或是显得苍白。当皮肤微血管无法得到充足血液滋养的时候，皮肤组织的新陈代谢就会由于皮肤缺乏营养而受到极大阻碍，使皮肤细胞快速衰老。

此外，睡眠对内分泌系统的很多方面都发挥着重要的调节作用。睡眠期，生长激素和催乳素分泌量显著增高，而皮质醇和促甲状腺素释放受到抑制。相反，从睡眠中醒来会抑制夜间生长激素和催乳素分泌，并伴有皮质醇和促甲状腺素浓度增加。性腺轴也受到睡眠的影响，同时性激素也会影响睡眠质量。睡眠对内分泌的影响不仅限于下丘脑-垂体轴，还对参与糖类代谢、食欲调节、维持水电平衡的许多激素都有影响。因此，失眠引起的激素分泌紊乱和代谢失调也会影响皮肤的健康美丽。

睡眠是一个复杂的生理性节律过程，目的是为恢复精力而进行合适的休息。从婴幼儿到老年时期，人类在不同时期，睡眠时间总量不尽相同，但睡眠的表现模式基本一致（见图 7-1）。

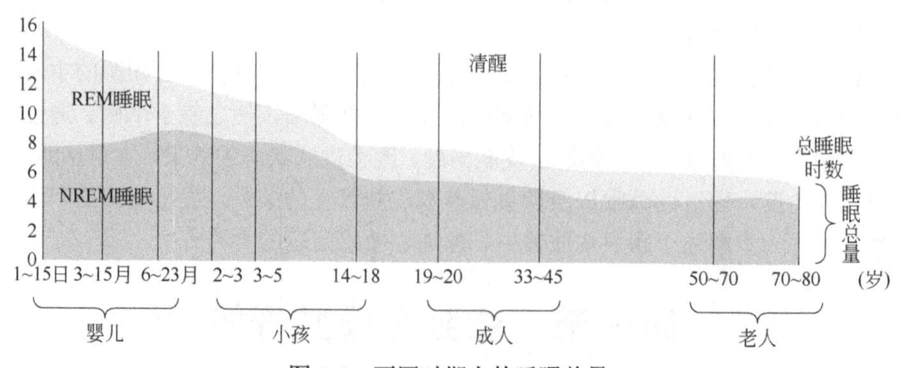

图 7-1 不同时期人的睡眠总量

（一）睡眠的表现模式

睡眠具有复杂的时相结构，根据脑电特征，可以分成非快速眼动（non-rapid eye movement，NREM）睡眠和快速眼动（rapid eye movement，REM）睡眠两类，其中NREM 睡眠包括 N1 期、N2 期、N3 期和 N4 期，其中 N1 期、N2 期为浅睡眠期，N3 期、N4 期为深睡眠期。

在深睡眠阶段，脑电波频率明显变慢，呼吸频率和血压也明显降低，因此深睡眠也称为慢波睡眠。在这个阶段，大脑可以得到充分休息，消除疲劳的效果也最好。因此，深睡眠对稳定情绪、平衡心态、恢复精力极为重要。

在睡眠过程中，REM 睡眠与 NREM 睡眠交替出现，交替一次称为一个睡眠周期。正常人整晚的睡眠一般包含 4～6 个睡眠周期，一个周期为 90～100min。典型的睡眠节律按照以下顺序进行状态转换：清醒—浅睡眠—深睡眠—浅睡眠—快速眼动睡眠。但是实际睡眠过程中，不一定会经历所有的睡眠状态，睡眠状态之间的转换也不是完全规律的。例如，人可以直接从浅睡眠、深睡眠和 REM 睡眠中任何一个状态转换为觉醒状态（见图 7-2）。

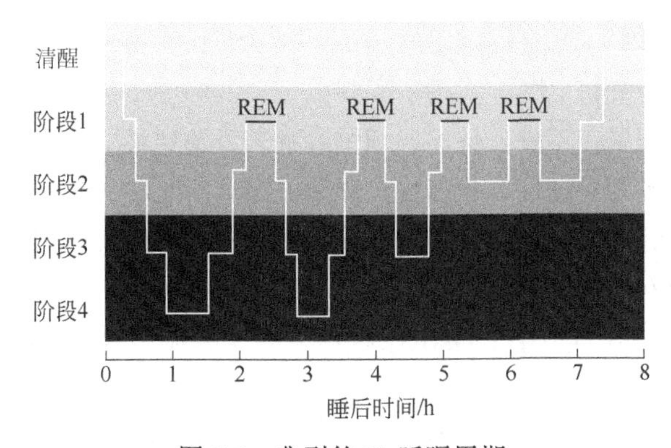

图 7-2　典型的 8h 睡眠周期

（二）睡眠机理

睡眠和觉醒是通过脑内多种神经递质和内源性睡眠促进物质共同作用、相互影响而实现的，同时也受到昼夜节律和内环境稳态的调控（见图 7-3）。

二、失眠影响皮肤状态的机理

1．失眠的概念

失眠，中医称之为不寐，以经常性不能获得正常睡眠为主要特征，是因阳不入阴所引起的经常不易入寐为特征的病症。不寐病名出自《难经·第四十六难》，中医古籍中亦有“不得卧”“不得眠”“目不瞑”“不眠”“少寐”等名称。临证轻者入寐

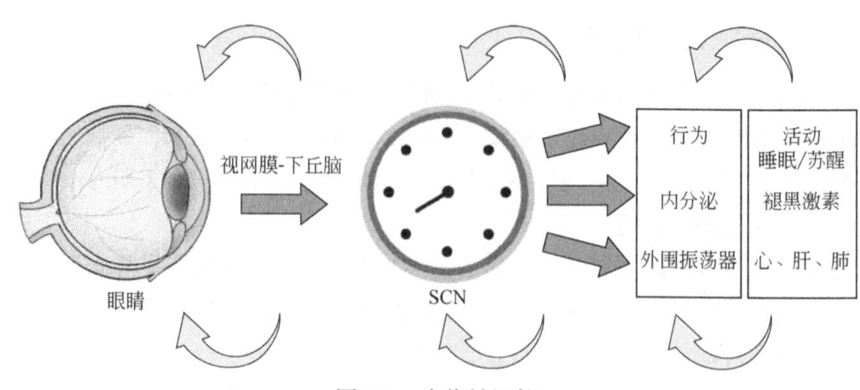

图 7-3　生物钟调控

困难，寐而易醒，时寐时醒，醒后不能再寐，或寐而不酣；重者可彻夜不寐。失眠表现为入睡困难（入睡时间超过 30min）、睡眠维持障碍（整夜觉醒次数≥2 次），早醒、睡眠质量下降和总睡眠时间减少（通常少于 6h），同时伴有日间功能障碍。人体正常睡眠乃阴阳之气自然而有规律地转化的结果，这种规律如果被破坏，就可导致不寐症。

2．失眠的原因

（1）现代医学分析

情绪及心理因素：不安、忧虑、烦恼和痛苦及情绪波动等所致负面心理常引发失眠，该种情况多为一过性、状态性、短期失眠。

药物影响：长期或者大量服用安眠药，机体对药物产生了依赖性，一旦停药，精神则会极度不安，导致失眠。

环境因素：节律性失眠与工作习惯、生活习惯都有关系，比如时差、轮班等原因。

生理机制：中缝核头部的 5-HT 能神经元能够引起非快速眼动睡眠，而其尾部的 5-HT 能神经元则可能是快速眼动睡眠的触发机制；蓝斑核通过去甲肾上腺素（norepinephrine，NE）和多巴胺（dopamine，DA）两种神经递质维持觉醒状态；γ-氨基丁酸（gamma-aminobutyric acid，GABA）是一种抑制性神经递质，在睡眠-觉醒节律调节机制中发挥重要作用；谷氨酸（glutamine glutaminic acid，Glu）也参与了睡眠过程，其在脑干、下丘脑含量的增多，可能是失眠的原因。

（2）中医分析　正常的睡眠，依赖于人体的“阴平阳秘”，脏腑调和，气血充足，心神安定，心血得静，卫阳能入于阴。如《素问·阴阳应象大论》曰：“阴在内，阳之守也；阳在外，阴之使也。”卫阳通过阳跷脉、阴跷脉而昼行于阳，夜行于阴。由于心脾两虚，生化之源不足；或数伤于阴，阴虚火旺；或心胆气虚；或宿食停滞化热，食热扰胃；或肝火扰神，均能使心神不安，心血不静，阴阳失调，营卫失和，阳不入阴而发为本病。

化源不足，心神失养：思虑劳倦，伤及心脾，心伤则阴血暗耗，神不守舍，脾伤则纳少，生化之源不足，故血虚不能上奉于心，心失所养，致心神不安，心血不静，而成不寐。

阴虚火旺，阴不敛阳：禀赋不足，房劳过度，或久病之人，肾精耗伤，水不济火，则心阳独亢，心阴渐耗，虚火扰神，心神不安，阳不入阴，因而不寐。

心虚胆怯，心神不安：心虚则神不内守，胆虚则少阳之气失于升发，决断无权，则肝郁脾失健运，痰浊内生，扰动申明，故遇事易惊，神魂不安，可至不寐。

痰热、失火，扰动心神：饮食不节，脾胃受伤，宿食停滞，酿为痰热，上扰心神。或情志内伤，肝郁化火；或五志过极，心火内炽。皆能扰动心神，使心血不静，阳不入阴，而发为不寐。

不寐主要与心、肝、脾、肾关系密切。因血之来源，由水谷精微所化，上奉于心，则心得所养；受藏于肝，则肝体柔和；统摄于脾，则生化不息。调节有度，化而为精，内藏与肾，肾精上承于心，心气下交于肾，阴精内守，卫阳护于外，阴阳协调，则神志安宁。若思虑、劳倦伤及诸脏，精血内耗，心神失养，神不内守，阳不入阴，每至顽固性不寐。若气血愈虚，心神失养，痰气郁结，痰浊内阻于心窍，阻蔽神明而发为癫症；若肝郁化火，肝火暴张，痰火上扰神明而发为狂证。

3．失眠对皮肤状态的影响

皮肤能够产生许多重要的内分泌和外分泌物质，以及自分泌物质，产生神经-内分泌介导子（neuro-endocrine mediators）及与之相应的特异性受体，通过神经内分泌、旁分泌或者自分泌机制交互作用。睡眠状态下，规律分泌的各种激素通过体液或神经传递方式，作用于皮肤。

以下丘脑-垂体-肾上腺轴（HPA）为例，睡眠与HPA轴之间存在一个复杂的双向关系，主要通过促肾上腺皮质激素释放激素（corticotrophin-releasing hormone，CRH）、垂体分泌的促肾上腺皮质激素（adrenocorticotropic hormone，ACTH）、肾上腺分泌的皮质酮（corticosterone，CORT）等激素相互关联、相互影响。睡眠时间减少、睡眠质量差和HPA轴亢进紧密相连形成一个恶性循环，相互影响。中枢神经系统的HPA轴成分通过体液和神经传递方式，作用于皮肤，调控皮肤的应激反应。

失眠状态下，机体各项激素分泌丧失规律，导致的皮肤内分泌紊乱，可看作影响皮肤状态原因之一。除此之外，皮肤毛细血管血液循环受阻，皮肤细胞得不到充足的营养，也会影响皮肤的新陈代谢，加速皮肤衰老。

三、助眠食养养肤产品设计

（一）产品设计思路

睡眠养肤方案是通过食疗解决睡眠问题，达到皮肤康美的目的。

一直以来睡眠问题备受关注，《2017 年中国青年睡眠现状报告》表明，年轻人已经成为睡眠障碍的主力军，究其原因主要是来源于工作、生活上的压力和焦虑。在睡眠障碍率高、失眠群体趋向年轻化的趋势下，解决睡眠问题需从年轻人生活、心理现状着手。

明晰失眠的原因，采用药食同源的原料，通过组方进行配伍。针对压力大、焦虑引起的失眠人群，以酸枣仁养血宁心、安神除烦，帮助心神不宁、睡不好的人改善睡眠质量、提高睡后精力；以玫瑰花解郁安神、舒缓情志，帮助熬夜加班、压力大的人舒缓情志、放松情绪；以肉桂和调胃肠气机，帮助饮食失节的人“胃和”，从而“卧安”。

酸枣仁活性成分可通过影响去甲肾上腺素（NE）、多巴胺（DA）、5-羟色胺（5-HT）、γ-氨基丁酸（GABA）、一氧化氮（NO）和谷氨酸等神经递质作用达到改善睡眠的功效。

助睡眠产品用于皮肤养生，其根本在于通过增加深睡眠，提高睡眠质量。睡眠改善，使得血液微循环得以正常运行，皮肤能够吸收充足的营养维持红润白皙，富有弹性。因此助睡眠产品功效的验证，需从助眠功效及养肤功效两方面进行评价。

（二）助眠功效设计思路

1. 产品功效设计思路

导致睡眠不足的因素有很多，如：

① 情绪及心理因素　工作压力大，生活节奏快，忧郁、思虑、暴怒等可伤及五脏、躁扰心神，致使病证与病因互相长期影响。情志不舒，心神躁扰不宁导致失眠。

② 环境因素　生活不规律，熬夜加班劳倦、思虑过度，气血暗耗，精亏血少，无法奉养心神。劳心过度，心神失养，心神不安而致睡眠欠佳，常见多梦易醒，醒后难以入睡或不易入睡。

③ 生理机制　胃不和，卧不安，饮食不规律、饮食失节，易损肠胃，或肠中有燥屎，损伤胃气，胃气不和，升降失常，脘腹胀满或胀痛，或便秘腹痛等，以致睡卧不安，不易入睡，多梦易醒，胃不和则卧不安。

④ 药物影响　助眠食养养肤产品的设计需通过“养血宁心、安神除烦”“解郁安神、舒缓情志”及“和畅胃肠气机”这三方面解决因睡眠不足引起的皮肤问题。

在昼夜节律的调控下，多种神经递质和内源性睡眠促进物质共同作用、相互影响，从而实现睡眠与觉醒的转换。随着现代医学发展，机体内多种激素的分泌都已被证实与深睡眠密切相关（见图 7-4）。因而如何保证深睡眠也将是实现睡眠养肤的关键。

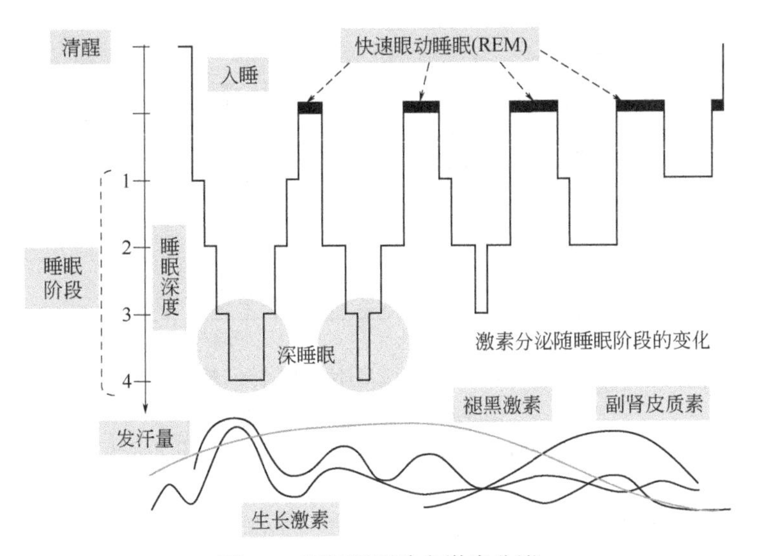

图 7-4　不同睡眠阶段激素分泌

对睡眠质量的评价，不能只着重于睡眠总时长，更重要的是如何评价睡眠质量，即深睡眠时间在总睡眠时间中的比例。为了客观、全面地评价产品的助眠功效，除了通过量表问卷等进行主观性评价外，还应对深睡眠进行监测。

通过匹兹堡睡眠质量指数（pittsburgh sleep quality index，PSQI）量表与智能手环两方面同时进行评价与监测可以从主观、客观两个方面实现对助睡眠效果的评价。

智能手环可进行深睡眠监测。在不常用的手腕腕横纹上 1 指左右佩戴手环，通过传输睡眠数据至手机 APP，可以每日观测睡眠指标（睡眠得分、深睡眠时间、深睡眠比例、深睡连续性、呼吸质量等）。

试验表明，在上述助睡眠产品设计思路下形成的组方产品可有效改善睡眠质量，PSQI 量表评分明显下降；提升深睡眠比例，在相同睡眠时间内，增加深睡眠时间（见图 7-5）。

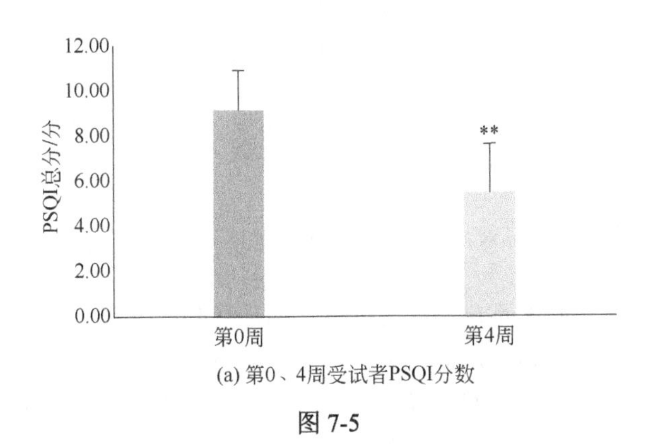

(a) 第0、4周受试者PSQI分数

图 7-5

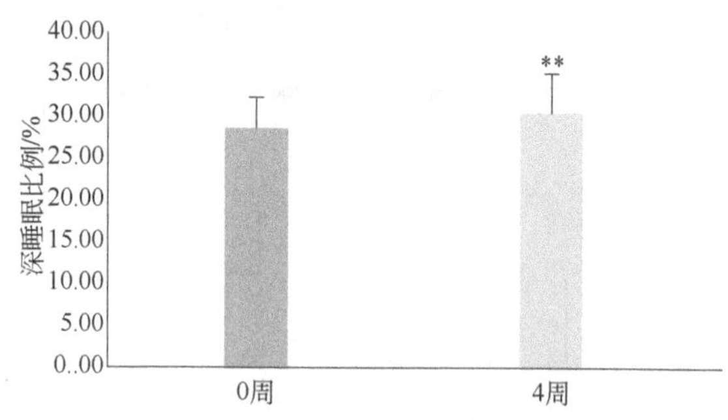

(b) 第0、4周受试者深睡眠比例分析

图 7-5　产品助眠功效结果

[与使用前（第 0 周）相比，**表示有统计学意义，$P<0.01$]

2．产品功效评价手段

（1）促进皮肤微循环　酸枣仁养血宁心、安神除烦，玫瑰花解郁安神、舒缓情志，肉桂调畅气机。三者协同增效，从根本上改善睡眠，提高深睡眠比例。而充足的睡眠能改善皮肤末梢的循环，消除皮肤毛细血管的淤滞，能充分供应皮肤组织细胞所需的营养。经激光多普勒 Peri ScanPIM3 血流灌注量仪检测，通过组方对受试者睡眠进行调整（第 1 周、第 4 周后），相较于组方调整前（第 0 周），受试者面部皮肤微循环状态得到明显改善（见图 7-6）。

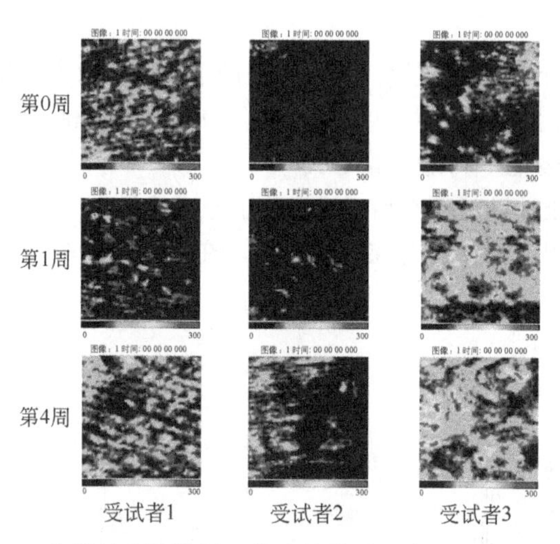

图 7-6　产品对皮肤微循环的改善结果（彩图见文后插图）

（2）改善肤色　睡眠不足引起皮肤气血循环受阻，使得皮肤的细胞得不到充足的营养，皮肤颜色显得晦暗。通过组方配伍，整体调节，提高了深睡眠比例，从而使机体内分泌得以稳定，代谢得以正常运行，改善了皮肤淤滞状态，加速皮肤色素代谢，最终改善肤色（见图 7-7）。

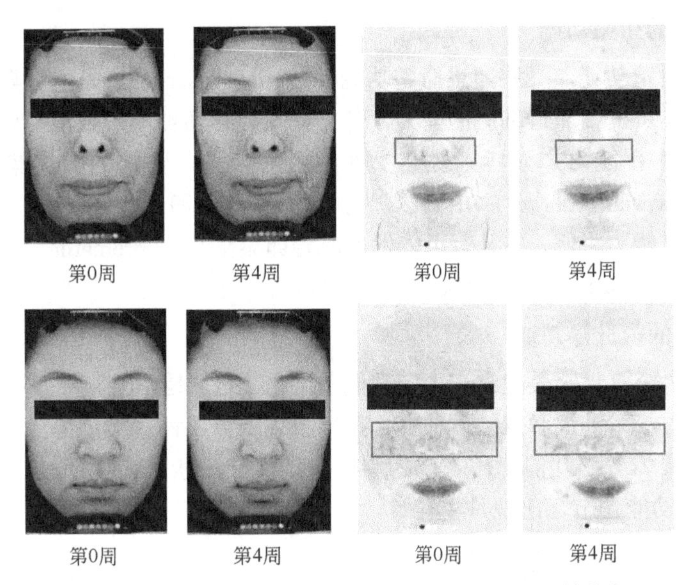

图 7-7　产品对皮肤肤色的改善结果（彩图见文后插图）

第二节　卵巢与皮肤养生

卵巢是女性的内生殖腺，左右各一，呈卵圆形，位于盆腔内子宫底后外两侧。卵巢主要功能是产生卵子和分泌性激素，同时卵巢的功能还影响着女性月经周期的变化。卵巢的功能决定了它对女性的重要性，卵巢持续有序的功能表现是女性健康美丽的保障。

现在女性面临最大的问题为卵巢早衰，其发病机理受多因素影响。卵巢生理功能的下降会导致生理功能出现障碍，影响女性的健康美丽。

本节介绍了卵巢保养与皮肤的关系，并结合卵巢早衰影响皮肤健康美丽的机理，提供了通过卵巢保养调节皮肤状态的食养美肤养生产品设计方案。

一、卵巢保养与皮肤的关系

卵巢是女性最重要的生殖器官和生殖内分泌腺。因此，卵巢的功能决定了女性的生殖健康状态及女性的性征状态。同时，卵巢分泌激素参与女性生理功能调节，保持女性特有的体征魅力。

（一）卵巢的生理功能

1．卵巢的生殖功能

卵巢的生殖功能，又称卵巢储备功能（ovarian reserve），是指卵巢皮质区卵泡生长发育形成可受精卵母细胞的能力，包括卵巢内存留卵泡的数量和质量，前者反映了女性的生育能力，后者则决定女性绝经的年龄。女性的卵巢储备功能下降(diminished ovarian reserve，DOR)表现为卵巢卵泡池中卵子数目减少或是质量下降，从而导致生育能力降低，并且有可能发展成为卵巢早衰（premature ovarian failure，POF），严重影响女性的生殖健康和生活质量。

2．卵巢的内分泌功能

卵巢的内分泌功能是建立在生殖功能基础之上的，是伴随卵巢卵泡发育、成熟、排卵而产生的一系列性激素水平的变化，卵巢主要分泌两种类固醇激素：雌激素和孕激素。卵巢内分泌功能障碍表现为雌、孕激素分泌紊乱为主，进而影响下丘脑-垂体-卵巢轴功能调节，出现月经异常。

（二）卵巢对皮肤的影响

卵巢的生殖功能与内分泌功能决定了女性的生殖健康与体征魅力。卵巢机能下降对皮肤、身体均会造成一定的影响，对皮肤的影响主要是：皮肤灰暗无光泽、肤色黄、易长斑、色素分布不均、油脂分泌异常、毛孔粗大、皮肤衰老松弛。

卵巢对皮肤的影响主要是雌激素、孕激素的分泌及卵泡生长发育所导致的月经周期的变化。

1．雌激素

雌激素是一种由卵巢分泌的类固醇激素。女性儿童进入青春期后，卵巢开始分泌雌激素，它的主要作用是促进女性生殖器官的发育和第二性征的出现并维持其正常状态，同时它影响全身主要器官系统的功能。

皮肤是雌激素发挥作用的最大非生殖器官。缺乏雌激素会使皮肤缺少弹性和光泽，变干、变皱、易痒，各种色素沉着渐现，毛发变得干枯和灰白。

雌激素在皮肤中发挥重要的作用，主要表现在：①阻止皮肤老化；②对皮肤损伤的修复作用；③调节毛发生长；④抑制皮脂腺分泌。

雌激素作用于皮肤的方式有多种：可刺激角质形成细胞的增殖；可增加和保持真皮中的胶原蛋白，增加真皮中黏多糖和透明质酸的含量，从而使皮肤厚度、弹性、水分改善，并优化角化层的屏障功能。研究表明，真皮层胶原质内的纤维原细胞存在大量雌激素受体。绝经后妇女卵巢功能衰竭，雌激素以雌酮（E1）为主，由肾上腺皮质分泌的雄烯二酮转化，活性较雌二醇（E2）低。在皮肤中已分离出的雌激素受体（ER）有两种形式：ERβ 和 ERα。ERβ 存在于角质形成细胞、成纤维细胞及巨噬细胞中，而 ERα 只存在于皮肤成纤维细胞和巨噬细胞中（见图 7-8）。

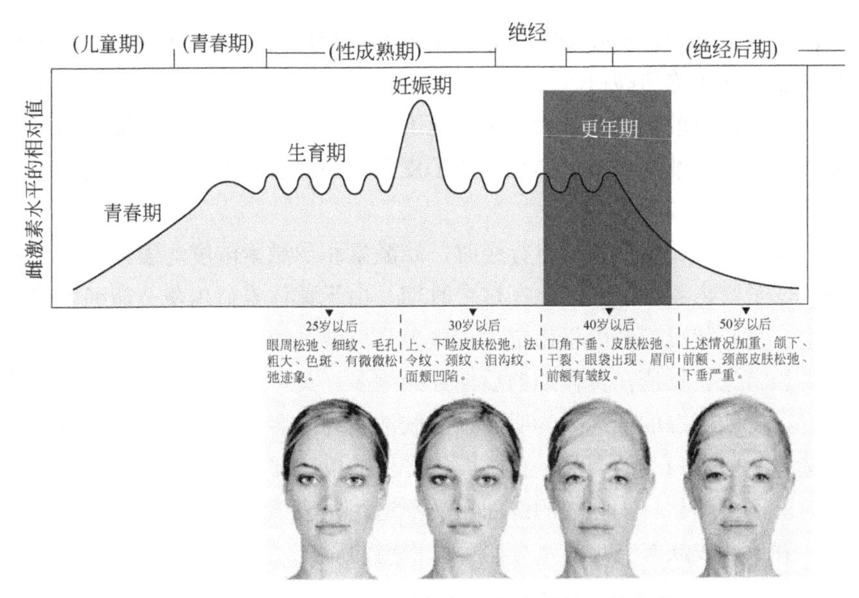

图 7-8　女人一生雌激素水平和皮肤状态的变化

2．孕激素

女性的卵巢在产生卵泡时产生雌激素，当卵泡破裂生成黄体时释放出的黄体激素也称孕激素。孕激素主要作用于子宫内膜和子宫平滑肌，以适应受精卵的着床和妊娠，孕酮能抑制排卵。

孕激素在表皮各层，尤其是颗粒层与棘层存在孕激素受体（PR），可对皮肤施行直接调节，促进表皮细胞角质化，增加粒细胞数量，缩短表皮通过时间（粒细胞数量在绝经期、排卵期、黄体期可降低约 33%，月经期升高）；抑制真皮纤维母细胞透明质酸的产生，利于钠和水的代谢排出，消除雌激素使皮肤发生的肿胀。

孕激素与雌激素既有协同又有拮抗作用，对皮肤有改善作用体现在可抑制女性雄性激素，从而有效改善面部痤疮与脂溢性皮炎的症状。

3．月经周期

规律正常的生理周期根据激素水平和生理状态一般分为四个阶段：卵泡期、排卵期、黄体期和月经期。

在不同阶段，皮肤的生理状态也有所差异。

（1）卵泡期　卵泡期正值月经期结束，是卵巢、子宫乃至整个身体机能状态回升的时期。开始时，血液中雌激素与孕激素水平低迷，随时间逐步向排卵期推进，性激素水平不断上涨，此时皮肤状态逐步回升，皮肤屏障功能较好，色泽较明亮，上一时期留下的痤疮逐步衰退，面部颜色均匀。

（2）排卵期　在卵泡期的储备后，排卵期女性的身体机能进一步提升，在此阶段，性激素水平达到顶峰。排卵期是女性生理周期四个阶段中皮肤状态最好的时期。

此时皮肤水润有光泽，屏障功能最好；粗糙度降到最低；皮肤弹性最好，皮肤的疲劳效应最低；肤色均匀亮白。

排卵期后，血液中的雌激素水平迅速下降，继而回复。皮肤的屏障功能转弱，油脂量开始增高。油脂量的增高也导致了皮肤光泽度和亮度的升高。黑红色素在此时期转高，色斑会较明显。

（3）黄体期　黄体期及即将行经时，雌激素和孕激素浓度均骤降，性激素水平波动较大，子宫内膜破裂。因此在这个时期，由于黄体素荷尔蒙及卵细胞荷尔蒙分泌量减少，身心状况都开始不稳定，皮肤容易出现过敏，也会变得粗糙，油脂分泌增多，易长暗疮。痤疮在黄体期的后期开始增多。黄体期皮肤状态下降，尤其临近月经期时，皮肤状态的低迷尤为明显。皮肤油脂分泌会逐渐增多，黑色素活化，因此可以选择一些美白类的产品，预防即将产生的皮肤问题。这个时候最重要的是保养，令情况不再恶化。太强力的洗面用品不适用，应该选择专为敏感皮肤生产的清洁用品，并保证皮肤有充足的水分，可以平衡油脂。

（4）月经期　月经期出血带走大量营养和热量，加之许多女性存在痛经的症状，这对皮肤状态有很大的影响。月经期皮肤相对干燥，皮肤屏障功能弱。皮肤易出油，痤疮多发，痘印不易消退。

由于经期皮肤屏障功能降低，皮肤变得脆弱敏感，因此要简化护肤，同时要给皮肤补充足够的水分，避免皮肤由于干燥产生细纹，减少水油不平衡而产生的毛孔阻塞、出油过多的情况。

月经结束后，卵泡期到排卵期这段时间内，雌激素、孕激素水平逐渐回升，在排卵日达到顶峰。在此两种激素的作用下，加之身体能量的充沛，皮肤水润感增强，皮肤屏障加固，胶原纤维充盈，整体气色好（见图 7-9）。

二、卵巢早衰影响皮肤状态的机理

（一）卵巢早衰的概念及对皮肤的影响

卵巢早衰（POF）是指月经初潮年龄正常或青春期延迟，第二性征发育正常的女性，在 40 岁之前出现 4 个月以上的持续闭经，生殖器官萎缩，卵泡刺激素（follicle stimulating hormone，FSH）和黄体生成素（luteinizing hormone，LH）水平升高，雌激素降低的一种妇科内分泌性疾病，临床上主要表现为月经失调、闭经、性功能降低、不孕、围绝经期综合征等一系列症状。

卵巢早衰是卵巢功能障碍的一种表现，卵巢功能障碍所导致的雌激素分泌降低、月经期紊乱、孕激素分泌失调等一系列结果，会使皮肤表现为松弛缺乏弹性、皮色暗黄色素沉着、皮肤修复愈合缓慢等皮肤问题。因此，研究卵巢早衰的发生原因可以指导改善卵巢早衰，从而维持健康的皮肤状态。

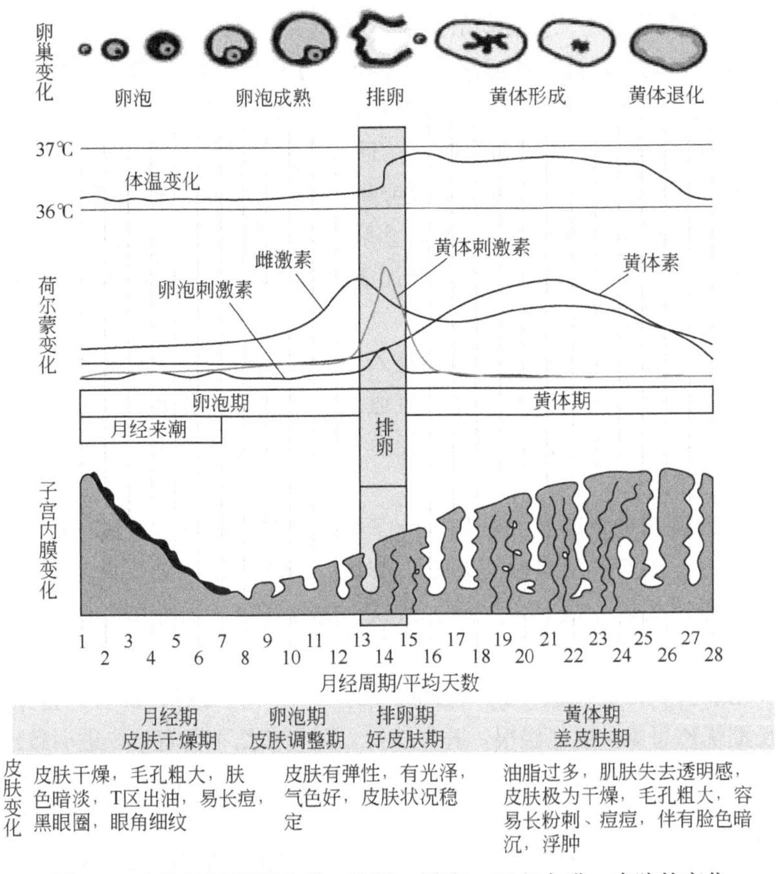

图 7-9　女性月经周期卵巢、体温、激素、子宫内膜、皮肤的变化

（二）卵巢早衰的原因

1．现代医学对 POF 的认识

（1）遗传因素　在 POF 的发病因素中，遗传因素约占 10%，是卵巢早衰的重要致病因素之一。

（2）自身免疫因素　自身免疫是核型正常的妇女发生卵巢早衰的主要原因。免疫性卵巢早衰患者会出现细胞免疫、体液免疫的异常，还会合并其他自身免疫性疾病。

（3）酶缺陷　半乳糖磷酸盐尿苷转移酶缺乏所致的半乳糖代谢障碍与此有关，因为增多的半乳糖可直接损害卵母细胞，其代谢产物可损害卵巢组织。

（4）医源性损伤　放疗和化疗、手术和子宫动脉栓塞等因素，均可导致 POF 的发生。

2．中医学对 POF 的认识

中医并无卵巢早衰的病名，本病属中医妇科“血隔”“血枯”“闭经”“年未老经水断”“不孕症”等范畴，主要与肝、脾、肾关系密切。

（1）肾虚为根本病机　肾藏精，主生殖，为先天之本。《医学正传·妇人科》言“经水全借肾水施化，肾水既乏，则经血日益干涸。”肾气不足，不足以温化肾精以致“肾天癸-冲任-胞宫”轴的功能低下，月水难生。肾精不足，精亏血少，胞宫胞脉失养，而致经水渐断，从根本上导致卵巢早衰。相关的药理学研究表明，补肾类的中药具有类激素的作用，能多系统、多环节、多靶点调节下丘脑-垂体-卵巢轴的内分泌功能，改善促性腺激素环境，增加成熟卵泡数量，提高机体免疫能力，防治和改善闭经及围绝经期出现的症状。

（2）气血亏虚为主要病机　气血是人体一切生命活动的物质基础。妇女以血为本，以气为用，月经为气血所化。气血弱，不能下注养卵巢，肾精无所生，肾气无所化，天魁无所养，冲任不足，经血无源，至月水难生，终致停闭不行，发为本病。

（3）脾胃调和为重要媒介　妇人女子经血为气血所化，五脏之中脾主运化，能够化生气血，为月经提供物质基础。脾虚，运化失司，则气血生化无源，精亏血少，冲任胞宫失养，故月水先闭。故认为脾虚所致气血亏虚是卵巢早衰的重要媒介。

（4）心、肝火旺为相关因素　心者，君主之官，内藏神；肝者，将军之官，内藏魄。长期忧愁思虑，恼怒怨恨，肝失疏泄，肝气郁结不得宣达，进而致经血亏虚，血行不畅，会干扰“肾-天癸-冲任-胞宫”轴的功能，致使冲任失调，经血不下，影响卵巢排卵功能，导致月经不调。

（5）瘀血阻络为重要环节　瘀血阻络虽然不是卵巢早衰的主要病机，但在本病的发展过程中也起着重要的作用。长期的络脉癖阻，月事不行，气机受阻，气血运行不利，就会出现全身证候。如皮肤失养，见面色黎黑、面部色斑、皮肤粗糙；瘀久血不养肝，则肝阳有余，出现烦躁。

三、食养卵巢

“治未病”是重要的防治思想，从“治未病”出发，加强对卵巢的保养显得尤为重要。通过服用大豆异黄酮等植物雌激素可起到抗氧化延缓衰老的作用，常见的卵巢保养食品还有蔓越莓、月见草、维生素 E 等。增加这类物质的摄入有助于减缓卵巢衰老，从而达到保养皮肤、减缓衰老的作用。

1．大豆异黄酮

大豆异黄酮属于植物雌激素。大豆异黄酮对人体生理代谢有调节作用，对于低激素水平者可以起到雌激素样作用，防治妇女更年期后激素消退产生的疾病；对于高激素水平者可产生抗激素作用。同时，大豆异黄酮具有提高机体免疫功能的作用。服用含大豆异黄酮的食物可达到抗氧化、延缓衰老的作用。

2．蔓越莓

蔓越莓具有低热量、高纤维、多维生素和多矿物质的特点。高膳食纤维含量可促进肠道排毒、防止便秘。维生素C可预防坏血病、促进生长发育、增强体力、减轻疲劳等。高钾少钠增强免疫力。蔓越莓中的原花青素结构非常独特，能通过竞争性抑制发挥有效的抗细菌黏附特性，可预防尿道感染，缓解私处炎症。美国卫生部比较了常食用水果的抗氧化能力，蔓越莓高居榜首。研究表明蔓越莓对自然衰老和辐照均有改善作用。

3．月见草

月见草油是天然的植物油，富含激素合成的前体γ-亚麻酸，具有独特的保健及生化作用。它与维持人体细胞正常功能、转化和利用胆固醇、形成前列腺素等有密切的关系。月见草提取物具有抗氧化性；月见草油具有良好的抗菌功效，同时可减少反应性活性氧的产生，抑制人体嗜中性白细胞中白三烯B、白细胞介素，弹性蛋白酶的释放，减少炎症反应的发生。

4．圣洁莓

圣洁莓是西洋牡荆树的果实，是欧洲常用的传统药草。圣洁莓含有一种很类似人体黄体素的成分，可以发挥类似人体黄体素荷尔蒙的功能，缓解经前证候及月经不规则证候，促进乳房健康。研究证实，圣洁莓可以刺激脑下垂体释放出促黄体素，调节月经不规律，缓解经前乳房胀痛，促进乳房健康。

5．脱氢表雄酮（DHEA）

DHEA是由肾上腺皮质、中枢神经系统和卵巢的卵泡膜细胞分泌的，在周围组织中可以转化成有活性的雄激素和雌激素的激素类的前体。DHEA是类固醇激素合成的重要的前体物质，对于卵巢储备功能低下具有改善作用。它可以提高卵泡数、促进排卵、滋养卵巢、平衡激素、延缓衰老。

6．其他

（1）补充维生素C和维生素E　研究表明，若每天服用90mg的维生素C和30mg的维生素E，患卵巢癌的概率就会降低50%。单纯地依靠从食物中获取是不够的，所以最好咨询医生适量服用药片或制剂来补充。

（2）补充叶酸　叶酸是一种水溶性的维生素，富含于绿色蔬菜、柑橘类水果及全谷类食物中。女性在日常饮食中适当增加富含叶酸的食物，能降低卵巢癌的发生率。瑞士的研究人员发现，常吃富含叶酸的食物的女性，其发生卵巢癌的概率比很少吃叶酸食物的女性降低74%。

（3）高钙饮食　美国科研人员发现，天天都摄取高钙食物能降低卵巢癌的发生率。每日摄取高钙食物的人会比摄取钙质不足的人降低46%的卵巢癌的发生率。

四、卵巢食养美肤养生产品设计

（一）卵巢保养产品设计思路

卵巢持续有序的功能表现是女性健康美丽的保障。而卵巢的中医学理论核心是以冲任的精血物质为基础，然而卵巢的正常功能除了自身的状态之外，需要以全身的气血状态为基础，尤其是肝的疏泄与脾化生的气血的滋养，以及情志的调摄。

根据“君臣佐使”组方原则，卵巢食养美肤产品以覆盆子为君补冲任益精血，不寒不热平和而有远功，配以桑葚补肝肾、养阴血，增加覆盆子的补益之功。佐以山药益五脏气血、以资冲任；玫瑰花疏肝理血、调理冲任；茯苓健脾安神、舒缓情志共为佐药。本方以补益冲任为主、调理冲任为辅。

（二）产品功效设计思路

卵巢食养美肤产品可围绕激素水平健康、卵巢健康、情绪健康这三个方面开展。

（1）激素水平健康　激素的水平不仅与女性的生殖功能具有密切关系，而且与皮肤之间也有密切的联系。局部应用雌激素能够增加Ⅰ型胶原及弹力蛋白合成，降低 MMP-1 水平，TGF-β 受体表达增加，使胶原数量增加，延缓皮肤衰老。

皮肤保湿作用与角质层和真皮糖胺聚糖有关。因为角质层脂质对维持皮肤的屏障有重要作用，而糖胺聚糖具有很强的吸水性。大样本队列研究表明，未接受激素替代治疗（HRT）的绝经后女性与接受者相比更易出现皮肤干燥症状，可见，雌激素对角质层屏障功能起有利作用。雌激素可促进角质形成细胞增殖并抑制其凋亡，该作用是由膜表面雌激素受体介导的。雌激素也影响真皮储水功能。雌激素可以促进真皮透明质酸产生，提高真皮含水量，降低老年性皮肤干燥发生率。真皮透明质酸是发挥储水功能的主要糖胺聚糖，由成纤维细胞中的透明质酸合成酶 2 合成。

因此，激素水平的健康不仅能够保证女性的身体健康，还与皮肤表现息息相关。

（2）卵巢健康　机体下丘脑-垂体-卵巢轴之间通过激素的正负反馈及中枢神经系统调节激素水平，因此卵巢的健康对于调节激素水平具有重要作用。

下丘脑分泌促性腺激素释放激素（GnRH），其作用是促进垂体合成、释放卵泡刺激素和黄体生成素。而垂体分泌卵泡刺激素（FSH），其作用是促进卵泡周围的间质分化成为卵泡膜细胞，使颗粒细胞增生；分泌黄体生成素（LH），作用于泡膜细胞，使之合成性激素。最后，性激素包括雌激素、孕激素及雄激素等，既维持女性生理功能，又通过激素水平调节下丘脑和垂体的激素释放情况。

（3）情绪健康　在影响情绪的环节上雌激素与 5-HT 二者存在交叉，雌激素和

5-HT之间的相互关系早先是在生殖行为中被发现的，月经周期是由下丘脑、垂体和卵巢三者通过生殖激素之间相互调节的关系来完成的，在排卵期前雌激素对下丘脑施加正反馈作用，导致促黄体生成素（LH）的分泌增加，该过程受到5-HT的调节。在雌激素的参与下，5-HT引发LH的分泌和排卵行为，而在缺乏雌激素的情况下，5-HT就会产生相反的作用。目前，人们已经认识到5-HT和雌激素具有相互重叠的影响范围，除了生殖行为以外，这个范围还拓展到情绪和认知（见图7-10）。

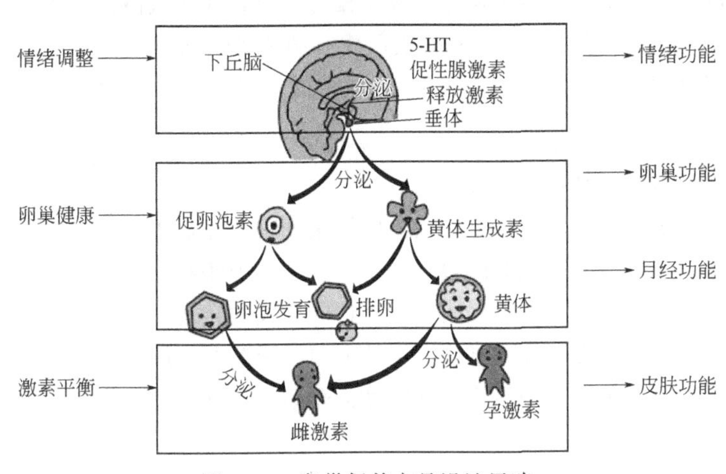

图7-10　卵巢保养产品设计思路

根据下丘脑-垂体-卵巢轴调节功能，对卵巢保养产品进行功效评价设计。以5-HT评价情绪功能，黄体生成素、促卵泡激素评价卵巢功能，雌激素、孕激素评价皮肤功能。同时，辅以情绪量表、痛经症状量表、月经紧张忧郁量表和身体皮肤情况调查问卷进行多维度评价。

第三节　食养与皮肤美白

“肤如雪，凝如脂”是大部分中国女性的追求。皮肤变黑和色素沉着是很多女性在追求美的过程中的困扰。随着口服美容产品的诞生，以及人们健康意识的增强，人们也开始注重从内调理达到有效美白的目的。

本节主要通过现代医学角度和中医角度分析内服美白机理，并进一步提出了内服美白产品的设计思路和设计方案，从内服美白机理出发，给出了内服美白产品功效评价方案，为内服美白产品的设计开发及功效评价提供参考。

一、饮食影响皮肤美白状态的机理

俗话说“一白遮三丑”，从古至今，皮肤美白都是女性热议的话题。皮肤黯黄是大多数女性困扰的问题之一，大部分女性都希望自己能拥有白里透红的皮肤。但由于年龄的增长，以及现代都市人群的不良生活方式，导致其皮肤受内、外环境的刺激引发一系列反应，这些反应促进了黑色素的合成以及物质基础的改变，导致皮肤黯黄。

（一）现代医学的角度

黯黄可以分为黯和黄两个概念，皮肤黯与黑色素和血液微循环相关，皮肤黄跟氧化蛋白质（羰基化蛋白质、糖基化蛋白质）、类胡萝卜素等相关。从现代医学的角度看，内服美白可以从减少黑色素生成、增加血液微循环、减少氧化蛋白质产生这三方面入手。

1．减少黑色素生成

黑色素是皮肤黯的主要决定因素，由黑素细胞的黑素小体产生。皮肤表皮的黑色素含量取决于：①黑素细胞的数量；②黑素小体中酶和结构蛋白的表达与作用；③合成的真黑素和褐黑素的量；④黑素小体向树突的转运；⑤黑素小体向角质形成细胞的转移；⑥黑色素在皮肤基底上层的分布、降解。内服美白产品，主要是通过减少黑素细胞的数量、抑制黑素小体中酶的表达、降低真黑色素与褐黑色素的比值这三方面发挥作用。

2．增加血液微循环

人体面部肤色在微循环良好的情况下会表现红润的健康状态，血量不足与血流不畅都将导致面色晦暗及色素沉着的情况发生。如代谢不畅，则细胞代谢所需养分及营养不足，会使皮肤呈现暗沉、无光泽。较好的血液循环为皮肤的成纤维细胞、胶原蛋白等提供充足的氧分和营养，将细胞的代谢产物和各种有害物质及时清除，保证皮肤的正常新陈代谢，使面色透白红润。

3．减少氧化蛋白质产生

氧化蛋白质在皮肤中分为两类，一类是糖化蛋白质（advanced glycation end products，AGEs），另一类是羰基化蛋白质（carbonylation protein，CPs）。AGEs由还原糖（如葡萄糖或果糖）的羰基在非酶反应中与蛋白质结合形成糖化蛋白质。CPs则是由蛋白质中的氨基与活性氧（ROS）引起的脂质过氧化反应生成的活性醛化合物反应而成。这两种氧化蛋白质都具有黄、黯颜色的特征，在皮肤颜色转变为黯黄色的过程中起关键作用。

（1）减少糖化蛋白质的产生　AGEs 起源于糖与蛋白质、核酸或脂类之间的非酶糖基化反应。

皮肤细胞有特定的AGEs受体（RAGEs）。AGEs可与平滑肌细胞、成纤维细胞、内皮细胞表面的 RAGEs 结合，引起组织因子、表皮生长因子合成增多，引起血管壁通透性增加、细胞增殖等一系列改变，造成局部炎症反应。

糖基化持续地发生在衰老过程中，其产物降解缓慢，因此AGEs随着年龄的增长而逐渐积累。Jeanmaire等人采用图像分析量化了女性腹部的皮肤糖化率（AGEs占皮肤表面积的百分比），发现30岁的受试者皮肤糖化率平均为1.3%，35岁时增至2.8%，此后皮肤糖化率迅速增大。此外，不良生活方式行为、饮食模式、身体活动和睡眠质量等也会造成AGEs的积累。综上，皮肤AGEs的累积能够导致细胞内发生氧化应激并激活炎症，在皮肤黯黄色的过程中发挥了重要作用。

（2）减少羰基化蛋白质的产生　CPs由蛋白质碱性氨基酸残基的游离氨基和活性醛化合物反应生成，是氧化应激的早期标记。与AGEs相同，CPs随着年龄的增长而积累，且降解困难，可能会导致细胞的修复/降解系统负担过重，导致更多CPs的积累，形成恶性循环。皮肤中的CPs主要存在于曝光部位表皮层和真皮层，表皮层羰基化含量高于真皮层，其原因在于表皮层持续暴露在氧化环境和皮脂腺分泌的不饱和脂质环境中，为活性醛化合物的不断生成创造了有利条件。在角质层中，角蛋白或角化包膜蛋白可能是羰基化攻击角质层的主要靶点。羰基化还可导致角质层透明度降低、持水能力降低、毛孔变暗。羰基化对皮肤“黯”和“黄”均有一定的贡献。紫外线、蓝光、秋冬季节干燥环境、香烟烟雾、$PM_{2.5}$反应均能引发蛋白质羰基化反应。

（二）中医的角度

中医认为，皮肤色素沉着，以肝郁、脾虚、阴虚为主治，或配活血化瘀之法。血液行于全身，若血流不畅或局部有血液停滞，便会出现血瘀证候，可见于面目黧黑，皮肤干燥无光泽。其常用药物为疏肝理气药、活血祛瘀药。

疏肝理气药：肝藏血，主疏泄，调节人体全身血液与气机的运行，并调畅情志。女子气有余而易抑郁，致使其疏泄失常，气滞血瘀而生斑。故需注重疏肝、理气与活血，并辅以心理辅导、调畅心志，或使用一些养血安神的药物。

活血祛瘀药：因肝郁气滞血瘀、脾虚气弱易失推动之力，或肾虚火燥、血热滞结也可导致血瘀产生。故需活血化瘀，使血液通行流畅。古代常用的活血化瘀药物为桃红四物汤、血府逐瘀汤等，常用药物有桃仁、红花、生地黄、赤芍、丹参、茜草、蒲黄、山楂等。建议多食具有活血作用的食物，如：荞麦、黄花菜、蘑菇、木耳、紫菜、山楂、红酒、醋、玫瑰花、桂花等。美容药疗可服用丹参酒、红花酒、玫瑰花汤、鸡血藤首乌卤黑豆、茜草猪蹄汤等，可改善局部干燥及面部黄褐斑。

二、食养美白

随着国民口服美容意识的增强，人们开始注重调理因内在因素产生的皮肤暗沉现象，不满足于仅仅依靠外用护肤品美白，开始寻求能美白的食品。中国传统就有食疗的观念，《内经》提出“药以祛之，食以随之”，“谷物果菜，食以养之”就阐明了食疗的重要性。

（一）古代美白方的记载

1.《医学入门》中记载三白汤

取白芍、白术、白茯苓各5克，甘草3克，水煎温服或打粉自制茶包泡服。其功效为调和气血、调理五脏，主治气血虚寒导致的皮肤粗糙、萎黄、黄褐斑、色素沉着等。

2.《普济方》中记载五白散

取白芷、白鲜皮、白芨、白薇、白蔹各等分研末，每服3钱，加乳香末1字，新水调服，并涂疮上。其功效为活血凉血、润泽祛斑，主治雀斑、痤疮疤痕等。

3.《本草纲目》中记载

李时珍在《本草纲目》的“主治第四卷·皯疱黑于黑曾”中，列出了调整脏腑的功能、调和气血治黑干黑曾雀斑的内治药，如升麻、白芷、防风、葛根、黄芪、人参、苍术、藁本、女菀、天门冬等。其是根据五行学说用药，白为金，黑属水，金生水，白能胜黑，故面黑者，采用白色药物以入肺经治肺等间接达到补肾水的目的。

4.《药方·卷六下》中记载面洁白红润方

采三株桃花、阴干，空心饮服方匕，每日3次，或以酒渍桃花。其认为桃花苦平无毒，令人好颜色。

（二）中医对因不同体质引起的皮肤黯黄的美白方

中医药美容强调“以内养外”，认为皮肤润泽跟脏腑功能有密切关系，若脏腑有病变，气血不和，则皮肤易出现粗糙、萎黄、黄褐斑、色素沉着等。故中医美容主要根据调和气血、调理五脏的内服方，根据不同体质皮肤黯黄的因素，进行治疗。

血瘀体质和湿热体质是现代科学中的变黑现象指标——亮度和黑色素量——相联动的体质。血瘀和湿热体质随着症状程度的加重，亮度就会下降，且黑色素的量会增加。其采用的食品组方以改善肝郁气滞为目的，用黑醋作为主要成分，配以活血化瘀作用的生药精华——红花，以及具有理气解郁、利水渗湿、清利湿热、排脓消肿、利水消肿的生药提取物——橘皮、枸杞子、薏苡仁、冬瓜、茯苓等制成，研究证明其有改善亮度和减少黑色素生成的作用。

（三）现代人常食用的美白食品

含有丰富维生素的食物有良好的抗氧化作用，能清除有害自由基，各种维生素在美白方面也发挥着重要作用。如维生素A可调节皮肤新陈代谢，维生素B可减少色斑及色素沉着，维生素C和维生素E抗氧化能力强，可清除毒素。故推荐多摄入含丰富维生素的水果，如柠檬、樱桃、西红柿、柚子、草莓、猕猴桃。

除了含有抗氧化的维生素和水果外，现在也出现了一些美白片或美白口服液。

其含有的最主要的物质为谷胱甘肽、L-半胱氨酸以及一些植物提取物。但这些添加谷胱甘肽和L-半胱氨酸的口服美白产品会有尿液变黄、月经受影响等副作用。此类产品的有效性和安全性未得到临床证实和国际公认，安全有隐忧。

如何利用现代美白机理和中医的食疗方，真正做到安全、有效的美白，并通过科学、准确的方法验证美白功效，是食疗美容工作者需要关注的问题。

三、皮肤美白食养产品设计

（一）食养美白产品设计思路

结合中医美白的思想，加上现代医学对美白的认识，针对有美白需求人群（肤色暗沉、肤色不均、易晒黑、熬夜黯黄等人群），设计了一款药食同源、安全、有效的内服美白片。其采用余甘子行清热解毒功效；采用代代花行疏肝理气功效；采用酸枣仁和龙眼肉行养血安神功效。余甘子消食健胃生津，可加强脾胃的运化能力，使机体得到水谷运化的营养；代代花调畅气机，使脾胃化生气血的能力增强，脾旺统血，心血充盈；酸枣仁和龙眼肉甘平养血安神，补益心脾。以上，心神得以濡养，而气血津液充足，肌肤同样得以濡养，加速代谢，提亮肌肤，保持皮肤红润有光泽。

（二）食养美白产品功效设计思路

1．产品功效设计思路

导致皮肤暗沉的路径有很多，如：①黑素细胞活跃，黑素细胞不是孤立存在的，会受到各种外界因素激发产生过量的黑色素；②酪氨酸酶是黑色素合成的关键限速酶；③脂质过氧化生成的脂褐素的累积，使肌肤发黄、暗沉；④肌肤微循环不畅，色素代谢和排出受阻，氧合血红蛋白含量下降。

食养美白产品的设计是通过对肌肤暗沉问题发生的多条途径进行相应的阻断防护措施：①“除恶”，清除促进黑色素合成的炎症因子、清除自由基；②“打黑”，适度抑制酪氨酸酶活性，适度还原黑色素；③“扫黄”，抑制脂质过氧化、延缓脂褐素累积；④养白，改善肌肤微循环，促进色素代谢和排出，提高氧合血红蛋白含量。

2．产品功效评价手段

（1）美白功效评价　美白效果皮肤指标：VISIA-CR 面部图像、色度、黑红色素。

① 采用 VISIA-CR 面部图像，追踪皮肤美白效果（见图 7-11）。

② 通过色度仪器收集皮肤的反射光，并采用三基色法 L 值、a 值和 b 值表征结果。

③ 通过皮肤黑红色素测试仪确定皮肤中黑色素和血红素的含量。

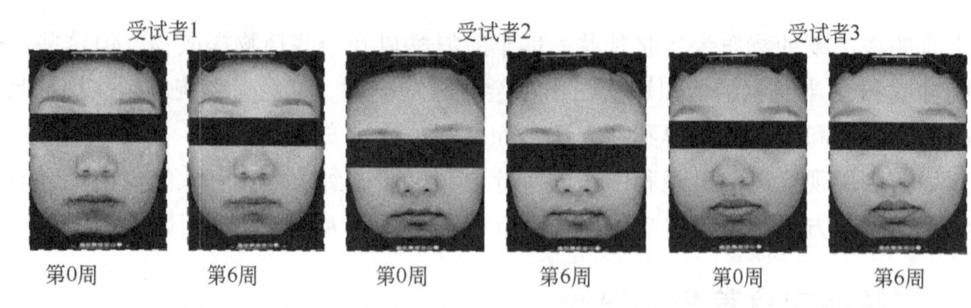

图 7-11 产品对皮肤肤色的改善结果（彩图见文后插图）

（2）改善皮肤微循环效果 改善微循环效果皮肤指标：激光多普勒、红外热成像。

① 通过激光多普勒测定血红细胞速度和数量，体现微循环的好坏状况。

② 通过红外热成像技术获取红外热像图片。

四、生活方式建议

（1）生活规律 作息不规律、生活习惯不好会让自身的内分泌失调，新陈代谢异常，这些都会让肌肤中的黑色素异常分泌，积聚在肌肤的某个位置，就会形成色斑。所以要注意养成良好的生活习惯，让作息更规律。

（2）补充营养 如果身体缺乏营养元素，也会让自身的免疫力降低，黑色素积聚形成肌肤斑点。在饮食上要注意选择有益于提高免疫力、预防色斑出现的食物，比如西红柿、橘、柑及苹果等。

（3）注意防晒 阳光对皮肤的伤害有累积性，长时间不注意防护会在肌肤表面形成色斑。夏天气温高时，在户外活动要选择有效的避光措施，如给肌肤涂上防晒品，出门时打遮阳伞或者戴帽。

（4）选择适当的化妆品 化妆品中含有过量的汞和重金属等成分容易让肌肤遗留斑点，所以在选择时要注意鉴别。

第四节 食养与皮肤舒敏

随着生活环境、化妆品多样性的发展及人们对皮肤健康意识的提高，敏感性皮肤的感知率和关注度也逐渐上升。皮肤敏感成为困扰人们皮肤健康的重要问题之一，影响着人们的生活质量。

解决皮肤敏感问题，内调外用起着非常重要的作用，其中食养是一种健康自然的方式。即利用食物的性味归经，强化机体适应自然的能力，更好地顺应自然的变化，以达到防治疾病、保持健康的目标。

皮肤敏感人群应在日常生活中注意合理选食，增强皮肤抵抗力，预防和缓解皮肤敏感症状。本节主要介绍舒敏食物及养生建议，并结合皮肤敏感人群特征及需求，提供了利用药食同源植物原料设计食养舒敏方的思路，为敏感人群的食疗养生方案提供参考。

一、饮食影响皮肤敏感状态的机理

按照中医人群划分标准，敏感人群多集中在特禀质和气血两虚人群。

（一）特禀质人群

特禀质以生理缺陷、过敏反应等为主要特征。特禀质人群皮肤适应力较差，容易皮肤敏感、过敏，主要以瘙痒为主。中医认为这是“风邪”作祟，即气血不足、风盛则痒，应重视养血祛风、扶正固表。

特禀质人群应采用内养外调方法，注重益气固表、养血消风，并以预防为先。

饮食注意清淡均衡，荤素合理。避免或尽量少吃荞麦、蚕豆、白扁豆、羊肉、牛肉、蛋清、鹅肉、鲤鱼、虾、蟹、茄子、辣椒、韭菜、大蒜、香椿、蕨菜等，酒、浓茶、咖啡等食品。食物中有一类叫作“光敏性食物”，比如香菜、芹菜、油菜、芥菜、无花果、柠檬等，要少吃或不吃光敏性食物，以免使本已非常敏感的皮肤再加强对日光刺激的敏感，而加重病情。

（二）气血两虚人群

中医认为血虚生风，气血生化不足可导致机体免疫功能失调，在皮肤上的表现为皮肤敏感、干燥、瘙痒等。

二、食养舒敏

遵循中医“虚则补之”“损者益之”“气血双补”的治疗原则，补肝益肾类中药在调节机体免疫力的同时，可提高皮肤对外界污染的抵抗力，增强皮肤屏障功能，减少皮肤敏感现象的发生。

具有舒敏功效的中药如下：五加皮具有补益肝肾、祛风湿、强筋骨作用，外用可治疗阴囊湿疹及皮肤瘙痒症。旱莲草具有补肝益肾、凉血止血的作用，对水田性皮炎、湿疹效果较好。人参可大补元气，复脉固脱，补脾益肺，生津止渴，安神益智，同时具有抗敏感、抗炎作用。黄芪有补益脾土、固表止汗、托疮生肌等作用，能改善疮疡组织的血液循环，促进病变组织的吸收或化脓。山茱萸具有补肝益肾、收敛固涩的功效，山茱萸总苷有良好的抗炎免疫抑制作用。五味子具有补肝益肾、收敛固涩的效果。五倍子具有收敛涩肠、敛肺降火、解毒敛疮的作用，可用于湿疹疮疡、阴挺湿痒等症。生黄精为百合科植物滇黄精、黄精或多花黄精的干燥根茎，有滋肾润肺、补脾益气的功效，主要成分为皂苷和多糖类，黄精多糖具有良好的抗炎抗敏作用。乌梅具有敛肺、涩肠、生津的功效。

具有舒敏功效的食物如下。

① 蜂蜜　蜂蜜性味甘、平，可补中益气，润肺止咳，润燥，止痛，解毒，矫味。具有补中缓痛，解毒润燥的功能。蜂蜜里含有一定量的花粉颗粒，经常喝会对花粉过敏产生抵抗力。另外，蜂蜜中含有微量的蜂毒，可有效预防过敏现象，因此，每天喝一勺蜂蜜，可以有效地避免花粉过敏，同时对气喘、瘙痒、咳嗽以及干眼等过敏症状也有预防作用。相关研究表明，蜂蜜具有抗炎症作用。

蜂蜜的食用量以每日一汤匙为宜，可直接冲水喝，也可涂在馒头或面包上，但注意用蜂蜜冲水时不要用高温的开水，以防破坏营养。

② 紫苏叶　紫苏叶具有解表散寒、宣肺化痰、行气和胃等功效。其富含α-亚麻酸、黄酮类、酚类、色素类等生物活性物质。紫苏叶含有丰富的维生素 C、钾、铁等，还含有丰富的不饱和脂肪酸，具有使免疫功能正常的作用，有缓和过敏性皮炎、花粉症等过敏反应的效果。紫苏叶中的紫苏糖肽具有抑制组胺释放及蛋白激酶活性的作用，该种物质能够阻止触发靶细胞脱颗粒，干扰组胺物质的释放，达到抗过敏的作用。现代药理研究表明紫苏叶具有抗过敏、抗炎等作用。

③ 马齿苋　马齿苋为马齿苋科植物马齿苋（*Portulaca oleracea* L.）的全草，在我国有悠久的食用历史，是古往今来最常见的野生蔬菜和中草药。具有清热解毒、凉血止血的功能。马齿苋中含有许多活性物质，如黄酮类、生物碱类、萜类、酚类、多糖、挥发油、有机酸类等。现代药理研究表明：马齿苋具有抗菌、抗氧化、镇痛、抗炎和神经保护等作用。

④ 红枣　红枣味道甘甜，口感脆嫩，可以直接鲜食，也可以晒干以后长期保存。红枣不但口感好，营养价值也特别高，养生功效出色。红枣中含有抗过敏物质——环磷酸腺苷，该成分通过抑制过敏性炎症介质如组织胺、缓激肽、花生四烯酸等的释放，从而发挥抗过敏作用。凡有过敏症状的人可以经常服用红枣。方法为：a. 红枣 10 枚，水煎服，每日 3 次；b. 生食红枣，每次 10g，每日 3 次；c. 红枣 10 枚，大麦 100g，加水煎服，日服 2～3 次。以上均服至过敏症状消失为止。大枣水煎时掰开煎为好，煎时不宜加糖。

⑤ 药膳方　固表粥：乌梅 15g、黄芪 20g、当归 12g、粳米 100g。具体做法是：乌梅、黄芪、当归放砂锅中加水烧开，再用小火慢煎成浓汁；取出药汁后，再加水煎开后二次取汁；用两次煎好的汁和粳米 100g 熬成粥，加冰糖趁热食用。

⑥ 其他　补充维生素 C 丰富的蔬菜、水果，如青椒、芭乐、木瓜等；多摄取 ω-3 脂肪酸食物，如秋刀鱼、沙丁鱼、亚麻籽油，或补充深海鱼油等，可缓解过敏反应。

三、皮肤舒敏食养产品设计

（一）食养舒敏方设计思路

敏感性皮肤耐受力差，易出现如潮红、欣热、瘙痒等症状。从中医角度出发，可归结为素体禀赋不耐，外受风邪、热邪、热、毒的侵袭，即肌表不密、感受外邪、热毒蕴结、邪扰肌肤。

食养舒敏方，聚焦于敏感肌肤主要诉求：整体调理增强肌肤抵御力、缓解皮肤敏感症状。组方由紫苏、乌梅、赤小豆、马齿苋、甘草、芦根组成。方中所用原料均为药食同源植物原料。紫苏疏风止痒；乌梅收敛阴液以和阳气，与紫苏配伍一散一收，以使阴阳和调；赤小豆凉血清热利湿解毒利血脉，马齿苋清热利湿去气分郁火，芦根养阴生津养肺胃，三者清气血之热利血脉之痒；炙甘草清热解毒、补气益中、调和诸药。

此外，食养舒敏方也可提高和增强呼吸道和胃肠道的免疫力，缓解因季节更替、粉尘花粉、异味刺激导致的呼吸道敏感情况，如喷嚏、流涕、咳嗽、咽喉刺痒等；缓解因焦虑、不洁饮食、贪食辛辣油腻或三餐不规律等情况引发的消化道敏感问题。

（二）食养舒敏方功效设计思路

1．产品功效设计思路

敏感性皮肤耐受力差，易出现如潮红、灼热、瘙痒等症状。从中医角度出发，可归结为以下 2 点：①素体禀赋不耐，外受风邪、热邪、热、毒的侵袭；②肌表不密、感受外邪、热毒蕴结、邪扰肌肤。基于此，食养舒敏方从以下角度进行相应的阻断防护措施：①改善肌肤屏障，增强肌肤抵御力；②缓解敏感症状：祛红、止痒。

2．产品功效评价手段

（1）提升皮肤屏障功能　皮肤屏障功能在维持机体内环境的稳定、抵御外环境的有害因素方面具有重要的生理意义。皮肤屏障功能受损，是皮肤敏感的重要原因。皮肤屏障功能可参考采用经皮水分散失量（TEWL）进行评估。经皮水分散失量是指水分通过皮肤扩散到外界的量与皮肤从外界吸收的水分的量的差值，是皮肤屏障功能的重要评估指标之一。通过分析服用前、后经皮水分散失量的变化情况，来评估皮肤屏障功能是否改善。

（2）改善皮肤敏感状态　基于敏感性皮肤的临床表现，可从以下几个角度进行测试评估。

① 皮肤红斑指数　皮肤红斑指数可以直接反映真皮乳头层的血红色素情况，红斑指数的增大表示皮肤的血管反应性较高，是敏感性皮肤的表现形式之一，因此通过测试皮肤与受试物接触后的红斑指数，能够间接反映皮肤的过敏程度。

② 图像分析　面部皮肤成像检测系统 VISIA-CR 的平行偏振光 RED 模式下可以呈现面部红血丝、红斑情况，更加直观、可视化（见图 7-12）。

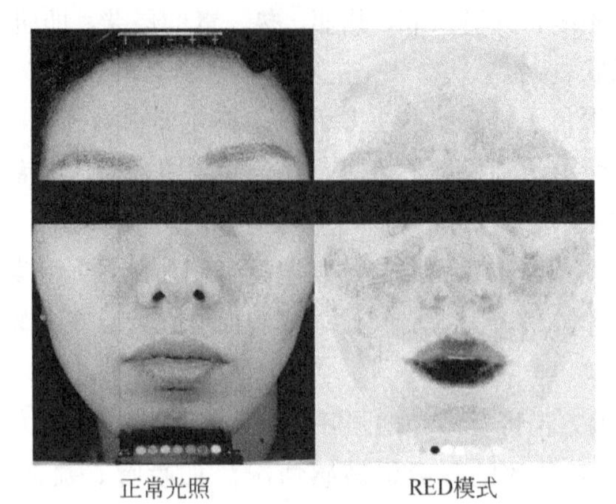

图 7-12 VISIA-CR 图像示例（彩图见后文插图）

③ 乳酸刺痛试验 乳酸刺痛试验（lactic acid tingling test，LAST）作为一种半主观的方法目前已经被广泛用于敏感性皮肤的判定。其中最经典的是涂抹法：在室温下，将 5%或 10%的乳酸水溶液 50μL 涂抹于鼻唇沟及任意一侧面颊，分别在 0min、2.5min、5min 和 8min 时询问受试者的自觉症状，按 4 分法进行评分（0 分为没有刺痛感，1 分为轻度刺痛，2 分为中度刺痛，3 分为重度刺痛）。然后将两次分数相加，总分≥3 分者为乳酸刺痛反应阳性。当皮肤屏障受损，乳酸进入皮肤后，刺激无髓 C 类神经，从而产生刺痛感。该方法简便有效、可重复性强，被广泛用于临床检测及试验研究中。

④ 主观评价 包括视觉评估及受试者自我评估。视觉评估通常由专家或医生对受试者的皮肤指标进行定性或分级评测；受试者自我评估多采用问卷调查形式进行，指标包括瘙痒感、刺痛感、烧灼感及紧绷感等，受试者根据问卷对自身皮肤敏感程度进行评分。

四、生活方式建议

1．日常阶段

如果发现有明确的过敏原应尽量避免；在平时的生活调护中，注意少食辛辣刺激食物，如酒精、咖啡、浓茶，多食蔬菜、水果；注意对外界环境的适应过程，尽量减少骤冷、骤热；注意规律作息，避免过劳、熬夜等不健康生活方式。

2．敏感症状发生阶段

注意避免外界对皮肤的再次刺激。如果是外物刺激造成的过敏，要远离过敏原。外出时要尽量减少暴露在外的皮肤面积，避免与过敏原接触。皮肤状态也受神经、内分泌影响，期间要保证规律的生活、充足的睡眠，并学会调整和放松自己，少熬夜、多运动等。皮肤瘙痒时尽量不要用手去抓挠，以免引起感染。同时要注意饮食，要多喝水，多吃清淡、营养丰富的食物。

第五节 食养与祛痘

痤疮是由体内向体外展现出的非正常肌肤状态，根据国际改良分类法将痤疮分为轻度痤疮和中重度痤疮。轻度痤疮一般是由皮脂分泌异常、毛囊口闭塞导致的非炎症性痤疮，中重度痤疮是由痤疮丙酸杆菌和炎症导致的炎症性痤疮。

为了根治痤疮，在外敷的同时需通过内服调节内分泌，即结合内服外用，从根本上解决痤疮问题。因此，探索安全有效且可治疗痤疮的食品成为食养护肤行业研究的一大重点。

食养祛痘方案以解决不同原因导致的痤疮问题为目标，以轻度痤疮和中重度痤疮为例，介绍内服结合产品设计思路和产品功效设计思路。

一、饮食影响皮肤痤疮的机理

（一）痤疮概念

痤疮是毛囊皮脂腺部位所出现的慢性炎症，多见于青春期男女，且多见于头面部、前胸部、后背等皮脂腺较丰富的部位，常伴随粉刺、丘疹、脓包和结节及囊肿等皮肤特点。

（二）痤疮分型及临床表现

本书第六章第一节已明确将痤疮按 Pillsbury 法及国际改良分类法（“三度四级”法）进行分型，在此分型的基础上，按痤疮的严重程度可将痤疮分为两类，即轻度痤疮（非炎症性——Ⅰ级）和中重度痤疮（炎症性——Ⅱ级、Ⅲ级、Ⅳ级）。

1．轻度痤疮

体内雄激素在 5-α 还原酶作用下转变为活性更强的二氢睾（丸）酮，促进了皮脂腺亢进，产生大量皮脂，过量的皮脂无法正常排出而形成堆积，白介素-1 使毛囊漏斗部角质细胞粘连性增大，导致毛囊角质化异常，毛囊口闭塞，非炎症性皮损分为白头和黑头，白头无明显毛囊开口，黑头有毛囊开口（见图 7-13）。

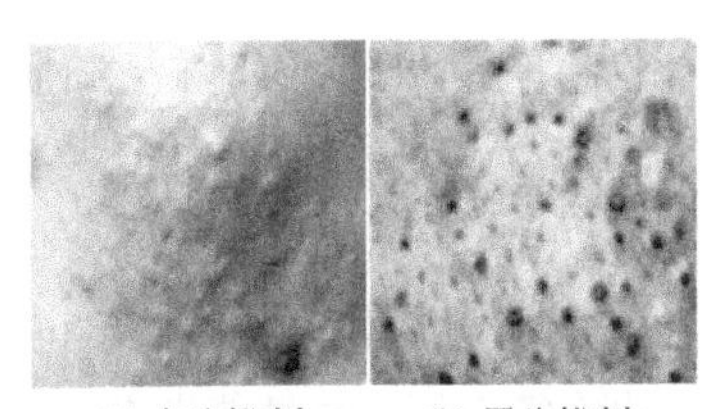

(a) 白头粉刺　(b) 黑头粉刺

图 7-13　轻度痤疮的临床表现

2．中重度痤疮

当粉刺形成后，毛孔被完全堵塞，形成了一个封闭缺氧的适合厌氧菌繁殖的环境，痤疮丙酸杆菌趁机疯狂繁殖，导致痘痘发炎，形成炎症性痤疮。炎症性皮损分为炎性丘疹、脓疱、结节和囊肿。炎性丘疹呈红色，直径1～5mm不等；脓疱大小一致，其中充满了白色脓液；结节直径大于5mm，触之有硬结和疼痛感；囊肿的位置更深，充满了脓液和血液的混合物（见图7-14）。

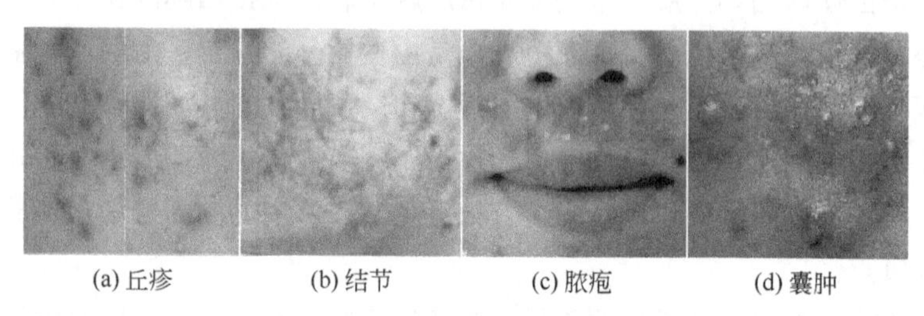

(a) 丘疹　(b) 结节　(c) 脓疱　(d) 囊肿

图7-14　中重度痤疮的临床表现

中医认为肺主皮毛，与大肠相表里，肺经起于中焦而上行过胸，胃经起于颜面而下行过胸，因此脾胃失调、肺经血热为痤疮的发病要点，所以消退痤疮应以化瘀解毒、疏风清热为主要原则。基于此，可服用具有清热解毒、活血化瘀、补肺生水等作用的药食同源原料，如金银花、菊花、山楂、桑叶、荷叶、桑椹、马齿苋、覆盆子、白芷、桔梗、蒲公英等。

二、食养祛痘

为了预防和减少痤疮的发生，生活上必须自我保健，且合理调整膳食结构、平衡营养。现代研究发现，饮食调理虽然不能治疗痤疮，但能促进痤疮的消退，预防和延缓痤疮的复发，是对肌肤无副作用、无刺激的祛痘良方。

（一）日常饮食之“六宜六忌”

1．“六宜”食品

（1）富含锌的食物　锌可增加抵抗力、促进感染的伤口愈合，同时也有一定的控制皮脂腺分泌和减轻细胞脱落与角化的作用。患青春痘后可适当增加锌的摄入，富含锌的食物有贝壳类如牡蛎等，其他动物性的肉类、蛋类、肝脏也含量丰富。

（2）维生素　维生素A可以调节皮肤上皮细胞的代谢，对过度角化的毛囊有一定的修复作用，同时能调节皮肤汗腺的分泌功能，减少酸性代谢产物对表皮的侵袭，有利于痤疮的康复。含维生素A丰富的食物有动物肝脏以及红黄色的蔬菜、水果，如金针菇、胡萝卜、番茄、韭菜、荠菜、菠菜等。

维生素 B_2 参与糖、蛋白质和脂肪的代谢，能促进细胞的生物氧化过程，也有助于青春痘的防治。许多动物性食品均含有丰富的维生素 B_2，如动物内脏、瘦肉、乳类、蛋类及绿叶蔬菜等。

维生素 B_6 参与不饱和脂肪酸和皮质激素的代谢，对青春痘防治有益。含维生素 B_6 丰富的食物有蛋黄、瘦肉类、鱼类、豆类及白菜等。

维生素 C 能有效修复被暗疮损伤的组织，吃新鲜蔬果就可获取丰富的维生素 C。

（3）膳食纤维　膳食纤维可以促进肠胃蠕动，使多余的油脂以及肠道代谢的废物尽快排出体外。所以建议痤疮患者多食含膳食纤维丰富的食品，如豆荚类、含纤维多的蔬菜（芹菜、草头、芦笋等）、海带、菌菇类以及燕麦、玉米、糙米等其他的粗杂粮。

（4）清凉去热食品　痤疮患者多数有内热。饮食应多选用具有清凉去热、生津润燥作用的食品，如兔肉、鸭肉、木耳、蘑菇、油菜、菠菜、芹菜、莴笋、丝瓜、苦瓜、番茄、莲藕、绿豆、西瓜、梨、山楂、苹果等。

（5）高益生菌食物　益生菌有助于维持肠道健康，保持大便通畅，间接帮助祛痘、防痘，如发酵乳、绿色香蕉、凉土豆等。

（6）水　只要没有肾脏疾病，每天 8 杯矿泉水或白开水有助于维持人体和肌肤的正常新陈代谢，有助于祛痘、防痘。

2．“六忌”食品

（1）忌食高脂类食物　高脂类食物能产生大量热能，使内热加重，如油炸油煎的食物、奶油蛋糕或面包、肥肉或肉肠等。

（2）忌食腥发之物　腥发之物常可引起过敏而导致疾病加重，常使皮脂腺的慢性炎症扩大而难以治愈。特别是海产品，如海鳗、海虾、海蟹、带鱼等。肉类中的性热之品也是发物，如羊肉、狗肉等，可使机体内热蕴积而加重病情。

（3）忌高糖食物　人体食入高糖食品后，会使机体新陈代谢旺盛，皮脂腺分泌增多，从而使痤疮连续不断地出现。如第六章第一节所述，高血糖指数和高血糖负荷饮食可能通过胰岛素样生长因子-1（IGF-1）等合成二氢睾酮（DHT），促进皮肤油脂分泌，进而加重痤疮，因此需控制糖类食物的摄入，如白糖、冰糖、红糖、葡萄糖、巧克力、冰激凌等。

（4）忌食辛辣之品　这类食品性热，食后容易上火，痤疮者本属内热，服食这类食品无疑是火上浇油，如辣椒、咖啡、胡椒、肉桂、生姜、砂仁、草豆蔻、花椒、紫苏、小茴香、丁香、大茴香（俗名八角）、三奈（俗名沙姜）、酒、各种炒货等。

（5）忌服补品　不良保健食品部分含有激素或者促进激素合成的物质，部分为热性之品，皆易诱发痤疮，故忌随意进补。

（6）忌酗酒　酒可以使血液转为弱酸性，可间接地造成痤疮问题的出现，同时酒精会加速血液的循环，加重痤疮，因此为延缓、消退痤疮，首需戒酒。

三、皮肤祛痘食养产品设计

（一）食养祛痘产品设计思路

1．针对轻度痤疮

内分泌功能紊乱、雄性激素水平过高或作用过强、皮脂腺分泌过多，是非炎症性痤疮发病的主要原因，因此内服产品应主要从抑制皮脂分泌、清热解毒、活血化瘀三个方面解决问题。

（1）组方 1　生山楂、桑叶、马齿苋、荷叶、金银花。

生山楂活血化瘀、消一切饮食积滞，长于消肉食油腻之积；桑叶清热解毒、散风除热；马齿苋消肿消炎、清热解毒；荷叶疏散风热、止血散瘀；金银花协同诸药，全方共起到活血化瘀、清热解毒、凉血泻火之效。

（2）组方 2　生牡蛎、山楂、金银花、茯苓、甘草。

生牡蛎软坚散结，潜阳补阴；山楂消食去脂，行气散瘀；金银花清热、解毒、消痈；茯苓健脾和胃，败毒利湿；甘草调和诸药，共奏软坚散结、祛瘀化痰之效。

2．针对中重度痤疮

皮脂分泌过度，毛囊角化异常后的痤疮丙酸杆菌感染和炎症反应是炎症性痤疮发病的主要原因，因此内服产品应主要从消炎抑菌、清热解毒两个方面解决问题。

① 组方 1　覆盆子、桑葚、桑叶、马齿苋、金银花。

覆盆子补肺生水、补肝益肾；桑葚除热养阴、生津润肠；桑叶清热解毒、散风除热；马齿苋消肿消炎、清热解毒；金银花调和诸药，全方共起到疏风宣肺、清热解毒、凉血泻火之效。

② 组方 2　蒲公英、金银花、桔梗、白芷、甘草。

蒲公英、金银花具有清热解毒、凉血散结之效；桔梗宣畅肺气而化浊痰；白芷祛风除湿；生甘草清热解毒、调和诸药，养护脾胃。

3．组方服用建议

服用时间：以上组方性凉，建议饭后 1～2h 后再服用，且对女性而言，建议在月经结束起服用，如此会减轻下次月经时的痤疮症状。

4．生活方式建议

① 合理饮食　见本节二、食养祛痘中日常饮食之“六宜六忌”内容。

② 注重脸部洁面　使用 35℃左右温水和弱酸性洗面奶洗脸，每日 2～3 次，不可用强碱性香皂洗脸。

③ 化妆品的使用 含酒精成分高的化妆水会刺激皮肤，对痘痘不利，应选择无酒精成分的化妆水。使用时最好选用化妆棉轻轻摁压，而非拍打的方式，这样可以减少对痤疮的伤害以防发炎溃破。除此之外，痤疮患者最好不要选用手撕面膜，因为面膜紧紧吸附在皮肤表面，用手撕除时面膜会拉伤溃破的痤疮伤口，令发炎加深。痤疮症状严重时一定要尽量少使用护肤品，避免护肤品中的化学物质给皮肤带来刺激。

④ 生活习惯 保证每天 8h 睡眠，保持大便通畅及早排除体内毒素。

⑤ 户外环境 活动性、炎症性痤疮（如丘疹、脓疮）患者要少晒太阳，避免风沙，太冷、太热、太潮湿的场所也对痤疮不利。

⑥ 适当进行体育运动 体育运动可促进机体新陈代谢，使皮脂腺代谢加快，不至于使毛孔堵塞，减少痤疮的发生。

（二）食养祛痘产品功效设计思路

1．产品功效设计思路

（1）针对轻度痤疮祛痘产品的功效设计思路 轻度痤疮主要是由皮脂分泌异常导致毛囊角质化异常造成的毛囊口闭塞现象，针对轻度痤疮祛痘产品的设计可通过以下两点对肌肤痤疮问题的发生进行相应的阻断防护措施：①抑制皮脂腺分泌；②控制水油平衡。

（2）针对中重度痤疮祛痘产品的功效设计思路 皮脂分泌异常导致毛囊角质化异常，毛囊口闭塞，引发痤疮丙酸杆菌等的大量繁殖，导致痘痘发炎，形成中重度炎症型痤疮。针对此类祛痘产品的设计可通过以下四点对肌肤痤疮问题的发生进行相应的阻断防护措施：①抑制皮脂腺分泌；②控制水油平衡；③抑制痤疮丙酸杆菌等的增殖；④抑制炎症因子。

2．产品功效评价手段

（1）促进皮肤水油平衡

皮脂分泌增多是形成痤疮的重要因素，皮脂分泌越多，痤疮越重；并且皮肤处于炎症状态下，局部皮肤血流增加，皮温随之升高，刺激汗腺分泌汗液，引起 TEWL 增加，而且炎症会破坏皮肤水脂膜结构，加重皮肤水分流失，使皮肤角质层含水量减少。

痤疮人群皮脂分泌异常，皮肤油腻而缺失水分，可通过皮肤油脂含量及 TEWL 测试水油平衡情况。

① 皮肤油脂含量测试 皮肤油脂含量可采用世界公认的 SEBUMETER 法，基于光度计原理，通过特殊消光胶带吸收人体皮肤上的油脂后透光量的变化测量皮肤油脂的含量，可准确地了解由内部和外部原因而引起的油脂变化。

② TEWL 测试 可通过 Tewameter TM300 水分散失量测试仪测定 TEWL。

③ pH 检测 正常皮肤表面的 pH 为 5.0～7.0，皮肤的 pH 越高，其对水通透的

屏障功能越低。

通过皮肤油脂含量、TEWL 值以及 pH 的测试，可以反映皮肤是否处于水油平衡的状态，以及皮肤保持油脂平衡的能力，进而说明祛痘产品能否改善痤疮人群皮肤状态。

（2）改善皮肤痤疮现象

基于痤疮的临床表现，可从以下几个方面进行食养祛痘产品的效果测试及评价。

① VISIA 图　使用 VISIA 皮肤图像分析仪拍摄得到不同光源下面部肌肤的状态（自然光、交叉偏振光、Porp 等），并利用专业的皮肤信息分析软件，对出油点和出油程度进行量化分析，从而评估面部皮肤油脂分泌的状态，检测皮肤纹理、红斑量，并进行统计分析（见图 7-15）。

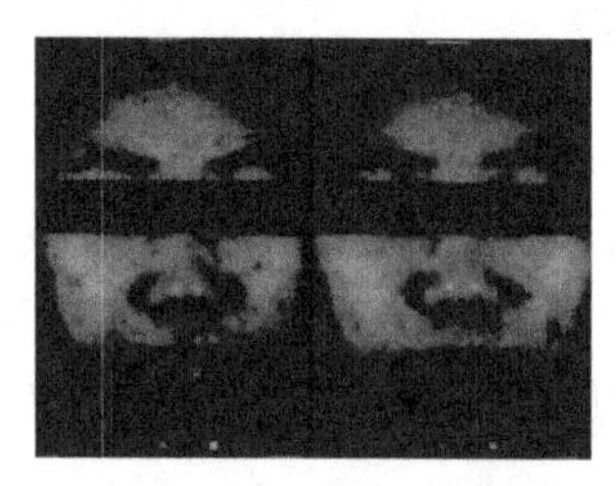
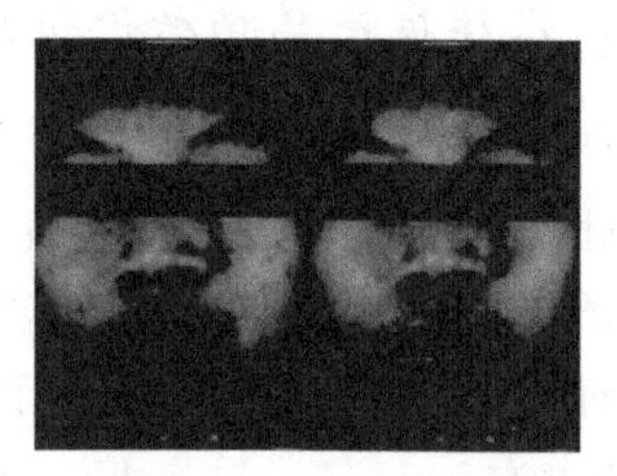

图 7-15　VISIA-CR 图像示例（彩图见文后插图）

② 临床疗效判定　按疗程服用后由 2 名皮肤科医生进行拍照和判定。判定方法：对一侧面部红斑和毛细血管扩张的严重程度依次进行单项评分，对丘疹和脓疱进行计数，单项积分相加为总积分。判定标准：治疗指数=(治疗前积分−治疗后积分)/治疗前积分×100%。显效：治疗指数为 75%～99%。好转：治疗指数为 50%～74%。无效：治疗指数＜50%。总有效率=(显效+好转)/总例数×100%。

饮食皮肤养生，是从人体整体状态出发，研究皮肤状态或者出现皮肤问题的内在原因，并结合中医辨证论治及食疗养生科学，提出调整皮肤状态、解决皮肤问题的内服调养方案，可从根本上改善皮肤状态，实现皮肤的健康美丽。

饮食皮肤养生，是在传承传统食疗养生文化的基础上，综合皮肤科学、食品科学以及中医学等多学科的养生方案，旨在安全有效地解决皮肤问题。

参考文献

[1] 王琦. 养生就是治未病[J]. 中华养生保健, 2008(6): 4-6.

[2] 陈旻丹, 万崇毅. 《内经》"治未病"思想在现代预防医学中的体现[J]. 江西中医药大学学报, 2013, 25(6): 3-5.

[3] 衡小涪, 刘晓春, 云洁, 等. 中医养生知识在健康教育中的应用[J]. 四川中医, 2012(8): 149-150.

[4] 宁艳洁. 皮肤保养"大法"[J]. 中国药店, 2013(6): 80-81.

[5] 韩钰滨. 对喉源性咳嗽的点滴认识[J]. 国际中医中药杂志, 2015(8): 758.

[6] 黄贵华, 冯纬纭, 黄瑾明, 等. 论壮医针灸学理论的核心——壮医气血均衡学说[J]. 广西中医药大学学报, 2011, 14(4): 1.

[7] 肖运金. 新型生物质气化机[J]. 安徽农机, 2009(1): 13-14.

[8] 李平. 气血辨证琐谈[J]. 光明中医, 2011, 26(7): 1447-1448.

[9] 邹勇. 论气血阴阳是生命的物质基础[J]. 光明中医, 2013, 28(5): 877-878.

[10] 管辰德. 呼吸与调气的关系及其在针刺中的应用[D]. 广州: 广州中医药大学, 2015.

[11] 田永衍, 胡蓉, 赵小强.《黄帝内经》虚弱病证病机证治概论[J]. 南京中医药大学学报(社会科学版), 2018(2): 84-88.

[12] 刘亚楠, 纪立金, 陈丽斌, 等. 以龙卷风的运动形式阐释人体气机的运动状态[J]. 中华中医药杂志, 2019, 34(04): 265-267.

[13] 李今庸. 《黄帝内经》"水为阴气伤于味"之我见[J]. 中医药通报, 2018, 17(05): 9-10.

[14] 于智敏. 中医养生重在养"气"[J]. 人人健康, 2013(9): 54.

[15] 徐大平, 杨翠芹. 从中医的气血学说思考内养功对人体的作用[J]. 现代养生 B, 2009(6): 5-6.

[16] 章瑞斌, 王飞, 杨诗宏, 等. 生命存在的基本形式——一气周流新释[J]. 光明中医, 2016, 31(20): 3014-3015.

[17] 尹周安, 龙玲, 罗成宇. 论气血津液精之"盈虚通滞"理论在《方剂学》教学中运用[J]. 现代中医药, 2013(5): 164-166.

[18] 徐世荣. 中医"血"与现代生理学相关指标关系的临床研究[D]. 武汉: 湖北中医学院, 2009.

[19] 储真真. 中医血化生模式的初步建立及其临床验证[J]. 中国中医基础医学杂志, 2007, 13(5): 347-348.

[20] 黄一卓. 中医脾阴学说古今文献研究与其学术源流探析[D]. 大连: 大连医科大学, 2012.

[21] 陈振义. 脾"生血""统血"的临床应用[J]. 内蒙古中医药, 2008(23): 4, 51.

[22] 杨锐, 陈丽娟. 试论营卫与皮肤衰老[J]. 中国美容医学, 2016(12): 120-121.

[23] 苏啊红, 丁慧. 营卫与皮肤屏障功能的关系[J]. 中国美容医学, 2018(7): 155-157.

[24] 殷振瑾. 足少阳胆经和足厥阴肝经生理功能的《内经》文献研究[D]. 北京: 北京中医药大学, 2008.

[25] 张恒. "心主血脉"之辨析[J]. 中西医结合心脑血管病杂志, 2009, 7(2): 212-213.

[26] 孙懿. 脾胃为气血生化之源述要[J]. 实用中医内科杂志, 2009, 23(001): 63-64.

[27] 郑洪新, 李敬林. "肾藏精"基本概念诠释[J]. 中华中医药杂志, 2013(9): 2548-2550.

[28] 高立珍, 孟彪, 赵和平. 赵和平治疗脱发 8 法[J]. 河北中医, 2012, 34(12): 1770-1770.

[29] 戴秀娟. 脂溢性脱发的中医治疗[J]. 健康博览, 2007(2): 28.

[30] 闫秋虹, 陈宏. 从气血论脱发[J]. 天津中医药大学学报, 2010, 29(4): 175-176.

[31] 马兰. 气血辨证理论在皮肤病中的应用[J]. 中医学报, 2013, 28(7): 978-979.

[32] 叶眉. 细节决定美丽[M]. 南京: 江苏人民出版社, 2010.

[33] 符文澍. 疏肝理气活血法抗皮肤色素沉着的理论与实验研究[D]. 武汉: 湖北中医药大学, 2014.

[34] 崔浣莲, 刘晓英, 罗艳琳, 等. 三大地区人群皮肤颜色与年龄的关系研究[C]//第九届中国化妆品学术研讨会论文集(下). 上海: 2012.

[35] 刘娜, 王学民, 陈力, 等. 日光对暴露皮肤颜色参数的影响[J]. 中华医学美学美容杂志, 2007, 13(6): 341-344.

[36] 崔浣莲, 刘晓英, 罗艳琳, 等. 华北、华东和华南地区人群皮肤颜色与年龄的关系[J]. 中国皮肤性病学杂志, 2013, 27(2): 204-207.

[37] 陶丽莉. 化妆品美白功效评价方法研究进展[C]//北京: 北京日化（2015 年增刊）美白专刊, 2015.

[38] 娜日苏, 孙武, 孙晓卫, 等. 关于微小 RNA 调控表皮黑色素生成的研究进展[J]. 中国草食动物科学, 2014(s1): 7-8.

[39] 尚俊良, 徐佳, 王莒生, 等. 肝与银屑病的研究概述[J]. 中华中医药杂志, 2018(1): 236-238.

[40] 谈益妹, 王学民, 袁超, 等. 328 名上海女性皮肤状况需求程度的调查分析[C]//2010 全国中西医结合皮肤性病学术会议论文汇编, 2010.

[41] 文翔, 蒋献, 卞彩云, 等. 三种无创性方法评价女性年龄与皮肤纹理、粗糙度、弹性的关系[J]. 四川大学学报(医学版), 2009, 40(2): 364-366.

[42] 张洁尘, 陈祥生, 冯素英, 等. 246 名女性皮肤老化特征及相关因素的调查分析[J]. 中华皮肤科杂志, 2011, 44(2): 94-98.

[43] 宋秀祖, 许爱娥. 皮肤屏障功能[J]. 国际皮肤性病学杂志, 2007, 33(2): 122-124.

[44] 马琳, 申春平. 特应性皮炎与皮肤屏障相关性研究进展[J]. 皮肤病与性病, 2011, 33(2): 79-80.

[45] 陈爱军. 皮肤老化过程中角质形成细胞比较蛋白质组分析与鉴定[D]. 重庆: 重庆医科大学, 2009.

[46] 冯兰. 黑色素生成抑制肽的设计、筛选及作用机制探究[D]. 大连: 大连理工大学, 2018.

[47] 梅晓萍, 张淑英, 郭选贤. 从《伤寒论》和温病学看卫气营血的内涵[J]. 江苏中医药, 2008, 40(1): 19-20.

[48] 何黎. 重建皮肤屏障在湿疹治疗中的重要性[J]. 皮肤病与性病, 2009, 31(3): 12-13.

[49] 中华中医药学会. 中医体质分类与判定[J]. 中华养生保健, 2009(9): 38-39.

[50] 王琦, 朱燕波. 中国一般人群中医体质流行病学调查——基于全国 9 省市 21948 例流行病学调查数据[J]. 中华中医药杂志, 2009(1): 7-12.

[51] 曲剑华, 陈彤云, 姚卫海. 中医皮肤学科的文质学说及应用[J]. 北京中医药, 2019, 38(02): 36-37.

[52] 杨贤平, 张子圣, 刘振雄, 等. 中药对皮肤屏障功能修复作用的研究进展[J]. 吉林中医药, 2019, 39(006): 827-830.

[53] 张丽丽, 北垣雅人, 高须, 等. 皮肤中基底膜的结构与功能[J]. 中国美容医学, 2016, 25(10): 113-117.

[54] 赵小敏, 陈志华, 李亚男, 等. 防晒剂的配伍性及其影响因素分析[J]. 中国美容医学, 2015(20): 78-82.

[55] 胥洋洋, 宋志洋, 贾长英, 等. 防晒剂及其研究进展[J]. 广州化工, 2019(11): 17-19.

[56] 刘艳红, 唐嘉雯, 李雪竹. 天然防晒剂的研究进展[J]. 香料香精化妆品, 2019, 172(01): 80-82, 88.

[57] 胡念芳, 熊丽丹, 李利. 植物防晒剂的筛选及防晒机制研究[J]. 中华中医药杂志, 2019, 34(01): 349-352.

[58] Schindelin J, et al. Fiji: an open-source platform for biological-image analysis[J]. Nature methods, 2012, 9(7): 676-682.

[59] 罗健. 皮肤表面 pH 值及其临床意义[J]. 医学美学美容旬刊, 2013(6): 19.

[60] 王诗旖, 许明良, 孟宏, 等. 基于 ITA 值的皮肤颜色影响因素分析[J]. 北京日化, 2019(2): 33-40.

[61] 贾丽丽. 白藜芦醇对模拟日光照射诱导皮肤损伤的保护与治疗作用[D]. 沈阳: 中国医科大学, 2010.

[62] 杨晓光, 李学智, 任毅, 等. 中医体质分型及量表的应用与研究[J]. 中国中西医结合杂志, 2017(08): 108-112.

[63] 陈超, 周灵运, 张佳琪, 等. 中医体质学研究述评[J]. 中国医药导报, 2017(14): 153.

[64] 聂园进泽, 罗元, 李欣洋, 等. 红花活性成分的提取及其改善皮肤微循环的功效评价[J]. 日用化学工业,

2019, 49(05): 33-38.

[65] 刘艳红, 唐嘉雯, 李雪竹. 组合无创皮肤测试仪结合 IPP 图像分析系统评价美白化妆品的功效[J]. 中国美容医学, 2018(7): 100-104.

[66] 乔漫洁, 吕慧慧, 伍盼盼. 浅析主成分分析与因子分析[J]. 智慧健康, 2018(36): 41-42.

[67] 唐林林, 贾小慧, 刘成军. 经皮氧分压监测在微循环障碍/组织缺氧中的意义[J]. 儿科药学杂志, 2016(8): 51-54.

[68] 胡康, 张伟. 胶原蛋白作为医用生物材料对缺损组织修复、再生及重建的作用与意义[J]. 中国组织工程研究, 2019, 23(02): 159-164.

[69] 吴玉琳. 化妆品研发程序与配方设计原则[J]. 化工设计通讯, 2019, 45(04): 181-183.

[70] 翁晓芳, 高红军, 林统文, 等. 皮肤屏障功能研究及其在化妆品中的应用[J]. 广东化工, 2015, 42(4): 61-63.

[71] 陈俊杰, 唐翠, 严明强, 等. 大翅蓟属植物提取物对皮肤屏障功能损伤的修复作用探讨[J]. 中国中西医结合皮肤性病学杂志, 2017(3): 193-196.

[72] 姜晓娜, 李刚, 李翔. 灵芝在化妆品中的应用和发展趋势[J]. 中国食用菌, 2019, 38(03): 5-9.

[73] 吴文海, 易帆, 孟宏. 敏感性皮肤评价方法[J]. 中华皮肤科杂志, 2019, 52(4): 275-278.

[74] Windle R J, Gamble L E, Kershaw Y M, et al. Gonadal steroid modulation of stress-induced hypothalamo-pituitary-adrenal activity and anxiety behavior: role of central oxytocin[J]. Endocrinology, 2006, 147: 2423-2431.

[75] Di Ye, Liu Jianwei, Wang Suyi, et al. Classification and characteristic comparison of yellowish skin[C]. Changsha: National Academic Annual Conference on Skin and Venereal Diseases with Integrated Traditional Chinese and Western Medicine, 2015.

[76] Rigal J D, Mazis I D, Diridollou S, et al. The effect of age on skin color and color heterogeneity in four ethnic groups[J]. Skin Research & Technology, 2010, 16(2): 168-178.

[77] Alaluf S, Atkins D, Barrett K, et al. The impact of epidermal melanin on objective measurements of human skin colour[J]. Pigment Cell Research, 2012(15): 119-126.

[78] Ogura Y, Kuwahara T, Akiyama M, et al. Dermal carbonyl modification is related to the yellowish color change of photo-aged Japanese facial skin[J]. Journal of Dermatological Science, 2011, 64(1): 45-52.

[79] Ohshima H, Oyobikawa M, Tada A, et al. Melanin and facial skin fluorescence as markers of yellowish discoloration with aging[J]. Skin Research and Technology, 2009, 15: 496-502.

[80] Miranda A F, Kenneth W M. Structural characteristics of the agingskin: a review[J]. Cutaneous and Ocular Toxicology, 2007, 26: 343-357.

[81] Jeanette M Waller, Howard I Maibach. Age and skin structure and function, a quantitativeapproach (II): protein, glycosaminoglycan, water, and lipid content and structure[J]. Skin Research and Technology, 2006; 12: 145-154.

[82] Mark Rinnerthaler, Jutta Duschl, Peter Steinbacher, et al. Age-related changes in the composition of the cornified envelope in human skin[J]. Experimental Dermatology, 2013, 22, 329-335.

[83] Pavida Pittayapruek, Jitlada Meephansan, Ornicha Prapapan, et al. Role of matrix metalloproteinases in photoaging and photocarcinogenesis[J]. Int J Mol Sci, 2016, 17: 868.

[84] 李世忠, 刘慧珍. 头发的衰老与抗衰老[J]. 日用化学品科学, 2010, 33(12): 24-27.

[85] 蔡瑞康, 党育平, 许灿龙. 老年性皮肤瘙痒症研究概况[J]. 中华老年多器官疾病杂志, 2011, 10(6): 566-569.

[86] 刘仲荣, 罗晓艳, 杨慧兰. 皮肤老化的评价及分子标记[C]//上海: 2006 中国中西医结合皮肤性病学术会议论文汇编, 2006.

[87] 何黎, 郑捷, 马慧群, 等. 中国敏感性皮肤诊治专家共识[J]. 中国皮肤性病学杂志, 2017, 31(1): 10-13.

[88] 李庆春. 敏感性皮肤研究进展[J]. 皮肤病与性病, 2013, 35(5): 264-265.

[89] Berardesca E, Cespa M, Farinelli N, et al. In vivo transcutaneous penetration of nicotinates and sensitive skin[J].

Contact Dermatitis, 2010, 25(1): 35-38.

[90] Cho H J, Chung B Y, Lee H B, et al. Quantitative study of stratum corneum ceramides contents in patients with sensitive skin[J]. Journal of Dermatology, 2012, 39(3): 295-300.

[91] Pinto P, Rosado C, Parreirão C, et al. Is there any barrier impairment in sensitive skin? A quantitative analysis of sensitive skin by mathematical modeling of transepidermal water loss desorption curves[J]. Skin Research & Technology, 2011, 17(2): 181-185.

[92] Stander S, Schneider S C, Luger T, et al. Putative neuronal mechanisms of sensitive skin[J]. Experimental Dermatology, 2010, 18(12): 417-423.

[93] Buhé V, Vié K, Guéré C, et al. Pathophysiological study of sensitive skin[J]. Acta dermato-venereologica, 2016, 96(3): 314.

[94] Tóth B I, Oláh A, Bíró T. TRP channels in the skin[J]. British Journal of Pharmacology, 2014, 171(10): 2568-2581.

[95] Denda M, Sokabe T, Fukumi-Tominaga T, et al. Effects of skin surface temperature on epidermal permeability barrier homeostasis[J]. J Invest Dermatol, 2007, 127(3): 654-659.

[96] Caterina M J, Pang Z. TRP channels in skin biology and pathophysiology[J]. Pharmaceuticals, 2016, 9(4): 77.

[97] 蔡薇，何黎. 敏感性皮肤研究进展[J]. 皮肤病与性病, 2008, 30(3): 20-23.

[98] Kumagai M, Nagano M, Suzuki H, et al. Effects of stress memory by fear conditioning on nerve-mast cell circuit in skin[J]. J Dermatol, 2011, 38(6): 553-561.

[99] Quatresooz P, Piérard-Franchimont C, Piérard G E. Vulnerability of reactive skin to electric current perception-a pilot study implicating mast cells and the lymphatic microvasculature[J]. Journal of Cosmet Dermatol, 2009, 8(3): 186-189.

[100] Kueper T，Krohn M，Haustedt L O，et al. Inhibition of TRPV1 for the treatment of sensitive skin[J]. Exp Dermatol, 2010, 19(11): 980-986.

[101] Farage M A, Maibach H I. Sensitive skin: closing in on a physiological cause[J]. Contact Dermatitis, 2010, 62(3): 137-149.

[102] Taieb C, Auges M, Georgescu V, et al. Sensitive skin in Brazil and Russia: an epidemiological and comparative approach[J]. European Journal of Dermatology, 2014, 24(3): 372-376.

[103] Kamide R, Misery L, Perez-Cullell N, et al. Sensitive skin evaluation in the Japanese population [J]. The Journal of Dermatology, 2013, 40(3): 177-181.

[104] Misery L, Sibaud V, Merial-Kieny C, et al. Sensitive skin in the American population: prevalence, clinical data, and role of the dermatologist [J]. International Journal of Dermatology, 2011, 50(8): 961-967.

[105] Lyu Y, Ren H, Yu M, et al. Using oxidized amylose as carrier of linalool for the development of antibacterial wound dressing[J]. Carbohydrate polymers, 2017, 174: 1095-1105.

[106] Misery L, Boussetta S, Nocera T, et al. Sensitive skin in Europe [J]. Journal of the European Academy of Dermatology and Venereology, 2009, 23(4): 376-381.

[107] 徐田红，卢良君，李丽莉，等. 马齿苋提取液冷喷治疗面部敏感性皮肤的研究[J]. 中华中医药学刊，2011, 29(11): 2513-2516.

[108] 吴玉杰. 燕麦生物碱对 IgE 介导的肥大细胞脱颗粒的影响[D]. 南昌：南昌大学, 2018.

[109] 杨擎宇, 汪樊 冯爱平. 寻常性痤疮严重度的影响因素分析[J]. 中国皮肤性病学杂志, 2009, 23(7): 425-428.

[110] 项蕾红. 中国痤疮治疗指南: 2014 修订版[J]. 临床皮肤科杂志, 2015, 44: 52-57.

[111] 张静. 抗粉刺化妆品的作用机理及配方设计原则[J]. 中国洗涤用品工业, 2014, (4): 41-43.

[112] 唐粒. 中西医美容结合治疗面部痤疮的临床疗效[J]. 中医临床研究, 2018, (20): 123-124.

[113] 孙欣荣，刘志宏，黄爱文，等. 痤疮发病机制及其药物治疗的研究进展[J]. 中国药房，2017, 28(20),

2868-2871.

[114] 孟宏. 痤疮形成机理及祛痘产品开发和临床实验[J]. 中国化妆品, 2010, (7): 71-74.

[115] Noah Craft, H Li. Response to the commentaries on the paper: propionibacterium acnes; strain populations in the human skin microbiome associated with acne[J]. Journal of Investigative Dermatology, 2013, 133(9): 2295-2297.

[116] 孙莉, 李娟, 颜敏, 等. 痤疮的发病机制研究进展[J]. 山东医药, 2013, 53(32): 97-100.

[117] 陈月, 马萍. 痤疮的发病机制和药物治疗[J]. 世界最新医学信息文摘, 2018, 18(09): 109-110.

[118] Babaeinejad S H, Fouladi R F. The efficacy, safety and tolerability of adapalene versus benzoyl peroxide in the treatment of mild acne vulgaris; a randomized trial[J]. Journal of Drugs in Dermatology Jdd, 2013, 12(7): 790-794.

[119] 张莉, 胡志帮. 痤疮炎症的发生机制研究进展[J]. 山东医药, 2018, 58(3): 110-112.

[120] Al-Shobaili H A, Salem T A, Alzolibani A A, et al. Tumor necrosis factor-α- 308 G/A and interleukin 10-1082 A/G gene polymorphisms in patients with acne vulgaris[J]. Journal of Dermatological Science, 2012, 68(1): 52-55.

[121] 李娜, 王一飞, 张明. 中医药治疗痤疮的作用机理研究进展[J]. 光明中医, 2016, 31(24): 3690-3694.

[122] Callender V D. Acne in ethnic skin: special considerations for therapy[J]. Dermatologic Therapy, 2010, 17(2): 184-195.

[123] 秦桂芳, 张蓓, 杨新. 面部痤疮的治疗与护理[J]. 中国美容医学杂志, 2010, 19(5): 767.

[124] 文莉, 文晓懿, 许成蓉. 青春期后痤疮发病影响因素分析[J]. 华中科技大学学报(医学版), 2011, 40(4): 441-444.

[125] 陈燕. 痤疮的防治与调护[J]. 中国社区医师: 医学专业, 2008(16): 171.

[126] Nguyen S H, Dang T P, Maibach H I. Comedogenicity in rabbit: some cosmetic ingredients/vehicles[J]. Cutaneous and Ocular Toxicology, 2007, 26(4): 287-292.

[127] Draelos Z D, Dinardo J C. A re-evaluation of the comedogenicity concept[J]. Journal of the American Academy of Dermatology, 2006, 54(3): 510-512.

[128] 王红, 陈洪英, 张军武. 化妆品痤疮 58 例临床分析[J]. 皮肤性病诊疗学杂志, 2008, 15(3): 169-170.

[129] Wei B, Pang Y, Zhu H. The epidemiology of adolescent acne in North East China[J]. Journal of the European Academy of Dermatology and Venereology, 2010, 24(8): 953-957.

[130] Agamia N F, Abdallah D M, Sorour O, et al. Skin expression of mammalian target of rapamycin and forkhead box transcription factor O1, and serum insulin-like growth factor-1 in patients with acne vulgaris and their relationship with diet[J]. British Journal of Dermatology, 2016, 174(6): 1299-1307.

[131] Kumar B, Pathak R, Mary P B, et al. New insights into acne pathogenesis: exploring the role of acne-associated microbial populations[J]. Dermatological Sinica, 2016, 34(2): 67-73.

[132] Guo M, An F, Wei X, et al. Comparative effects of schisandrin A, B, and C on acne-related inflammation[J]. Inflammation, 2017, 40(6): 2163-2172.

[133] Abendrot M, Kalinowska-Lis U. Zinc-containing compounds for personal care applications[J]. International Journal of Cosmetic Science, 2018, 40(4): 319-327.

[134] Melnik B. Diet in acne: further evidence for the role of nutrient signalling in acne pathogenesis – a Commentary[J]. Acta DermatoVenereologica, 2012, 92(3): 228-231.

[135] Lee W J, Park K H, Sohn M Y, et al. Ultraviolet B irradiation increases the expression of inflammatory cytokines in cultured sebocytes[J]. The Journal of Dermatology, 2013, 40(12): 993-997.

[136] Jean K, Dominique M, Wei L, et al. Pollution and acne: is there a link?[J]. Clinical, Cosmetic and Investigational Dermatology, 2017, 10: 199-204.

[137] 景春晖, 夏庆梅, 杜天乐. 痤疮中西医治疗进展[J]. 湖南中医杂志, 2015, 31(4): 193-196.

[138] Sharma R, Kishore N, Hussein A, et al. Antibacterial and anti-inflammatory effects of Syzygiumjambos L. (Alston) and isolated compounds on acne vulgaris[J]. BMC Complementary and Alternative Medicine, 2013, 13(1): 292.

[139] 李智珍, 池凤好, 范瑞强. 滋阴清肝消痤方配合痤灵酊治疗成年女性阴虚肝热型痤疮临床疗效观察[J]. 广州中医药大学学报, 2007, 24(1): 30-32.

[140] 闵莉. 寻常痤疮中医证型与性激素水平相关研究[J]. 辽宁中医杂志, 2010, 37(06): 967-968.

[141] 王光明, 孙世成. 痤疮研究进展[J]. 辽宁中医药大学学报, 2013, 15(3): 239-243.

[142] 张婉容. 中医药内外合治寻常痤疮肺胃湿热证的研究[D]. 北京: 北京中医药大学, 2009.

[143] Escalas-Taberner J, González-Guerra E, Guerra-Tapia A. Sensitive skin: a Complex syndrome[J]. Actas Dermo-Sifiliográficas (English Edition), 2011, 102(8): 563-571.

[144] Egawa G, Kabashima K. Barrier dysfunction in the skin allergy[J]. Allergol Int, 2018, 67(1): 3-11.

[145] Matsui T, Amagai M. Dissecting the formation, structure and barrier function of the stratum corneum[J]. International Immunology, 2015, 27(6): 269-280.

[146] Gibbs N K, Tye J, Norval M. Recent advances in urocanic acid photochemistry, photobiology and photoimmunology[J]. Photochem Photobiol Sci 2008, 7(6): 55-67.

[147] Kawasaki H, Nagao K, Kubo A, et al. Altered stratum corneum barrier and enhanced percutaneous immune responses in filaggrin-null mice[J]. Allergy Clin Immunol, 2012, 129(15): 38-46.

[148] 梁虹, 戴杏. 激光治疗与皮肤屏障[J]. 皮肤科学通报, 2017, 34(4): 451-456.

[149] Masukawa Y, Narita H, Shimizu E, et al. Characterization of overall ceramide species in human stratum corneum[J]. Lipid Res, 2008, 49(14): 66-76.

[150] Zoe Diana Draelos. 药妆品[M]. 3 版. 许德田, 译. 北京: 人民卫生出版社, 2018.

[151] 李坤杰, 黄豪, 郭燕妮. 透明质酸对敏感性皮肤屏障功能修复的研究进展[J]. 皮肤科学通报, 2017, 34(4): 403-407.

[152] Sugarman J L, Parish L C. Efficacy of a lipid-based barrier repair formulation in moderate-to-severe pediatric atopic dermatitis[J]. Journal of drugs in dermatology: JDD, 2009, 8(12): 1106-1111.

[153] 谈益妹, 王学民, 樊国彪, 等. 不同配比生理性脂质对皮肤屏障功能修复作用的比较[J]. 中国美容医学, 2011, 20(11): 1726-1729.

[154] 周甦旸. 激光技术原理及应用研究[J]. 信息通信, 2014, (3): 262-283.

[155] 郑小帆. 激光美容在皮肤科应用的研究进展[J]. 中国医疗美容, 2016, (5): 87-91.

[156] 李咏, 蒋献, 李利, 等. 半导体激光脱毛的临床疗效及护理[J]. 解放军护理杂志, 2009，26(5B): 49-50.

[157] 马溶. 论激光祛斑护理[J]. 中国医疗美容, 2014(4): 169.

[158] 刘中林. 超声刀在中下面部美容术中的应用体会[J]. 中国医疗美容, 2016, 6(7): 2-4.

[159] 涂颖, 何黎. 激光治疗对皮肤的损伤及护理[J]. 临床皮肤科杂志, 2008, 37(8): 548-550.

[160] 郭静静, 段莹, 耿新玲, 等. 与睡眠有关的大脑和神经结构(三): 脑内的生物钟[J]. 世界睡眠医学杂志, 2015, 29(6): 339-342.

[161] 耿新玲, 吴建永, 高和. 与睡眠相关的脑结构(一)[J]. 世界睡眠医学杂志, 2015, 2(2): 105-110.

[162] Jo S Y, Jung I H, Yi J H, et al. Ethanol extract of the seed of, Zizyphusjujuba var. spinosa, potentiates hippocampal synaptic transmission through mitogen-activated protein kinase, adenylyl cyclase, and protein kinase A pathways[J]. Journal of Ethnopharmacology, 2017, 200(Complete): 16-21.

[163] Wang X X, Ma G I, Xie J B, et al. Influence of JuA in evoking communication changes between the small intestines and brain tissues of rats and the GABAA and GABAB receptor transcription levels of hippocampal neurons[J]. Journal of Ethnopharmacology, 2015, 159: 215-223.

[164] Han H, Ma Y, Eun J S, et al. Anxiolytic-like effects of sanjoinine A isolated from ZizyphiSpinosi Semen: possible involvement of GABAergic transmission[J]. Pharmacology Biochemistry and Behavior, 2009, 92(2): 206-213.

[165] Wang L E, Cui X Y, Cui S Y, et al. Potentiating effect of spinosin, a C-glycoside flavonoid of Semen Ziziphispinosae, on pentobarbital-induced sleep may be related to postsynaptic 5-HT1A receptors[J]. Phytomedicine, 2010, 17(6): 404-409.

[166] 袁杨杨，孙从永，徐希明，等. 酸枣仁活性成分药理作用机制的研究进展[J]. 中国药师, 2017(9), 20(009): 1622-1627.

[167] 陈金锋，高家荣，季文博，等. 酸枣仁-五味子药对镇静催眠作用及机制研究[J]. 中药药理与临床, 2013(4): 128-131.

[168] 谢艳，张云芳，孙墨渊，等. 酸枣仁提取物促进慢波睡眠引起身体增高的实验研究[J]. 世界中西医结合杂志, 2018, 13(06): 64-67, 119.

[169] Ma Y, Han H, Nam S Y, et al. Cyclopeptide alkaloid fraction from ZizyphiSpinosi Semen enhances pentobarbital-induced sleeping behaviors[J]. Journal of Ethnopharmacology, 2008, 117(2): 0-324.

[170] 石皓月，鲁艺，李钰昕，等. 中药治疗对氯苯丙氨酸失眠模型大鼠影响的基础研究进展[J]. 中国医药导报, 2018(11): 33-36.

[171] Bathgate C J, Edinger J D, Wyatt J K, et al. Objective but not subjective short sleep duration associated with increased risk for hypertension in individuals with insomnia[J]. Sleep, 2016, 39(5): 1037-1045.

[172] Deng H B, Tam T, Zee B C. Short sleep duration increases metabolic impact in healthy adults: a population-based cohort study[J]. Sleep, 2017, 40(10): 10.

[173] Greco M A, Fuller P M, Jhou T C, et al. Opioidergic projections to sleep-active neurons in the ventrolateral preoptic nucleus[J]. Brain Research, 2008, 1245: 96-107.

[174] Dubourget R, Sangare A, Geoffroy H, et al. Multiparametric characterization of neuronal subpopulations in the ventrolateral preoptic nucleus[J]. Brain Structure and Function, 2017, 222(3): 1153-1167.

[175] Anaclet C, Ferrari L, Arrigoni E, et al. The GABAergic parafacial zone is a medullary slow wave sleep–promoting center[J]. Nature Neuroscience, 2014, 17(9): 1217-1224.

[176] 朱玲，罗颂平，许丽绵. 卵巢功能障碍的中医证治探讨[J]. 辽宁中医药大学学报, 2010(06): 85-86.

[177] 高荣海，张春红，赵秀红，等. 大豆异黄酮研究进展[J]. 粮食与油脂, 2009, 157(5): 1-4.

[178] 李花，赵新广，刘丹卓. 卵巢早衰病理因素研究现状及展望[J]. 中医药导报, 2012, 18(8): 4-5,

[179] 舒盈. 卵巢早衰的病因及功能保护的研究进展[J]. 海南医学, 2011(08): 7-10.

[180] 刘学，邱香，王哲. 月见草在化妆品领域的研究概况[J]. 广东化工, 2014, 41(24): 52-53.

[181] 陈玥，张乃舒，王佩娟. "治未病" 思想在卵巢储备功能减退中的应用体会[J]. 湖北中医药大学学报, 2016, 18(1): 46-48.

[182] 陈春萍. 雌激素对情绪的影响：心理、神经、内分泌研究[J]. 中国科学：生命科学, 2011, 41(11): 1049-1062.

[183] 张文众，李宁，李蓉. 白藜芦醇的雌激素作用研究[J]. 中国食品卫生杂志, 2008, 20(3): 214-216.

[184] 卢建中，喻萍，吕毅斌，等. 茯苓提取物对铅致记忆损伤及相关抗原表达的影响[J]. 毒理学杂志, 2006, 20(4): 224-226.

[185] 徐春生，李明，李光明. 中药玫瑰花的药理研究进展[J]. 中国医药指南, 2012, 10(15): 82-84.

[186] 孙静. 中医药辨证施治在美容中的作用[J]. 中国美容医学, 2011, 3(3): 483.

[187] 横井时也，周静. 面对日本女性的中医美白处方之科学评估——根据不同体质开发中医美白处方[C]//上海: 2006 年中国化妆品学术研讨会论文集, 2006.

[188] 李虎，刘志军. 维生素对黑色素代谢的影响[J]. 中国医药指南, 2013(08): 52-54.

[189] 中国粮食经济. 常吃六种水果润肤美白养颜[J]. 中国粮食经济, 2011(08): 63.

[190] 季天也. 口服“美白丸”安全有隐忧[J]. 环境与生活, 2015(08): 94-96.

[191] Masamitsu I, Masayuki Y, Keitaro N, et al. Glycation stress and photo-aging in skin[J]. Anti-aging medicine, 2011, 8(3): 23-29.

[192] Yamawaki Y, Mizutani T, Okano Y, et al. The impact of carbonylated proteins on the skin and potential agents to block their effects[J]. Experimental Dermatology, 2019, 28: 32-37.

[193] Mark R, Johannes B, Maria S, et al. Oxidative stress in aging human skin[J]. Biomolecules, 2015, 5(2): 545-589.

[194] Jeanmaire C, Danoux L, Pauly G. Glycation during human dermal intrinsic and actinic ageing: an in vivo and in vitro model study[J]. British Journal of Dermatology, 2015, 145(1): 10-18.

[195] Iwai I, Ikuta K, Murayama K, et al. Change in optical properties of stratum corneum induced by protein carbonylation in vitro[J]. International Journal of Cosmetic Science, 2008, 30: 41-46.

[196] Kobayashi Y, Iwai I, Akutsu N, et al. Increased carbonyl protein levels in the stratum corneum of the face during winter[J]. International Journal of Cosmetic Science, 2008, 30: 35-40.

[197] Stefano T, Giada M, Andrea C, et al. Vitachelox: protection of the skin against blue light-induced protein carbonylation[J]. Cosmetics, 2019, 6(3): 49.

[198] 顾严严. 中医美容方剂的配伍规律研究[D]. 南京: 南京中医药大学, 2010.

[199] 刘海兰. 2016 美白新主张 Balance 平衡美白法[J]. 中国化妆品, 2016(3): 54-57.

[200] 郭旭光. 蜂蜜红枣抗过敏 [J]. 特别健康, 2017(6): 44.

[201] 王馨悦, 龚明, 曹春芽, 等. 地龙、蜂蜜抗皮肤炎症研究概述[J]. 中医药导报, 2015(15): 108-109, 112.

[202] 杨慧, 马培, 林明宝, 等. 紫苏叶化学成分、抗炎作用及其作用机制研究进展[J]. 中国药理学与毒理学杂志, 2017, 31(3): 279-284.

[203] 夏道宗, 陈佳, 邹庄丹. 马齿苋、车前草复合保健饮料的研制及其抗氧化作用研究[J]. 食品科学, 2009(4): 89-93.

[204] 王领, 李富恒, 程华, 等. 马齿苋提取物制备工艺、安全性及抗敏功效的研究[J]. 天然产物研究与开发, 2014(04): 117-121.

[205] 赵鑫. TEWL 在评价皮肤屏障功能研究中的应用[J]. 广东化工, 2014, 41(14): 133-134.

[206] 王欢, 盘瑶. 化妆品功效评价(Ⅴ)——舒缓功效宣称的科学支持[J]. 日用化学工业, 2018, 48(5): 247-252.

[207] 宋群先. 冯宪章教授辨证治疗粉刺经验[J]. 中医研究，2016, 29(3): 57-59.

[208] 徐德洲. 中医药治疗痤疮的常用方法概述[J]. 中国美容医学, 2013, 22(21): 2168-2169.

[209] 唐洪玉, 王忠永. 超分子水杨酸对玫瑰痤疮患者皮肤屏障功能的影响[J]. 中国医疗美容, 2019, 9(5): 67-70.

[210] 马玉美, 许铃, 寸鹏飞, 等. 中药五积散联合果酸换肤术对寻常性痤疮患者皮肤屏障功能及面部 pH 值的影响研究[J]. 中国美容医学, 2019, 28(11): 125-129.

[211] Szepietowski J C, Wolkenstein P, Veraldi S, et al. Acne across europe: an online survey on perceptions and management of acne[J]. Journal of the European Academy of Dermatology and Venereology, 2018, 32(3): 463-466.

[212] 郭苗苗. 五味子总素消炎祛痘物质基础及作用机制研究[D]. 上海: 华东理工大学, 2017.

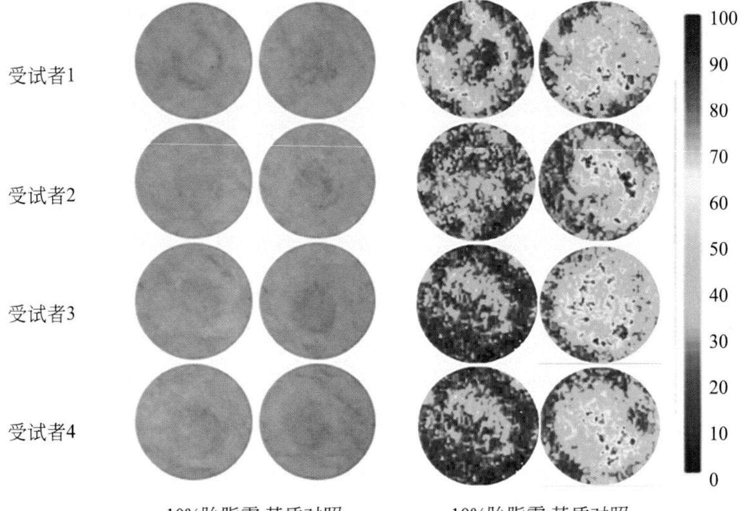

图2-12　胎脂霜对氨刺激的抵抗作用

（图片用不同的颜色代表皮损部位血流量，颜色越偏向红色，代表局部红细胞浓度越大，皮损越严重；颜色越偏向蓝色，代表局部红细胞浓度越小，皮损越轻）

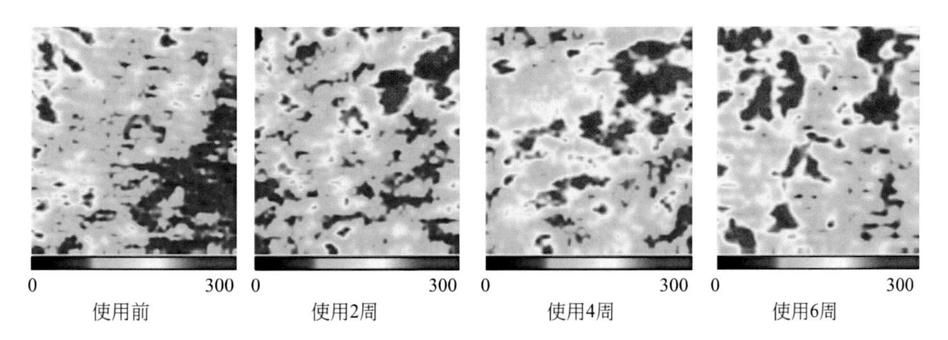

图3-7　肌肤微循环血流量测试模型功效结果示意

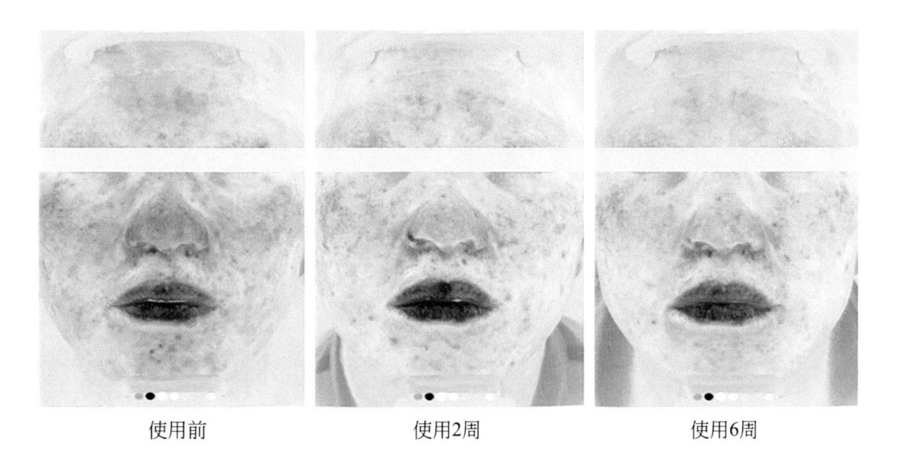

图3-8　VISIA RED模型功效结果示意

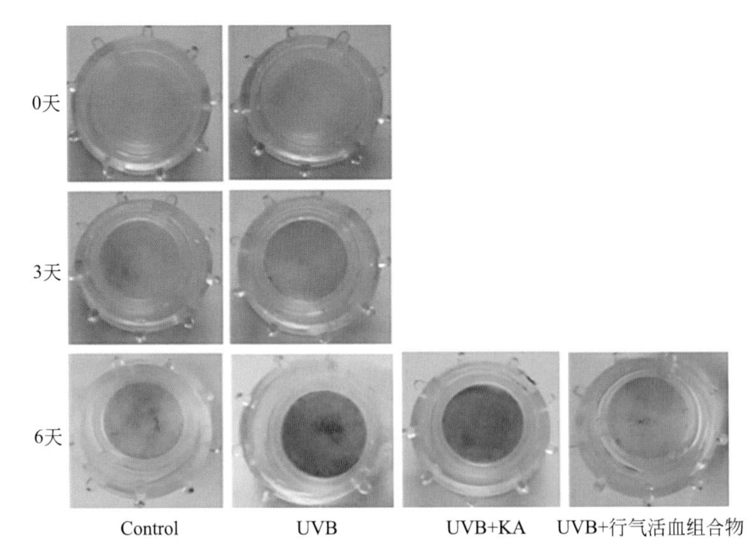

图3-9　3D含黑色素皮肤模型功效结果示例

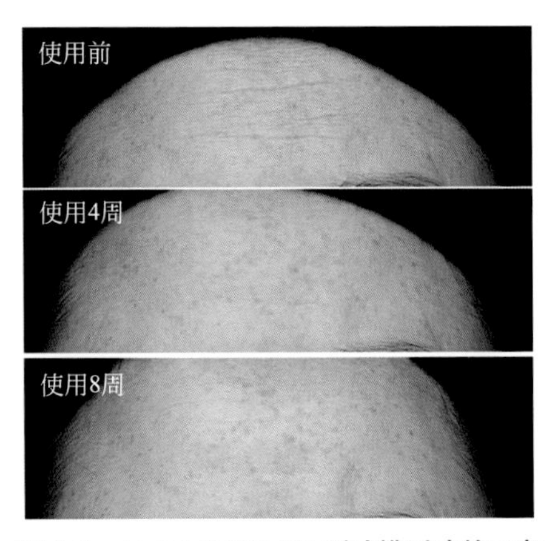

图4-2　VISIA NORMAL测试模型功效示意

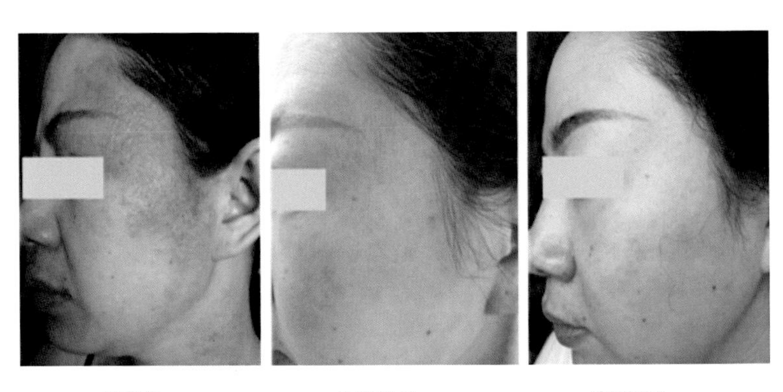

图5-24　修复精华油志愿者试用

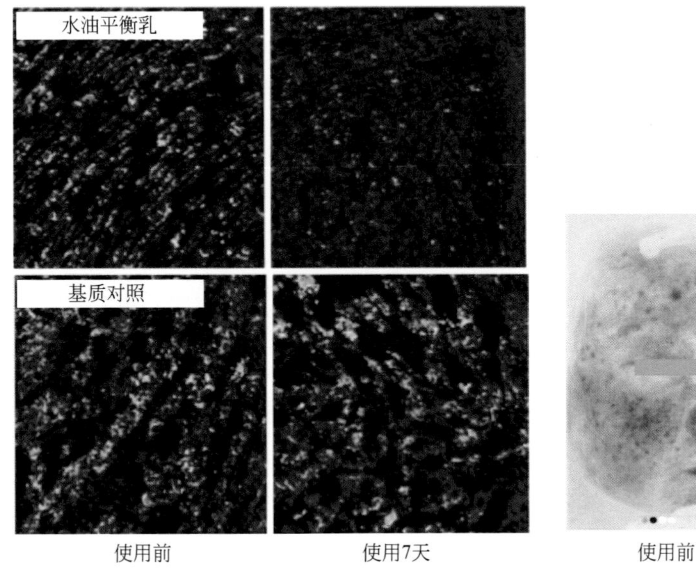

图6-9 受试者脸颊区域皮屑采集图

（注：不同颜色代表不同的角质厚度；深蓝、浅蓝、绿、橙、红依次表示角质由薄到厚）

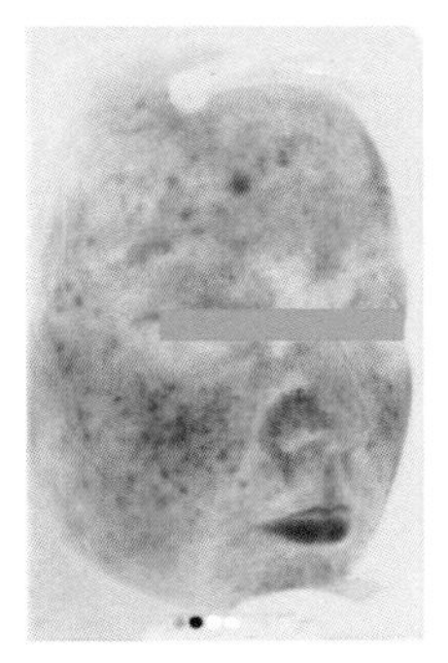
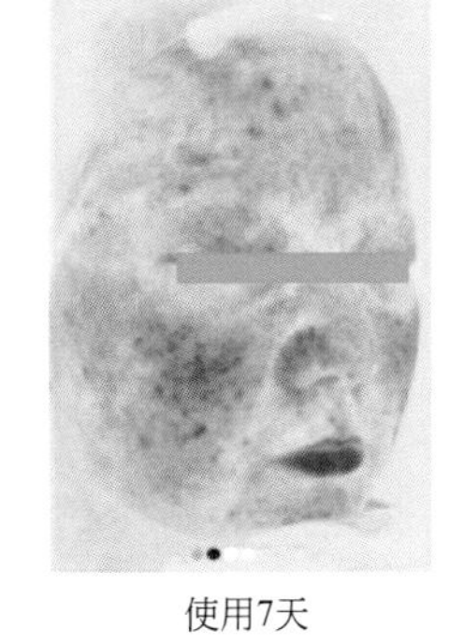

图6-11 受试者使用祛痘组合物精华素后脸部毛囊角化明显改善

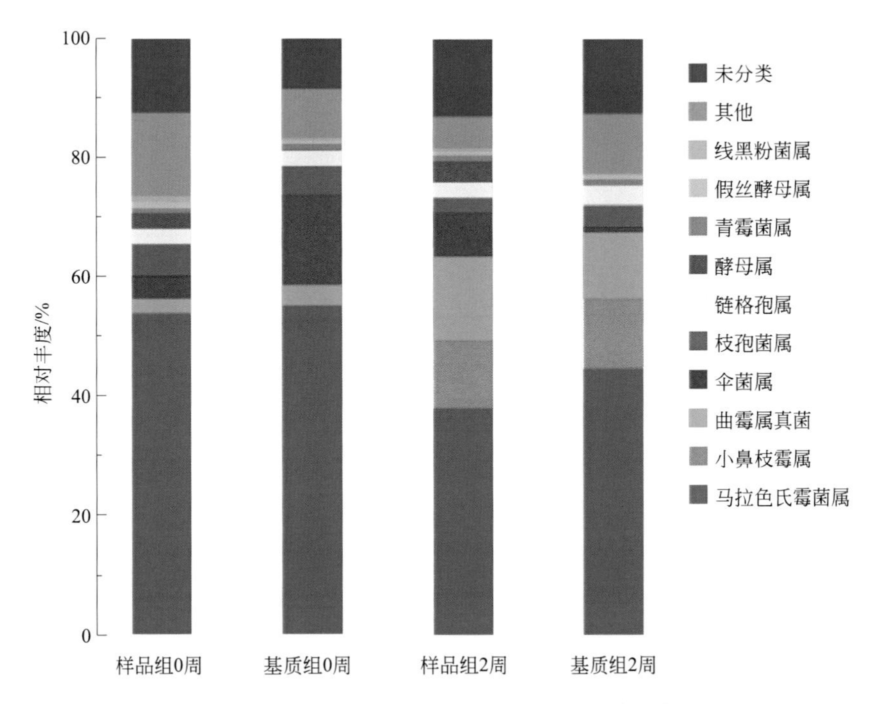

图6-16 温养头皮组方对头皮微生物分布的影响

（采用高通量测序测定温养头皮组方使用前后头皮微生物分布变化）

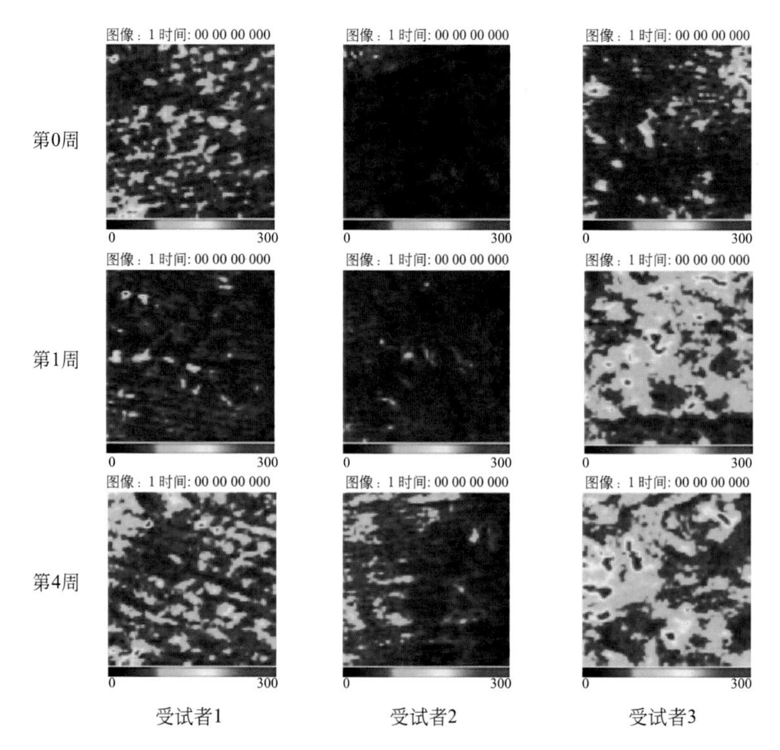

图 7-6　产品对皮肤微循环的改善结果

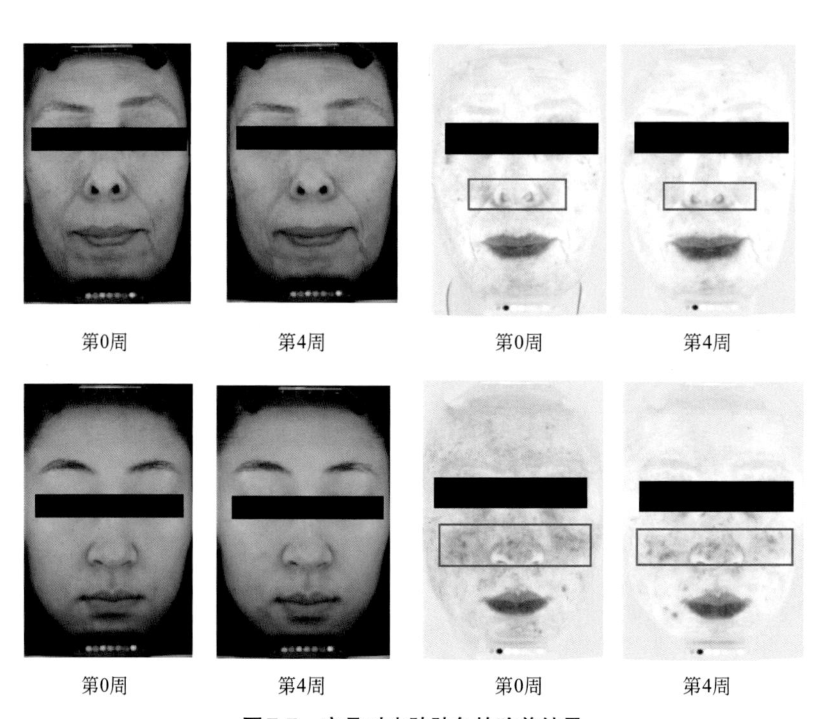

图 7-7　产品对皮肤肤色的改善结果

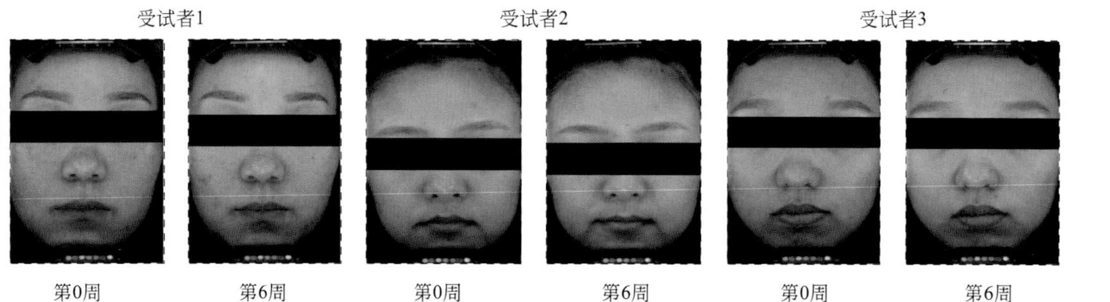

图7-11　产品对皮肤肤色的改善结果

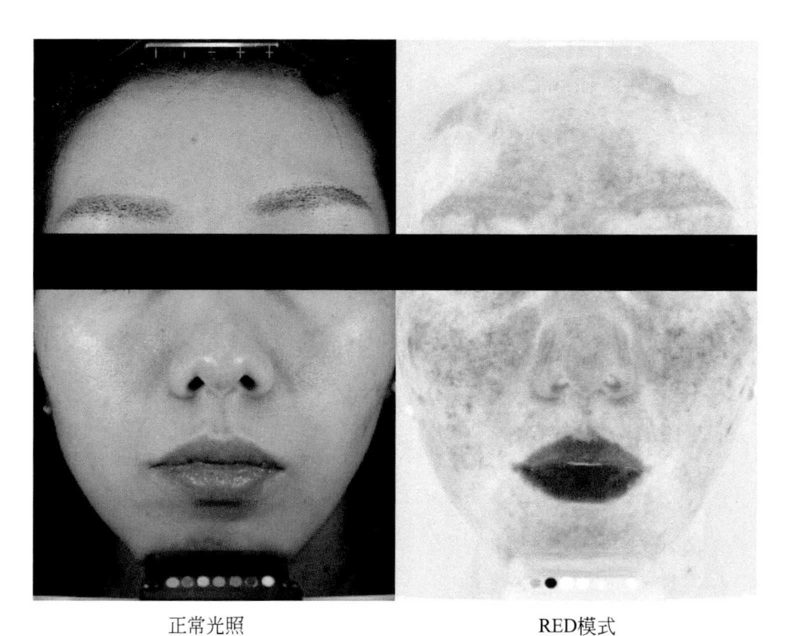

图7-12　VISIA-CR图像示例

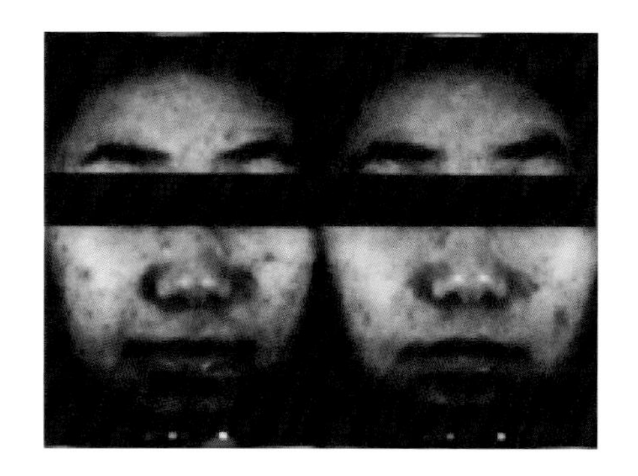

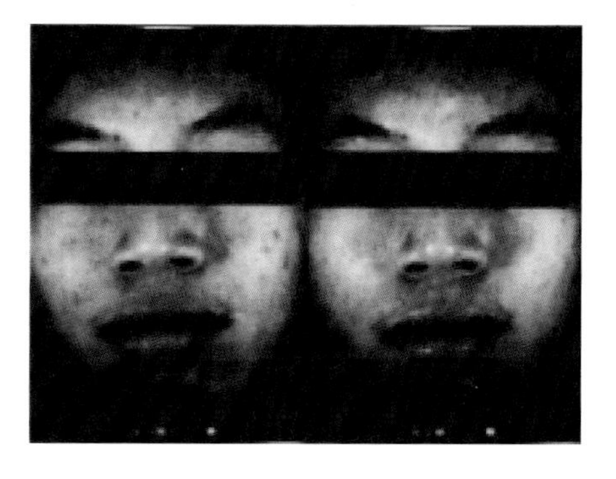

图7-15　VISIA-CR图像示例

化妆品相关好书推荐

扫码了解详细信息

化妆品人的皮肤表观生理学知识手册

开发适合中国人皮肤化妆品的科学指南

实用的化妆品开发指导书

化妆品功效植物原料研发宝典

化妆品配方师入门必备

适用的化妆品专业教材